La topologie et ses signes

Éléments pour une histoire sémiotique des mathématiques

ISBN : 2-7384-8945-1

Alain HERREMAN

La topologie et ses signes

Éléments pour une histoire sémiotique des mathématiques

L'Harmattan
5-7, rue de l'École Polytechnique
75005 Paris - FRANCE

L'Harmattan Inc.
55, rue Saint-Jacques
Montréal (Qc) - CANADA H2Y 1K9

Je tiens à remercier particulièrement et à des titres divers :

Marie Anglade, Sémir Badir, Daniel Bennequin, Anne-Sophie Boutot, Jean-Bernard Bouy, Karine Chemla, Catherine Goldstein, Gerhard Heinzmann, Christian Houzel, Clotilde Ithier, Reviel Netz, François Rastier, Jean-Michel Salanskis, Erhard Scholz, Hourya Sinaceur, les membres de l'équipe REHSEIS (UMR 7596 du CNRS), et notamment son directeur, Michel Paty, Odile Vigeannel-Larive, conservatrice de la bibliothèque "Mathématiques Recherche" de l'Université Paris 7 et Hélène Nocton, conservatrice de la bibliothèque de l'Institut Henri Poincaré.

INTRODUCTION

Les mathématiques sont abstraites. C'est entendu. Cela pourrait peut-être même les caractériser parmi toutes les autres sciences. L'adjectif "abstrait" peut ainsi servir à décrire un texte, un concept mathématique ou un développement historique, chacun pouvant être qualifié de "plus" ou "moins abstrait", de "complètement" ou de "vraiment abstrait", etc. Il est dès lors difficile d'exagérer l'influence que cette représentation des mathématiques a pu exercer et continue d'exercer sur la philosophie, l'épistémologie et l'histoire des sciences. Pourtant, si les mathématiques sont ainsi abstraites par nature, elles n'ont, paradoxalement, pas non plus cessé de le *devenir*...

Les mathématiques grecques sont bien sûr la référence incontournable en ce domaine. C'est pourtant avec le développement de l'algèbre à la Renaissance, à laquelle est attachée le nom de Viète, que les mathématiques deviendront abstraites. Mais elles le deviennent, une nouvelle fois..., à la fin du XVIIIe siècle avec le développement d'une nouvelle algèbre, qualifiée cette fois de "symbolique". Au XIXe siècle, le développement des géométries non euclidiennes, de la logique et des recherches sur les fondements marquent une rupture bien connue... les mathématiques deviennent enfin abstraites! Tout cela n'est encore que préhistoire au regard de la suite... Chacun sait que ce n'est qu'au début du XXe siècle que les mathématiques sont devenues véritablement abstraites : avec l'introduction des ensembles abstraits, mais aussi, et indépendamment, avec celle des structures abstraites : la structure de corps, d'anneau, d'idéal, de groupe, etc. Et encore..., dire cela c'est négliger l'introduction dans les années 40 de la notion de "catégorie abstraite"!

Ce rapide panorama historique, à l'appui duquel de nombreuses études pourraient être citées, conduit à douter que l'abstraction puisse

caractériser un concept, un développement historique ou qu'elle soit simplement pertinente pour décrire un texte mathématique. Opposer à cela que l'abstraction serait *relative* ou que les mathématiques sont bien de *plus en plus* abstraites est insuffisant dès lors qu'aucune définition n'est jamais donnée de l'abstraction qui pourrait accueillir ces nuances à moins qu'elle ne soit adaptée à son objet au point de ne s'appliquer à aucun autre! Car en quoi les groupes de transformations qui servent à F. Klein à définir des géométries non euclidiennes sont-ils plus abstraits que les triangles du premier Livre des *Éléments* d'Euclide? En quel sens les ordinaux définis par G. Cantor sont-ils plus abstraits que les nombres entiers gravés sur une tablette babylonienne?
Le concept d'abstraction et ses avatars ne permet pas d'aborder ces questions ni d'étudier la diversité des textes mathématiques à cet égard. Il ne permet pas non plus de les comparer entre eux, ni finalement d'établir des jugements historiques ou épistémologiques les concernant.

C'est pour pallier ces difficultés que nous proposons dans ce livre une analyse sémiotique de textes mathématiques. Au lieu de considérer *a priori* que ces textes sont sémiotiquement uniformes, plats, qu'ils sont tout simplement "abstraits" ou qu'ils ne présentent en définitive que des systèmes de symboles, nous allons nous intéresser à leur complexité et à leur richesse de ce point de vue. Il n'est pas nécessaire pour cela de comparer des textes séparés par plusieurs siècles, cette diversité peut être aussi bien établie à partir de textes contemporains. Nous avons choisi de nous concentrer sur quelques textes du début du XXe siècle fondateurs de la topologie et plus particulièrement de la topologie algébrique.

Dès le XIXe siècle, quelques géomètres se sont intéressés aux propriétés des courbes, des figures, des surfaces, des polyèdres, etc., qui ne dépendaient de la considération d'aucune mesure : il s'agit d'énoncer et de démontrer des propriétés vérifiées par des êtres géométriques considérés indépendamment de leurs longueurs, de leurs angles, de leurs éléments différentiels, etc. Le théorème de Jordan selon lequel un cercle déformé continûment, sans introduire d'intersection avec lui-même, découpe le plan en deux domaines en est un exemple. Mais si les mathématiciens du XIXe siècle, parmi lesquels C.F. Gauss (1777-1855), B. Listing (1808-1882), B. Riemann (1826-1866), C. Jordan (1838-1922), E. Betti (1823-1892), W. Dyck (1856-1934), H. Poincaré (1854-1912), E. Picard (1856-1941) ont été relativement nombreux à contribuer à cette discipline, ils ont tous aussi dénoncé le peu de progrès accomplis depuis les premières contributions que Riemann attribue à G.W. Leibniz (1646-1716)[1].

La situation change avec la publication entre 1895 et 1904 des six mémoires que Poincaré consacre à ce sujet. Ces mémoires marquent en effet, à bien des égards, une rupture dans l'histoire de ce qu'il était courant d'appeler la géométrie de situation ou l'*Analysis Situs*. Pour étudier un espace V de dimension quelconque, appelé une "variété", Poincaré s'intéresse aux variétés $v_1, v_2, \ldots, v_\lambda$ qui peuvent former la frontière d'une variété de V, exactement comme les deux tropiques de la surface terrestre forment le bord d'une bande centrée sur l'équateur. L'originalité ne réside pas dans cette relation géométrique qui a déjà été considérée par la plupart des mathématiciens déjà cités, notamment par Riemann pour l'étude des fonctions d'une variable complexe et par Picard pour l'étude des fonctions algébriques de deux variables, mais dans le fait de l'écrire sous la forme d'une équation, qu'il appelle une "homologie". Pour exprimer que les variétés $v_1, v_2, \ldots, v_\lambda$ forment la frontière d'une variété, Poincaré écrit en effet :

$$v_1 + v_2 + \ldots + v_\lambda \sim 0$$

Il justifie cette écriture en affirmant que ces homologies "peuvent se combiner comme des équations ordinaires"[2]. Ces équations sont néanmoins bien particulières puisque leurs termes ne sont pas des nombres, ni même de ces grandeurs "impossibles", "imaginaires" ou "idéales" déjà familières aux mathématiciens, mais des espaces dont toute notion de grandeur a au contraire été écartée. Ce faisant, Poincaré introduit un nouveau type de calcul qui suppose qu'un sens soit donné à l'addition de tels espaces, à leur soustraction et à leur produit par un entier. Mais que veut dire additionner deux courbes quand on s'interdit de les mesurer?

La particularité et l'intérêt de ce calcul résident dans cette sorte de greffe qu'il opère entre d'une part d es espaces et des relations géométriques et d'autre part des notations et des opérations qui relèvent de l'algèbre ou de l'arithmétique. Nous allons analyser la diversité des formes que cette greffe a prises dans les travaux de Poincaré et dans ceux d'autres mathématiciens et en faire ressortir quelques-unes de ses implications historiques et épistémologiques.

---

[1] Pour la période antérieure aux travaux de Poincaré, nous renvoyons au livre de Jean-Claude Pont, *La topologie algébrique des origines à Poincaré*, P.U.F., Paris 1974 et à l'article de Moritz Epple, "Topology, Matter, and Space, I: Topological Notions in 19th-Century Natural Philosophy", *Archives for History of Exact Sciences*, 52, 297-392, 1998.

[2] Poincaré 1985, p. 207.

Le recours à des analyses sémiotiques va permettre de définir exactement les termes de cette coexistence et de donner de celle-ci une description précise. Il sera ainsi possible d'aller au delà des représentations courantes des signes mathématiques. Nous verrons en particulier que le rapport entre les variétés v_i qui interviennent dans les homologies et leur contenu (notion qui sera définie dans le premier chapitre) n'est pas semblable à celui d'un nom propre à un individu et qu'il ne s'agit pas non plus de symboles auxquels une interprétation géométrique pourrait être attribuée. Nous montrerons d'ailleurs que les signes des textes mathématiques ne sont pas réductibles à des symboles qui seraient simplement utilisés conformément aux règles de la logique et qui ne dépendraient ni de ce qu'ils désignent ni *a fortiori* de la manière dont ils s'y rapportent. Nous verrons même que le recours à de tels symboles va si peu de soi dans certains textes que leurs auteurs accompagnent leur introduction de remarques qui expriment leur réticence à les considérer. La prise en compte de semblables remarques suffit à mettre en évidence que les symboles ne sont pas des signes tellement courants en mathématiques et que tous les mathématiciens n'ont pas le même rapport à ces expressions symboliques. Nous accorderons donc une attention particulière à toutes ces remarques car elles sont autant de manifestations de la confrontation de ces mathématiciens à l'introduction de signes différents de ceux attendus ou reçus. Elles permettent de montrer qu'énoncer ou démontrer un théorème, exposer une théorie, donner une définition, etc., peut impliquer une transformation des signes considérés et que le travail d'un mathématicien peut comprendre une part d'élaboration des signes qu'il utilise. La prise en compte de ces remarques oblige à revenir sur l'idée d'une mathématique sémiotiquement simple et uniforme, caractérisée en termes d'abstraction et de formalisme et à reconnaître que les mathématiques ne se développent pas avec des signes immuables, déterminés *a priori* et communs à tous les mathématiciens.

Au delà des conséquences épistémologiques et historiques qu'il est possible de tirer de cet examen, une analyse systématique dont nous exposerons dans le premier chapitre les principes permettra de déterminer et de comparer entre elles les caractéristiques sémiotiques de ces textes. Il sera alors possible de mettre en évidence la variété des systèmes sémiotiques mis en œuvre pour accueillir au sein des mathématiques des opérations algébriques appliquées à des espaces. Nous aurons ainsi un accès à la forme que prend dans chacun des textes que nous étudierons cette greffe de l'algèbre sur la géométrie que

Poincaré a initiée.

Ces analyses vont aussi permettre d'aborder l'histoire de l'algébrisation de la topologie suivant une perspective moins centrée sur l'influence de l'algèbre moderne qu'elle ne l'a été jusqu'à présent. Le rapport entre algèbre et topologie a en effet principalement été considéré sous l'angle de l'algèbre des structures. Son analyse consiste alors à repérer les textes dans lesquels les invariants topologiques définis à partir des relations d'homologie ne sont plus des nombres, comme c'était le cas dans les mémoires de Poincaré, mais des groupes, comme l'a suggéré E. Noether (1882-1935) à partir du milieu des années 1920. Suivant cette perspective historiographique, l'algébrisation est réduite à une seule alternative et son histoire ne peut dès lors qu'avoir la forme d'une rupture. Sans nier l'importance incontestable de l'algèbre moderne, le recours à des analyses sémiotiques permet de dépasser cette unique alternative et de proposer des analyses plus précises des textes.
Il est aussi possible d'étudier l'influence de la théorie des ensembles. Car si le rôle de celle-ci dans le fondement des mathématiques a été très tôt et depuis longtemps étudié par les logiciens, les mathématiciens, les philosophes et les historiens, il n'en a pas été de même de son influence sur le développement même des concepts (des signes...) et sur les méthodes mathématiques, cette influence ayant généralement été tenue pour évidente. Nous verrons qu'elle a été, pour les textes que nous allons présenter et du point de vue de nos analyses, relativement superficielle. Un retrait progressif de la géométrie peut néanmoins bien être observé à la faveur de l'algèbre et, dans certains textes de la fin des années 1920, de la théorie des ensembles, entendues suivant des acceptions que nous préciserons.
Mais surtout, au delà de l'étude séparée de l'influence de l'algèbre, de la théorie des ensembles, de la géométrie, etc., nous analyserons leur *coexistence*, c'est-à-dire que nous décrirons pour chaque texte la manière dont elles interviennent conjointement et nous déterminerons leur part respective.
Si le retrait de la géométrie, le développement de l'algèbre et la généralisation de l'influence de la théorie des ensembles sont déjà connus dans leurs grandes lignes, une approche sémiotique va permettre de donner un sens bien défini à chacun de ces termes, aux changements qui leur correspondent, et de considérer dans leur interaction ces phénomènes majeurs de l'histoire et de l'épistémologie des mathématiques du XXe siècle.

Ce livre donne aussi quelques éléments d'une étude générale de la transmission et de l'évolution des caractéristiques sémiotiques des textes mathématiques. Il est par exemple déjà possible d'affirmer que les caractéristiques sémiotiques des mémoires fondateurs de Poincaré ne changent pas au cours de la dizaine d'années sur lesquelles s'étend leur rédaction. Cela est aussi vrai des textes d'autres mathématiciens qui reprendront ses travaux. Mais ce n'est pas pour autant la règle, puisque les articles d'un même mathématicien peuvent être de ce point de vue très différents les uns des autres. Nous verrons que des travaux consacrés au même sujet et qui se citent peuvent présenter des caractéristiques sémiotiques tout à fait différentes non seulement de celles des mémoires de Poincaré, dans la continuation desquels ils s'inscrivent pourtant tous, mais aussi entre eux, bien qu'ils émanent d'auteurs qui pour certains se côtoient. Nous espérons ainsi contribuer à préciser les permanences et les évolutions sémiotiques, et aider à en examiner la valeur et la signification.

La dépendance des mathématiques par rapport aux supports sur lesquelles elles sont pratiquées et transmises sera aussi abordée : nous verrons en effet comment certaines définitions et démonstrations peuvent impliquer d'une certaine manière l'encre et le papier sur lesquelles elles sont présentées.

Ainsi, bien que ce livre soit entièrement consacré à des textes de topologie du début du XXe siècle, il a été conçu de manière à permettre la comparaison de leurs caractéristiques sémiotiques avec celles des textes d'époques antérieures et de cultures différentes.

Concernant les principes sémiotiques que nous adopterons, une partie essentielle est inspirée de la théorie du langage de L. Hjelmslev. Cette théorie, dont l'ambition est de couvrir tous les langages, a déjà été appliquée à des domaines extrêmement variés (ethnologie, système de la mode, psychanalyse, rhétorique, architecture, publicité, musique, etc.) mais jamais, à notre connaissance, aux textes mathématiques. L'influence des mathématiques sur le style, le souci d'universalisme et de scientificité de Hjelmslev est pourtant incontestable. De même, il est aussi significatif que ce soit devant des mathématiciens à l'Institut Henri Poincaré que R. Barthes et A. Greimas tinrent au milieu des années 1960 leurs séminaires d'où ont été tirés leurs livres respectifs, *Éléments de sémiologie* et *Sémantique structurale*, à travers lesquels va se faire pendant longtemps en France la lecture de l'œuvre de Hjelmslev[1]. Mais

---

[1] Voir A. Greimas, "Algirdas Julien Greimas mis à la question" in Arrivé Michel, Coquet

si une partie de nos principes sémiotiques s'inscrit dans ce courant, notre perspective s'en écarte : la sémiotique est pour nous un outil adapté à un projet épistémologique et historique, et les mathématiques ne sont pas notre modèle, mais notre objet d'étude. Nous ne sommes pas non plus à la recherche d'un formalisme ou de concepts abstraits : ce sont là deux notions que nous nous gardons d'utiliser et nous entendons montrer au contraire que la sémiotique donne les moyens de les reconsidérer et d'aller au delà de représentations qui réduisent les mathématiques à des types particuliers de signes. Or une telle représentation parcourt l'œuvre de Hjelmslev et n'a pas manqué d'infléchir certains de ses choix théoriques auxquels nous ne pouvions dès lors souscrire. Ainsi, dans le premier chapitre, après avoir exposé les notions sémiotiques que nous appliquerons ensuite, nous montrerons que ces préjugés interviennent dans l'adoption de certains principes de la théorie hjelmslevienne.

Il nous faut encore avant d'exposer ces éléments de sémiotique présenter le corpus de textes auquel nous allons les appliquer.

L'analyse des mémoires de Poincaré publiés entre 1895 et 1904 s'imposait. C'est incontestablement dans ceux-ci que les relations d'homologie sont introduites pour la première fois. Tous les textes consacrés à l'homologie jusque dans les années 1930 s'inscrivent dans leur prolongement direct et les citent le plus souvent. Inversement, ces textes ne citent que marginalement des travaux antérieurs. Les historiens qui ont déjà abordé ce sujet ont aussi toujours étudié le développement de la topologie en s'arrêtant ou en commençant à Poincaré. Néanmoins, afin que tout ce livre ne soit pas consacré à leur analyse, nous n'étudierons précisément que les trois premiers d'entre eux.

Les autres textes ont été choisis en raison de la diversité sémiotique qu'ils présentaient tout en étant des textes dont l'importance pour l'histoire de la topologie ne peut être contestée. Nous avons finalement retenu les textes suivants :

Poincaré Henri, "Analysis Situs", *Journal de l'École polytechnique*, 2e série, 1er cahier, 1895.

Poincaré Henri, "Complément à l'*Analysis Situs*", *Rendiconti del Circolo Matematico di Palermo*, 13, p. 285-343, 1899.

Poincaré Henri, "Second complément à l'*Analysis Situs*", *Proceedings of the London Mathematical Society*, 32, p. 277-308, 1900.

J.-C. (sous la dir.), *Sémiotique en jeu : à partir et autour de l'œuvre d'A.J. Greimas*, Hadès-Benjamin, 1987, p. 304.

Veblen Oswald, *Analysis Situs*, American Mathematical Society Colloquium Publications, 1922.

Alexander James W., "Combinatorial Analysis Situs", *Transactions of the American Mathematical Society*, 28, p. 301-329, 1926.

Lefschetz Solomon, *Topology*, American Mathematical Society Colloquium Publications, vol 12, 1930.

Compte tenu de la période couverte par ces textes, nous regrettons particulièrement de ne pas présenter ici les analyses de deux textes. Le premier est la thèse de Jules Chuard, "Questions d'Analysis Situs"[1] ; il aurait été intéressant de considérer d'un point de vue sémiotique un texte mathématique qui peut être considéré comme "mineur", qui n'est pratiquement pas cité et qui ne semble pas avoir eu beaucoup d'influence. Le second est l'article de Vietoris, "Über den höheren Zusammenhang kompakter Räume und eine Klasse von zusammenhangstreuen Abbildungen"[2]. Il aurait permis de donner un exemple de l'intervention de la théorie des ensembles. Mais bien d'autres auraient à un titre ou un autre valu la peine d'être analysés ici : ceux de H. Tietze, de P. Alexandroff, de H. Hopf, de G. de Rham, de E. Cech, etc. Un choix s'imposait de toute façon, et si le corpus retenu ne couvre pas tous les textes publiés sur le sujet durant le premier tiers du XXe siècle, il convient à notre projet principal : établir et étudier la diversité sémiotique des textes mathématiques.

---

[1] *Rendiconti del Circolo Matematico di Palermo*, 46, p. 185-224, 1921-22.

[2] *Math. Annalen*, 97, p. 454-472, 1927.

Chapitre I

Éléments de sémiotique

Ce chapitre présente les éléments de sémiotique qui seront utilisés dans les analyses exposées dans les chapitres suivants. Deux types d'analyses seront menés qu'il convient d'emblée de bien distinguer. D'une part, les textes seront considérés comme des systèmes de signes et seront analysés suivant des principes inspirés de la théorie du langage de Hjelmslev (glossématique), avec des différences que nous allons expliciter. D'autre part, nous nous intéresserons aux énoncés dans lesquels l'auteur du texte prend lui-même en considération les signes qu'il utilise ; c'est là l'étude de ce que nous appelons le *conditionnement sémiotique*.

A Les textes comme systèmes de signes

A.1 Signes et système sémiotique

Définition de l'expression

L'historien des mathématiques est confronté à des textes. Selon l'époque qu'il étudie, la nature des textes dont il dispose varie et avec elle celle des problèmes que pose leur étude. Quoiqu'il en soit, un texte se présente comme un ensemble de marques graphiques et c'est là une manifestation objective. Nous pouvons y distinguer des *expressions*, c'est-à-dire des segments ou plus généralement des groupements de marques. Pour des raisons évidentes, nous ne tiendrons généralement pas pour distinctes deux marques quand l'une prend une majuscule parce qu'elle se trouve au début d'une phrase ou qu'elle est coupée par un retour à la ligne, etc. Nous ne tiendrons pas non plus compte des transformations que la grammaire de la langue leur fait subir. Ce sont là autant de *variantes* d'une seule expression. Une expression est donc un ensemble de marques graphiques identifiées suivant des principes qui ne requièrent en général que la connaissance de la grammaire de la langue naturelle dans laquelle le texte est écrit. Cette hypothèse ne présente pas de difficultés compte tenu des langues dans lesquelles sont écrits les textes de notre corpus (français, anglais, allemand, etc.). Les expressions que nous allons considérer sont constituées d'un ou plusieurs mots : "variété", "i-chain", "n dimensional simplex", "set of circuits" ou encore des notations C_k, $+$, E, $\overline{K}$. Pour bien distinguer les expressions considérées *en tant qu'expressions* nous les écrirons entre deux barres obliques : /variété/, /i-chain/, /C_k/, etc.

Définition du contenu

Mais un texte mathématique n'est pas seulement un ensemble d'expressions juxtaposées ; il se compose aussi de segments pourvus d'une signification, même pour un lecteur non mathématicien. Or il est évident que la notion d'expression est insuffisante pour attribuer une signification à des segments tels que :

- "bornons-nous aux cycles *non bouclés*"
- "the intersection of C_k and C_l"
- "the points of the complex"

Dans le premier de ces segments, ce n'est certainement pas l'expression /cycle/ qui est "bouclé", ce n'est probablement pas non plus de l'"intersection" entre les expressions /C_k/ et /C_l/ dont il est question dans le deuxième, et dans le troisième, l'expression /complex/ est composée de lettres mais pas de points...
Comme nous n'entendons pas épuiser tous les niveaux de signification d'un texte, nous devons circonscrire et définir celui auquel nous allons nous placer. Pour cela, nous convenons d'associer à chaque expression un *contenu* défini par toutes les relations qu'entretient cette expression avec les autres expressions *du texte considéré* au sein de segments pourvus d'une signification. Ainsi, dans les exemples précédents, le contenu associé à l'expression /cycle/ est tel qu'il puisse être "bouclé", le contenu de l'expression /C_k/ supporte une relation d'intersection et le contenu de /complex/ peut avoir des "points". Nous noterons entre crochets le contenu associé à une expression : [cycle], [C_k], [complexe].
Il importe de faire ici plusieurs remarques.

• La description du contenu associé aux expressions n'engage que la connaissance de la langue naturelle dans laquelle le texte considéré est écrit : c'est bien tout ce que nous supposons quand nous déduisons de l'occurrence "l'intersection de C_k et de C'_k" que les contenus de / C_k/ et de / C'_k/ sont tels qu'ils peuvent avoir entre eux une relation appelée "intersection".

• Les contenus des expressions se définissent mutuellement. Chaque contenu est constitué de toutes les relations que son expression entretient avec toutes les autres expressions et leur contenu dans l'ensemble d'un texte. Le texte est ainsi considéré dans sa totalité sans que l'on tienne compte de l'ordre d'apparition des occurrences. On ne confondra pas le contenu d'une expression, par exemple /complexe/, avec la définition que le texte peut donner d'un complexe : les définitions ne sont pas ici des énoncés privilégiés pour la détermination du contenu.

• Certains textes sont bien trop longs pour que l'on puisse véritablement citer toutes les occurrences de certaines expressions. C'est le cas par exemple de l'expression /variété/ dans les mémoires de Poincaré ou de /complex/ dans le livre *Topology* de Lefschetz. Le lecteur devra ici nous faire crédit. Cela est aussi inévitable pour les assertions négatives du type : "telle relation est absente de ce texte". Dans ce cas, le lecteur n'a pas d'autre possibilité pour s'en convaincre que d'aller lui-même le vérifier en parcourant tout le texte...

• Si l'on veut tenir compte d'autres niveaux de signification qui entrent très certainement dans l'interprétation qu'un lecteur ferait d'un texte, il n'y aurait qu'à inscrire le texte dans un plus large corpus déterminé en fonction des phénomènes que l'on souhaite mettre en évidence. C'est d'ailleurs ce que nous avons fait dans notre analyse des mémoires de Poincaré que nous avons assimilés à un seul texte.

• Il est en fait possible d'interpréter le segment "the intersection of C_k and C_l" en imaginant que l'intersection s'applique aux expressions / C_k/ et / C_l/ ; l'intersection de / C_k/ et de / C_l/ pourrait être alors / C/. Pour écarter de semblables objections nous donnerons le plus souvent une liste de citations qui permettra d'écarter ce type d'interprétation.

Suivant ces principes, et comme cela ressort des exemples que nous avons donnés, nous ne négligeons pas les expressions de la langue naturelle et nous ne réduisons pas les mathématiques à leurs formules ou à ce qu'il est courant d'appeler un "langage symbolique".

Il n'est fait *a priori* aucune hypothèse ontologique ou psychologique sur la nature des contenus. C'est là un des intérêts de la théorie hjelmslevienne qui ne reprend pas le traditionnel triangle sémiotique commun à la plupart des théories linguistiques.

Définition de la fonction sémiotique et du signe

Le contenu a été introduit pour rendre compte de l'attribution d'une signification aux différents segments d'un texte et il est par définition indissociable de l'expression dont il est le contenu. C'est cette relation entre une expression et un contenu, essentielle à la signification, qui est appelée la *fonction sémiotique*. Nous nous intéresserons principalement au conditionnement sémiotique de ces fonctions, nous y reviendrons donc à cette occasion.

L'expression, le contenu et la fonction sémiotique définissent ensemble un *signe* que nous noterons en italiques[1].
Ainsi, *cycle* est un signe dont une expression est /cycle/ et dont la description du contenu et de la fonction sémiotique dépend du texte considéré. Il est commode de représenter un signe par un schéma dans lequel la fonction sémiotique peut être représentée soit par un trait soit par une flèche :

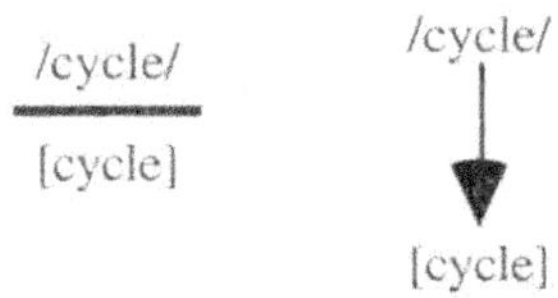

Représentations d'un signe

Nous ferons souvent l'abus d'appeler "signe", "expression", "contenu", "fonction sémiotique" une manifestation particulière, quand ces notions désignent par définition l'ensemble de ces manifestations.
Les signes que nous considérerons auront toujours au moins une expression notationnelle en plus de leur expression naturelle[2], par exemple /cycle/ et / C_k / ; la structure d'un signe sera donc généralement la suivante :

- une expression naturelle;
- une expression notationnelle;
- un contenu;
- une fonction sémiotique.

Le dédoublement de l'expression n'est certainement pas une constante de

[1] Pour souligner un mot nous utiliserons aussi les italiques sans que cela n'entraîne de confusion. En revanche, nous ne mettrons pas les notations en italiques.
[2] Nous abrégeons "expression dans la langue naturelle" par "expression naturelle".

l'histoire des mathématiques. C'est une question qui reste encore à étudier pour une histoire générale de la structure des signes mathématiques.

La description des signes, avec les limites inhérentes aux définitions choisies et au corpus auquel nous les appliquons, va permettre de reconsidérer l'influence de certains des différents courants qui sont intervenus dans le développement de la topologie, qu'il s'agisse de la géométrie, de la théorie des équations, de l'algèbre moderne ou de la théorie des ensembles (il faudrait ajouter, entre autres, la théorie des fonctions, la géométrie algébrique et la théorie des nœuds[1] que nous n'aborderons pas ici).

Le contenu et ses limites

Nous avons restreint la détermination du contenu d'un signe aux relations que ce signe entretient avec les autres signes d'un même texte. Il est certain qu'un signe n'est pas seulement en relation avec les signes d'un texte unique : il est pour chaque lecteur un élément de systèmes bien plus vastes. Selon l'époque, la culture, etc., un mot, une notation ont une histoire dont on ne peut totalement faire abstraction même quand ils sont redéfinis dans un texte. Le signe + que Poincaré utilise pour noter la relation entre les termes d'une homologie n'est pas vierge et appartient à une longue tradition qui détermine pour une part le choix de cette expression et les propriétés de ce signe. De même /espace/, /variété/, /complex/, /chain/, etc., sont autant d'expressions qui s'inscrivent dans un vaste système de références englobant d'autres textes mathématiques ou non, des lettres échangées, des conférences, des conversations, etc., qui contribuent diversement à leur signification et fluctuent selon les lecteurs. Une analyse complète devrait donc rapporter la détermination du contenu d'un signe à un corpus allant bien au delà d'un texte unique. Mais cette extension est très vite arrêtée par de nombreuses difficultés : même en se limitant aux textes publiés, ce corpus n'a pas de raison d'être le même pour l'auteur du texte et l'un de ses lecteurs, et il serait impossible de déterminer le corpus qu'il conviendrait de choisir pour chacun. En définitive, le texte considéré est le plus grand corpus dont nous sommes assurés qu'il soit commun à l'auteur et à tous ses lecteurs. En limitant notre description à un texte

[1] Pour l'histoire de la théorie des noeuds, nous renvoyons le lecteur aux travaux de Moritz Epple cités en bibliographie.

unique nous obtenons un noyau de caractérisations que chacun peut ensuite compléter suivant ses propres intérêts épistémologiques et historiques en étendant son corpus en conséquence.
Il résulte en particulier de cela que nous ne ferons pas appel aux mémoires de Poincaré pour décrire le contenu d'un signe dans le livre de Veblen, bien que ce livre s'inscrive de manière incontestable dans leur prolongement. De même, nous ne ferons pas appel aux connaissances mathématiques que l'on peut tirer de ce livre, ou de ceux de S. Mac Lane[1], de E. Spanier[2], etc., dans notre analyse des mémoires de Poincaré. En revanche, nous ne nous priverons pas de comparer les signes des textes qui auront ainsi été décrits indépendamment.

A.2 Les plans de l'expression et du contenu

Le plan de l'expression

Il a fallu introduire le contenu d'une expression parce qu'il est vite apparu que la notion d'expression était insuffisante pour rendre compte de l'attribution de la moindre signification à la plupart des segments d'un texte. Néanmoins, les expressions peuvent *en tant qu'expressions* entretenir des relations entre elles. L'expression /set of circuits/ dérive par exemple de l'expression /circuit/, et cela sans qu'il soit besoin de considérer leur contenu. De même les expressions $/A^{ir}/$ et $/A^{n-q}\ldots A^{ir}\ldots A^{p}/$ dans le segment "the vertex A^{ir} of $A^{n-q}\ldots A^{ir}\ldots A^{p}$" ont une relation indépendamment de leur contenu. Cela nous amène à définir le *plan de l'expression* d'un texte comme étant l'ensemble de ses expressions considérées avec leurs relations *en tant qu'expressions.*
Parmi ces expressions, il convient de distinguer celles qui sont des *unités* pour un texte donné ; c'est-à-dire celles dont ne dérive aucune expression. Ainsi, /circuit/ et $/A^{ir}/$ (ou peut-être seulement $/A/$), dans nos exemples, pourraient être des unités d'expression. Il est toujours facile et parfois intéressant de repérer ces unités d'expression. Pour l'étude du plan de l'expression nous nous attacherons principalement à la structure du lexique et des notations : leurs unités, les modes d'engendrement des termes à partir des unités, etc. Ces éléments pourront être décrits et comparés entre eux et aux structures d'autres plans que nous allons aussi considérer.

---

[1] Saunders MacLane, auteur notamment d'un livre de référence sur l'algèbre homologique : *Homology*, North-Holland, 1963.
[2] Edwin Spanier, auteur notamment d'un livre de référence de topologie algébrique : *Algebraic Topology*, MacGraw-Hill, 1966.

Les plans de contenu

Sur le modèle de la définition du plan de l'expression, nous pouvons définir *le plan de contenu* comme étant l'ensemble des signes considérés avec les relations qu'ils entretiennent *au niveau de leur contenu*[1]. Ainsi, le segment "the points of the complex" établit une relation d'appartenance entre les signes *point* et *complex*. Ce n'est pas avec l'expression /complex/ que le contenu du signe *point* contracte une relation d'appartenance ; cette relation est relative à leurs contenus et relève donc du plan de contenu.

Suivant cette définition, un texte n'a qu'un seul plan de contenu. Mais celui-ci n'est pas nécessairement connexe : il peut exister des ensembles de signes tels qu'aucun signe de l'un ne contracte de relation de contenu avec un quelconque signe de l'autre. Nous appellerons donc plutôt plan de contenu une composante connexe du plan de contenu précédemment défini. Un texte peut dès lors avoir plusieurs plans de contenu. Ainsi, si notre texte contient les segments "the points of the complexe" et "a cell of the complex", les signes *point*, *cell* et *complex* ont des contenus qui relèvent d'un même plan. Si ce texte contient par ailleurs le segment "a matrix whose elements are integers", nous aurons probablement à distinguer un autre plan de contenu.

L'analyse des textes de notre corpus requiert *a posteriori* la distinction de quatre plans de contenu que nous avons choisi d'appeler :

- géométrique
- arithmétique
- ensembliste
- algébrique

Nous noterons respectivement $[\text{cycle}]_g$, $[\text{cycle}]_{alg}$, $[\text{cycle}]_{ar}$, $[\text{cycle}]_{ens}$ les contenus géométrique, algébrique, arithmétique et ensembliste.

Avant même d'introduire les distinctions entre ces quatre plans qu'il est possible de présenter dès maintenant, nous devons insister sur le fait que ces appellations n'ont qu'un caractère suggestif. Il doit être clair que les caractérisations que nous en proposerons relèvent uniquement d'une analyse sémiotique, elle-même limitée à un corpus déterminé. Ainsi, ces distinctions ne rendent compte de rien d'autre que de différences

[1] On peut parler d'isotopie (par exemple Greimas 1966). Ce terme ayant un autre sens en topologie algébrique nous ne l'emploierons pas, mais nous conserverons l'adjectif "isotopique".

sémiotiques et elles ne prétendent être pertinentes que pour le corpus qui a permis de les dégager. En aucun cas nous ne prétendons que les acceptions qu'il convient de donner à "géométrique", "arithmétique", "ensembliste" et "algébrique", même en se limitant à l'histoire de la topologie à la période que nous considérons, seraient épuisées par l'approche sémiotique que nous développons ici ; nous sommes au contraire persuadés que tel n'est pas le cas.

Nous n'avons pas cherché à donner une caractérisation spécifique du plan de contenu *arithmétique*. Compte tenu de notre corpus, il suffisait pour nos analyses de considérer que les nombres relatifs avaient un contenu arithmétique. Il ne nous a pas été possible de mettre en évidence des différences significatives entre le contenu de ces nombres à partir de nos seuls textes. Il n'en serait certainement pas de même avec un autre corpus.

Nous dirons qu'un signe a un contenu *ensembliste* si les relations de contenu qu'il contracte s'expriment en termes d'intersection, d'union, de complémentaire, d'appartenance et d'inclusion. Nous montrerons que le plan de contenu ensembliste, ainsi défini, ne se manifeste dans aucun des textes de notre corpus. Le premier texte traitant d'homologie dans lequel il se manifeste est l'article de Vietoris de 1927. L'analyse du livre de Lefschetz, publié en 1930, montrera que ce plan de contenu peut être encore absent de textes plus tardifs. En revanche, si l'on ne se restreignait pas aux seuls travaux relatifs à l'homologie, certains textes de R. Dedekind (1831-1916), de G. Cantor (1845-1918), de A. Schönflies (1853-1928), de L.E.J. Brouwer (1881-1966), de P. Alexandroff, etc., nous donneraient des exemples de l'intervention de ce plan de contenu bien avant le texte de Vietoris. Si la considération de ce plan de contenu ne permettra donc pas de dégager des différences significatives entre nos textes, il nous permettra en revanche de découvrir que sa manifestation dans les textes relatifs à l'homologie aura été tardive. Nous avons ainsi un moyen d'apprécier l'influence du développement de la théorie des ensembles sur ces textes de topologie.

La caractérisation du plan de contenu *géométrique* sera progressivement dégagée au cours de l'analyse des mémoires de Poincaré. Nous accorderons une attention particulière à la distinction entre contenus ensembliste et géométrique. Nous verrons par exemple que les expressions /set of points/ ou /set of simplexes/, qui ont un rôle essentiel dans nos textes, ont un contenu géométrique et non ensembliste. On pourrait en revanche montrer que l'expression /Menge von Simplexen/ a bien un contenu ensembliste dans l'article d'Alexandroff "Simpliziale Approximationen in der allgemeinen Topologie"[1] publié en 1925, mais il ne fait pas intervenir de relations d'homologie. Nous montrerons plus généralement que le plan de contenu géométrique intervient dans tous les textes de notre corpus, mais nous verrons que son statut n'est pas pour autant toujours le même.

Le plan de contenu algébrique est en définitive le seul que nous puissions vraiment définir dès à présent. Nous dirons qu'une expression a un *contenu algébrique* quand cette expression intervient en tant qu'expression dans la signification d'un segment. Prenons un exemple pour illustrer cette définition. Imaginons un texte comprenant le segment "le sommet A de ABC" où ABC est un triangle. Il est possible que /A/ désigne le point qui correspond à un sommet du triangle appelé "ABC". Mais il se peut aussi, nous en verrons des exemples, que /le sommet A/ désigne la lettre /A/ dans l'expression /ABC/ et non un point. Dans ce cas l'expression /A/ intervient en tant qu'expression dans la signification d'un segment de texte et /A/ a donc un contenu algébrique. Précisons tout de suite qu'il n'est pas exclu que dans un autre segment du même texte /A/ désigne un point et /ABC/ un triangle, mais /A/ aura néanmoins un contenu algébrique si dans un segment donné ce n'est pas du point dont il est question, mais de la lettre.

Il convient de bien marquer ce qui distingue la notion de contenu algébrique des notions d'expressions et de symboles qui peuvent sembler proches ou identiques.
Un texte, considéré comme une longue chaîne écrite, est entièrement composé d'expressions, voire même d'une unique expression insécable pour celui qui n'en connaîtrait pas la langue. Nous avons vu que la seule notion d'expression était insuffisante pour rendre compte de la signification d'un segment du texte ; la notion de contenu a été introduite pour y remédier et suivant la formule consacrée, une expression est alors l'expression de quelque chose d'autre. Expression et contenu sont ainsi deux composantes indissociables mais distinctes d'un signe. Mais dans le cas du contenu algébrique, l'expression se dédouble en quelque sorte pour se retrouver aussi en position de contenu. Il s'agit

---

[1] *Math. Annalen*, 96, p. 488-511, 1925.

donc d'un cas très particulier où expression et contenu semblent se confondre bien qu'il s'agisse en fait d'entités sémiotiques distinctes (dans le vocabulaire de Hjelmslev ce sont deux fonctifs différents). Une chose est qu'une expression intervienne, comme toutes les autres expressions d'un texte, en tant qu'expression, une autre est qu'elle intervienne en tant que contenu. S'il importe, d'une part pour la compréhension de la notion de contenu algébrique et d'autre part pour des raisons théoriques, de ne pas confondre les notions d'expression et de contenu algébrique, nous aurons néanmoins l'occasion de voir que la nature *écrite* des expressions doit certainement être prise en compte dans la possibilité de ce dédoublement et, par conséquent, de la coexistence de ce contenu avec d'autres contenus. Cette coexistence peut d'ailleurs être comparée à celle qui résulte de la participation de relations phoniques à la signification d'un poème. Ainsi, la considération du contenu algébrique permet une analyse de la contribution de l'écriture dans les signes des textes mathématiques.

La distinction entre les notions de contenu algébrique et de symbole doit être aussi clairement marquée en raison de la confusion que pourrait induire notre choix d'appeler "algébrique" ce contenu et le fait que la notion de symbole sert couramment à caractériser l'algèbre et le formalisme[1]. Quand on pense à un symbole dans ce contexte on considère généralement que celui-ci intervient systématiquement en tant que symbole tout au long du texte et que son caractère symbolique épuise son analyse sémiotique. Au contraire, la définition de contenu permet de concevoir la coexistence au sein d'un même signe d'un contenu algébrique et d'un autre contenu : dans certains segments de texte une expression peut intervenir en tant qu'expression, c'est-à-dire avoir un contenu algébrique, et avoir par ailleurs un autre contenu. Ainsi, le fait d'avoir un contenu algébrique n'épuise pas *a priori* l'analyse sémiotique d'un signe. Cette distinction est pour nous essentielle puisque c'est un des objectifs de ce livre que de mettre en évidence et d'analyser la

[1] Par exemple, O. Ore in "Some Recent Developments in Abstract Algebra" publié en 1931 : "If one should try to define algebra, it might be said that algebra deals with the formal combination of symbols according to prescribed rules. Such formal combinations are, however, obviously fundamental in most branches of mathematics even outside algebra in the ordinary sens. The recognition of this formal element in the mathematical theories has naturally led to an algebraization, which can easily be observed in the present state of many domains of mathematics; if one adopts the views of Hilbert, the whole system of mathematics can be formalized in this way.", p. 537.

coexistence de contenus différents dans des textes mathématiques. Nous montrerons que le plan de contenu algébrique intervient dans les mémoires de Poincaré et nous verrons de quelle manière. Nous pourrons ensuite faire des comparaisons avec son intervention dans d'autres textes, notamment dans ceux d'Alexander et de Lefschetz. Cela permettra déjà de mettre en évidence d'importantes différences entre ces textes, ce que ne permettrait pas de faire la notion de symbole.

L'invariance des plans de contenu

Un plan de contenu étant *a priori* propre à un texte, il faudrait en toute rigueur distinguer, par exemple, le plan de contenu géométrique d'un texte de Poincaré de celui d'un texte de Lefschetz. L'introduction de ces distinctions ne ferait néanmoins qu'ajouter en confusion sans contrepartie : nous montrerons en effet que la fonction d'un plan de contenu, son statut, ses relations avec d'autres plans de contenu, etc., peuvent varier d'un texte à l'autre, mais qu'il est possible de dégager des traits permanents que nous retiendrons pour les caractériser. C'est ainsi qu'il a été possible d'adopter pour chaque plan des définitions communes aux textes de notre corpus. La permanence de ces caractéristiques n'est donc pas un principe posé *a priori*, mais un résultat que nous établirons au fur et à mesure de nos analyses. Elle tient certainement au sujet et à la période relativement courte sur laquelle s'étend notre corpus. Savoir si elle serait toujours vérifiée sur une plus longue période incluant des textes de l'antiquité grecque, chinoise, etc., reste une question ouverte et passionnante.

La poly-isotopie des textes

On peut s'attendre à ne trouver dans les textes scientifiques et particulièrement dans les textes mathématiques qu'un très petit nombre de plans de contenu, voire aucun, alors que les textes littéraires en contiendraient de nombreux. Les relations entre les plans (expression et contenu) seraient très simples et stéréotypées pour les premiers, complexes et variées pour les seconds. Cette simplicité supposée ne résiste pas à un examen attentif. Il convient d'abord de rappeler que les notions d'isotopie pertinentes pour l'analyse de ces textes ne coïncident pas[1]. Ensuite, et pour s'en tenir aux textes mathématiques, nous montrerons que les textes de notre corpus font tous intervenir au moins

[1] La notion de plan de contenu que nous adoptons ici et celle d'isotopie en sémantique interprétative ne doivent pas être confondues (pour une discussion engagée de leurs différences, voir Rastier 1997).

deux plans de contenu. Ce livre est ainsi dans une large mesure consacré à la poly-isotopie des textes mathématiques, c'est-à-dire à l'étude de la coexistence des différents plans de contenu au sein d'un même texte ou d'un même signe. Nous montrerons, par exemple, que le signe *variété* des mémoires de Poincaré a non seulement un contenu géométrique, mais qu'il a aussi un contenu algébrique et qu'il est en relation avec le plan de contenu arithmétique par l'intermédiaire d'autres signes. Nous verrons aussi, avec l'analyse du livre de Veblen, un texte dont les signes ont un double contenu, arithmétique et géométrique. Tout l'art de son auteur a consisté à donner des définitions qui soient conformes à cette ambivalence, c'est-à-dire, en définitive, dans le découpage des plans de contenu arithmétique et géométrique de manière à les rendre isomorphes. Mais bien que l'homologie qu'il définit modulo 2 réponde à cette exigence, cette ambivalence ne sera pas parfaite : l'orientation, les "homologies par division", etc., viendront la compromettre.

Les plans de l'expression et du contenu d'un texte

Le plan de l'expression et les différents plans de contenu d'un texte une fois décrits, il est possible de comparer leurs structures et de mettre ainsi certaines correspondances en évidence. Comme pour le plan de l'expression, il importe de repérer les contenus qui sont, relativement à leur plan et à un texte, des unités de contenu. La description du plan de l'expression et celle des plans de contenu étant à cet égard indépendantes, il est intéressant d'étudier les correspondances qui peuvent exister entre eux.

Chaque texte faisant intervenir plusieurs plans de contenu, l'étude de ces correspondances permet d'apprécier l'adéquation du plan de l'expression avec chacun d'eux. On peut ainsi déterminer si les unités d'expression correspondent aux unités du plan de contenu géométrique plutôt qu'à celle du plan de contenu arithmétique. Cette plus ou moins grande adéquation peut être un critère pour apprécier l'importance relative des différents plans de contenu.

Le système sémiotique

L'ensemble des signes et des plans de contenu considérés avec leurs relations mutuelles définissent le *système sémiotique* d'un texte. Nous ne considérerons pas, bien sûr, tous les signes, mais seulement ceux qui interviennent dans les énoncés relatifs aux relations d'homologie. Compte tenu de ces restrictions, les chapitres suivants vont être essentiellement consacrés à l'analyse et à la comparaison des systèmes sémiotiques des textes de notre corpus et à en dégager les conséquences épistémologiques et historiques. L'un des principaux intérêts des systèmes sémiotiques est en effet de permettre une comparaison rigoureuse des textes. Nous verrons qu'un même plan de contenu n'a pas la même fonction d'un texte à l'autre et que les relations des plans entre eux peuvent varier. Il est ainsi possible d'observer l'évolution du statut des plans de contenu géométrique, arithmétique, algébrique et ensembliste dans le traitement de l'homologie. Par exemple, l'introduction dans le premier mémoire de Poincaré du plan de contenu algébrique est certainement, quarante ans après la définition des nombres de connexion par Riemann, un événement dans l'histoire de l'homologie. Néanmoins le statut de ce plan change et le plan de contenu géométrique, omniprésent dans les mémoires de Poincaré, s'estompe progressivement (nous le verrons par exemple dans l'article d'Alexander de 1926) jusqu'à disparaître complètement dans certains textes à la faveur des plans de contenu ensembliste ou algébrique (par exemple Mayer 1929, Tucker 1933). Ainsi, la comparaison du statut des plans de contenu va nous permettre d'étudier l'influence de la géométrie, de l'arithmétique, de l'algèbre et de la théorie des ensembles dans ces textes consacrés à l'homologie.

B Comparaison avec la théorie du langage de Hjelmslev

Les quelques éléments de sémiotique que nous venons d'introduire sont pour l'essentiel repris de la théorie du langage de Hjelmslev. Pour véritablement apprécier cette théorie, il faudrait la rapporter à son vaste projet[1] : développer complètement et de manière autonome une théorie linguistique qui permette d'appréhender le langage pour lui-même et dans sa totalité. Mais notre projet est différent : 1°) nous étudions exclusivement des *textes*, 2°) ce sont des textes *mathématiques* et 3°) nous les étudions dans une perspective *historique*. Ces spécificités nous ont conduit à ne pas reprendre certains des principes de la théorie de Hjelmslev. Pour éviter d'éventuels malentendus, nous allons présenter les plus importantes adaptations, ce qui nous permettra aussi de faire ressortir quelques-unes des caractéristiques des définitions adoptées. Inversement, cette comparaison et les analyses des chapitres suivants vont mettre en évidence quelques idées reçues sur les caractéristiques

[1] Cette étude a été magistralement faite par S. Badir (Badir 1998).

sémiotiques des textes mathématiques qui ont eu une incidence sur certaines parties de la théorie de Hjelmslev.

Parole et langue, procès et système, texte et système sémiotique

La plupart des linguistes du XXe siècle ont développé des théories du langage dont le principal objet était les langues naturelles. Il était alors courant de privilégier l'oral sur l'écrit, comme l'a fait Saussure :

> "Langue et écriture sont deux systèmes de signes distincts ; l'unique raison d'être du second est de représenter le premier ; l'objet linguistique n'est pas défini par la combinaison du mot écrit et du mot parlé ; ce dernier constitue à lui seul cet objet. Mais le mot écrit se mêle si intimement au mot parlé dont il est l'image, qu'il finit par usurper le rôle principal ; on en vient à donner autant et plus d'importance à la représentation du signe vocal qu'à ce signe lui-même. C'est comme si l'on croyait que, pour connaître quelqu'un, il vaut mieux regarder sa photographie que son visage"[1].

La primauté de l'oral a aussi été reprise par L. Bloomfield :

> "les systèmes très élaborés de geste par exemple, ou de langage des sourds-muets, les codes à signaux, l'usage de l'écriture, de la télégraphie, etc. se révèlent être, après examen, de simples dérivés du langage."[2]

Elle se retrouve chez H. Gadamer :

> "Certes, par rapport à la langue (*Sprachlichkeit*), l'écrit (*Schriftlichkeit*) apparaît comme un phénomène second. En effet, le langage qui recourt aux signes de l'écriture se réfère au langage véritable, celui du discours (*Rede*)."[3]

Eco a ainsi pu considérer que cette primauté de la langue parlée était un trait caractéristique de la linguistique moderne :

---

[1] Ferdinand de Saussure, *Cours de linguistique générale*, Payot, Paris, 1916, réédition 1995, p. 45.

[2] Bloomfield, *Le langage*, Payot, Bibliothèque scientifique, 1970, p. 137.

[3] Hans-Georg Gadamer, *Vérité et méthode*, Paris, Seuil, 1996, p. 414.

> "C'est une classification des signes écrits qui prévaudra tout au long de l'histoire de la linguistique et de la philosophie du signe : en un certain sens, ce n'est qu'avec la linguistique moderne que l'on a explicitement posé la primauté de la langue parlée"[1].

Ainsi, les langues naturelles étant considérées avant tout comme des productions orales et l'écrit comme un produit dérivé, la plupart des linguistes se sont concentrés sur les langues parlées. Il faut aussi ajouter à cela que la phonologie a longtemps été un modèle pour les théories linguistiques[2].
Pour nous qui nous occupons de textes mathématiques il n'est évidemment pas possible d'accepter cette primauté de la parole sur l'écrit puisqu'il suffit de penser aux "formules mathématiques" pour la mettre en défaut. Mais inversement, la mise en évidence d'un rapport d'immanence entre le type d'expression adopté, en particulier écrit ou oral, et les concepts produits est en général un problème fort subtil car il ne suffit pas qu'une relation soit écrite pour que l'écrit en soit une dimension essentielle ni qu'elle soit exprimée oralement pour que l'écrit n'y ait aucune part[3].
Hjelmslev a pour sa part clairement dénoncé ce présupposé qui voudrait dériver l'écrit de l'oral ou tout autre privilège d'une substance d'expression sur une autre[4]. En effet, un tel présupposé ne peut avoir sa place au sein d'une théorie linguistique qui entend s'appliquer à tous les langages, et non seulement aux langues naturelles. Au lieu de cette primauté, Hjelmslev adopte le principe qu'un langage est indépendant de la substance dans laquelle il se manifeste, ce qui est conforme à l'idée que ce qui peut être dit peut être aussi bien écrit, et inversement.

Cette indépendance s'inscrit plus généralement dans la reprise que fait Hjelmslev de l'opposition fondamentale entre *parole* et *langue* introduite par Saussure et à laquelle, conformément à son projet, il donne une plus

---

[1] Eco, *Le signe*, p. 194.

[2] Sur l'influence de la phonologie dans la genèse de la glossématique, voir l'échange de lettres entre Martinet et Hjelmslev, publié in Hjelmslev, *Nouveaux essais*, Paris, PUF, 1985.

[3] Voir par exemple les travaux de Jack Goody. Pour la distinction de différents types d'inscription de la langue parlée dans des expressions graphiques, voir Gelb 1973.

[4] Voir les *Prolégomènes à une théorie du langage* p. 129 *sq*, "L'analyse structurale du langage", *Nouveaux essais*, p. 38, et de H.J. Uldall, l'autre jumeau du couple glossématicien : "Speech and writing", *Acta linguistica*, 4, p. 11-16, 1944.

grande portée. La *parole* pour Saussure est quelque chose comme l'ensemble des faits positifs, les phénomènes sur lesquels le linguiste fonde ses théories et la *langue* est la structure sous-jacente, induite par l'analyse de la parole : la langue se manifeste dans la parole, et elle est, pour Saussure, l'unique objet d'étude de la linguistique. Hjelmslev substitue à la notion de *parole* celle plus générale de *procès* qui n'est pas nécessairement oral et qui peut être aussi bien un ensemble de textes, l'enregistrement du carillon d'une horloge pendant une journée, les différents états d'un feu de signalisation observés pendant un certain temps, les mimiques qui accompagnent un discours, les monuments, etc. Le choix qu'il fait d'un mot plus neutre que "parole" est conforme à sa volonté de ne privilégier aucune substance d'expression (orale, écrite, etc.). A la notion de *langue* chez Saussure, Hjelmslev substitue celle de *système* qui est la structure induite par l'analyse du procès. Cette analyse est conduite suivant des principes qu'il entend déterminer complètement. Néanmoins, Hjelmslev attribue *a priori* au système un certain nombre de propriétés d'invariance. Il considère par exemple qu'un même système peut être déterminé par des corpus différents conformément au fait qu'un individu parle la même langue à des moments différents de la journée, de sa vie, etc. Il considère de même qu'une langue est commune à tous les individus qui la parlent. Et enfin, le système d'une langue doit être aussi indépendant de la substance de son expression : une langue reste la même qu'elle soit écrite, parlée, télégraphiée, mimée, etc. :

> "*la "substance" ne peut en elle-même définir une langue.* On doit pouvoir s'imaginer des substances radicalement différentes du point de vue de la hiérarchie de la substance qui soient rattachées à une seule et même forme linguistique ; la relation arbitraire entre la forme linguistique et le sens en fait une nécessité logique."[1]

ou encore :

> "C'est là un fait qu'on peut facilement démontrer expérimentalement que n'importe quel système d'expression linguistique peut se manifester par des substances d'expression extrêmement différentes."[2]

Le système a donc suivant Hjelmslev une existence qui transcende un

---

[1] *Prolégomènes à une théorie du langage*, p. 131. Voir aussi "L'analyse structurale du langage", *Essais linguistiques*, p. 36.

[2] *Prolégomènes à une théorie du langage*, p. 133.

ensemble de conditions qui sont dès lors contingentes et inhérentes à ses manifestations. Cette conception permet aussi d'accorder le système avec d'autres traits fondamentaux du langage telle que la communication ou la possibilité de former des énoncés nouveaux et néanmoins conformes au système d'une langue que nous connaissons[1]. Ce sont là autant de principes qui se retrouvent dans d'autres théories tout à fait différentes comme la grammaire générative[2].

Pourtant, chacune des invariances admises par Hjelmslev est, à notre avis, une décision *a priori*, voire un préjugé d'ordre épistémologique ou historiographique. Nous pensons pour notre part que ces diverses formes d'indépendance des systèmes sémiotiques doivent être étudiées ; il ne saurait donc être question de les adopter en principe.
On ne saurait en particulier admettre *a priori* l'indépendance du système par rapport à sa substance d'expression, c'est-à-dire pour ce qui nous concerne, des textes écrits à l'encre sur du papier. Sans pour autant considérer que les mathématiques se réduisent elles-mêmes à une activité strictement scripturale (il suffit de les avoir pratiquées un peu pour le savoir...), nous ne pouvons pas ignorer pour autant qu'elles se présentent sous la forme d'écrits. Si ce n'est peut-être pas une nécessité épistémologique, c'est au moins en partie une contrainte historiographique : quelle que soit la période sur laquelle il travaille, l'historien des mathématiques étudie surtout des textes et il serait dommage de l'ignorer dans les principes sémiotiques que nous adoptons pour nos analyses.
Les textes et la période sur laquelle est centré ce livre, le début du XXe siècle, présentent sur ce point la particularité que les documents que les historiens et les mathématiciens ont entre leurs mains coïncident de manière remarquable : Veblen, Alexander, Lefschetz, Alexandroff, etc., lisent certainement les mémoires de Poincaré dans les revues où ils ont été publiés et dans lesquelles nous les lisons nous-mêmes ; des renvois accompagnés d'un numéro de page permettent de le vérifier. Il convient

---

[1] "le système, ou la langue préside à la structure de tous les textes d'une même nature, (...) nous permet d'en construire de nouveaux."*Prolégomènes à une théorie du langage*, p. 32.

[2] Citons simplement : "les individus d'une communauté linguistique parlent, pour l'essentiel, une même langue. Ce fait ne peut s'expliquer que par l'hypothèse selon laquelle ces individus utilisent des principes très restrictifs qui fondent la construction de la grammaire." Chomsky, "Les conférences Whidden" in *Réflexions sur le langage*, p. 20, Flammarion 1981.

aussi de remarquer que le support sur lequel les mathématiques sont pratiquées et celui qui sert à les communiquer et à les transmettre, aux autres mathématiciens puis aux historiens, coïncident. Cette coïncidence n'est nullement une constante historique puisque dans le cas de mathématiques pratiquées sur du sable, sur des surfaces recouvertes de poussières, des abaques, etc., le support sur lequel se pratiquent ou s'enseignent les mathématiques ne coïncide pas avec les textes écrits sur des feuilles de papier, ou autre, qui décrivent cette pratique et qui nous ont été transmis. Si notre corpus ne permet pas d'aborder l'étude de ces changements de supports, il permettra néanmoins de montrer qu'on ne peut négliger qu'il s'agit de textes écrits. Nous verrons, en effet, que si les mathématiques ne doivent pas être réduites à leurs textes, il n'est pas non plus possible de les en dissocier totalement. Car de même que les textes plus anciens peuvent faire référence à des cailloux, des jetons, des baguettes, etc., nous découvrirons que les textes de notre corpus font référence à certaines de leurs expressions écrites, considérées en tant qu'expressions écrites. L'étude des manifestations du plan de contenu algébrique va ainsi montrer qu'il pourrait bien y avoir quelques traces d'encre dans le ciel des idées mathématiques[1]...

Nous sommes donc conduits à adopter une conception du système sémiotique plus restreinte que celle de Hjelmslev. Nous ne pouvons accepter aucune des invariances qu'il lui prête *a priori* et, en particulier, introduire de préjugé quant à sa relation avec le procès. Ainsi, puisque nos procès sont exclusivement des textes, le système sera toujours ce que nous avons appelé le système sémiotique *d'un* texte. C'est là le seul système que nous reconnaissons *a priori*. Il est donc exclusivement rapporté à *un* texte et nous ne lui attribuons *a priori* aucune existence au delà de celui-ci. Cela implique en particulier que nous ne supposons pas que le système sémiotique, les différents plans de contenu, les différents types de fonctions sémiotiques soient indépendants du support d'expression, qu'ils soient invariants à travers l'histoire des mathématiques, ou seulement dans les textes de topologie. Nous ne supposons pas non plus qu'ils soient nécessairement partagés par un groupe de personnes, ni même qu'ils soient invariants à travers l'œuvre d'un même auteur. Ces invariances sont autant de questions historiques et

[1] Concernant l'histoire des mathématiques babyloniennes et chinoises, nous renvoyons le lecteur aux travaux respectifs de Jim Ritter et de Karine Chemla cités dans la bibliographie.

épistémologiques fondamentales qui demandent à être étudiées et qui vont être abordées dans ce livre.

Les signes, les symboles et les figures

Bien que la théorie du langage de Hjelmslev ne soit pas restreinte aux langues naturelles, ces dernières jouent un rôle prédominant dans son exposé et elles semblent avoir influencé l'adoption de certains principes[1]. Les exemples qu'il donne de systèmes qui ne sont pas des langues naturelles (le carillon d'une horloge, les feux de signalisation routière) sont d'ailleurs toujours extrêmement simples et ce seront surtout ses continuateurs qui s'attacheront à l'analyse d'exemples plus complexes : la mode vestimentaire écrite, le cinéma, la peinture, la publicité, l'architecture, etc. La distinction qu'il fait entre langages et non langages introduit une dichotomie parmi les systèmes sémiotiques dont les conséquences nous semblent moins provisoires qu'il le souhaiterait. Cette dichotomie est notamment due à la place particulière que Hjelmslev réserve aux mathématiques, à l'algèbre en particulier, qui va infléchir de plusieurs manières sa définition d'une sémiotique, en raison de la place à part qu'il réserve aux systèmes de symboles.

On peut rappeler ici que la glossématique développe un projet (une théorie universelle), des concepts et une épistémologie qui sont très nettement influencés par l'algèbre et la logique du début du XXe siècle[2].

---

[1] "Pour le choix et la délimitation de notre objet, nous avons suivi jusqu'ici (...) la conception traditionnelle de la linguistique en considérant *la langue "naturelle"* comme l'unique objet de la théorie du langage." *Prolégomènes à une théorie du langage*, p. 129. Cette remarque ouvre le chapitre 21 du livre qui en comporte 23... Presque toutes les définitions ont donc déjà été données.

[2] "L'approche structurale du langage a certains rapports intimes avec un courant scientifique qui a pris forme indépendamment de la linguistique et qui n'a pas, jusqu'à maintenant, été très remarqué par les linguistes, - je veux parler de la théorie logistique du langage." Hjelmslev, "L'analyse structurale du langage", *Essais linguistiques*, p. 40. Ou encore : "Vous ne serez pas étonnés d'entendre qu'une des notions les plus fondamentales de la théorie linguistique est celle de *fonction*, comprise dans son sens le plus abstrait, à savoir le sens logico-mathématique qui engendre les notions de dépendance et de cohérence. A cet égard, la théorie linguistique n'occupe pas une position à part; la fonction ainsi définie est une notion qui appartient nécessairement à l'épistémologie pure. Toute science a pour but la connaissance, non pas d'objets individuels mais de fonctions existant entre ces objets." "Entretien sur la théorie du langage", *Nouveaux essais*, p. 76. Oswald Ducrot, entre autres, remarque : "la doctrine de Hjelmslev transforme profondément l'idée de structure linguistique, qu'elle rapproche, d'une façon qui n'est peut-être pas seulement métaphorique, de la structure

Hjelmslev se réfère notamment aux travaux en logique de B. Russell, de D. Hilbert, de R. Carnap... et il rappelle qu'il partage avec A. Tarski l'idée de caractériser les langues naturelles par leur intertraductibilité[1]. Cette influence semble le conduire à prendre la conception uniforme des signes mathématiques proposée par ces auteurs (qui, par ailleurs, ne manquent pas d'avoir entre elles d'importantes différences) pour une description valable des signes mathématiques. Par ailleurs, de nombreuses remarques indiquent clairement qu'il réserve une place à part à ces structures linguistiques particulières :

> "Le linguiste peut et doit concentrer toute son attention sur les langues "naturelles" et laisser à d'autres spécialistes, et principalement aux logiciens, la tâche d'étudier les autres structures sémiotiques ; mais le linguiste ne peut pas impunément s'attacher à l'étude des langues sans tenir compte des perspectives plus larges qui assurent son orientation vers ces structures analogues, car elles sont souvent de construction plus simple que les langues et sont de meilleurs modèles pour une étude préparatoire." *Prolégomènes à une théorie du langage*, p. 135.

Et plus loin :

> "C'est aux spécialistes de ces divers domaines qu'il appartient de décider si les systèmes de symboles mathématiques ou logiques, ou certains arts comme la musique, peuvent ou non être définis de ce point de vue comme des sémiotiques. Il ne semble pas impossible que la conception logistique d'une sémiotique comme monoplane résulte de ce que l'on est parti de structures qui, selon notre définition, ne sont pas des sémiotiques et qui diffèrent donc sur un point fondamental des véritables structures sémiotiques, et de ce qu'on a ensuite tenté une généralisation prématurée." *Prolégomènes à une théorie du langage*, p. 142.

---

mathématique." "Le structuralisme en linguistique", *Qu'est-ce que le structuralisme?*, Paris, Seuil, 1968, p. 76.

[1] "En pratique, une langue est une sémiotique dans laquelle toutes les autres sémiotiques peuvent être traduites, aussi bien toutes les autres langues que toutes les structures linguistiques concevables. Cette traductibilité résulte de ce que les langues et elles seules sont capables de former n'importe quel sens." *Prolégomènes à une théorie du langage*, p. 138. Il ajoute en note : "Nous avons fait cette observation indépendamment du logicien polonais Alfred Tarski (*Studia Philosophica* I, Lwow 1935)". Or, contrairement à ce que dit Hjelmslev, il ne nous semble pas acquis que "tout ce qui est formulé dans un langage mathématique peut être exprimé en anglais", *La structure fondamentale du langage*, p. 183.

Les mathématiques sont souvent évoquées et toujours au titre de structure sémiotique extrêmement simple :

> "Pour décider si les jeux, ou d'autres systèmes de quasi-signes tels que l'algèbre pure, sont ou non des sémiotiques, il faut voir si leur description exhaustive exige que l'on opère en reconnaissant deux plans, ou si le principe de simplicité peut être appliqué de telle sorte qu'un seul plan soit suffisant." *Prolégomènes à une théorie du langage*, p. 141.

Pourquoi l'analyse des systèmes de symboles mathématiques reviendrait-elle aux logiciens ou aux mathématiciens plutôt qu'aux linguistes alors qu'il n'est pas nécessaire d'être horloger pour analyser le carillon d'une horloge ni d'être policier pour analyser les feux de signalisation routière? Plus significatif de cette séparation est le fait que les définitions d'un signe et d'une sémiotique de Hjelmslev excluent justement les systèmes de symboles qui correspondent, selon lui, aux textes des logiciens et des mathématiciens[1]. Les symboles sont ainsi exclus et mis hors de porté du linguiste ; son incompétence à analyser le système sémiotique des textes mathématiques devient ainsi une conséquence de sa définition du signe.
Outre que nous retrouvons le présupposé qu'un symbole n'est nécessairement qu'un symbole et rien d'autre, nous ne voyons pas de raison de mettre à part des signes qui se mêlent de manière inextricable à d'authentiques signes, au sens de Hjelmslev. Nous en verrons bientôt un exemple avec notre première analyse consacrée au signe *variété* dans les mémoires de Poincaré.

La séparation des symboles des autres signes intervient aussi dans le principe selon lequel un signe doit nécessairement s'analyser en "figures" qui ne sont pas elles-mêmes des signes. Rappelons de quoi il s'agit.
Une remarque fondamentale de la phonologie est que l'analyse d'une chaîne parlée signifiante conduit à des entités (les phonèmes), dépourvues de signification. Reprenant cette remarque, Hjelmslev affirme que la langue n'est pas qu'un système de signes, car "même si l'on pousse l'analyse des expressions de signes jusqu'au point où on peut la considérer comme épuisée, l'expérience inductive montre que, dans toutes

---

[1] "Nous proposons d'appeler *systèmes de symboles* ces structures qui sont évidemment interprétables, puisqu'on peut leur rattacher un sens de contenu, mais qui ne sont pas biplanes" *Prolégomènes à une théorie du langage*, p. 142.

les langues connues, on arrive à un stade dans l'analyse de l'expression où les grandeurs qui apparaissent ne sont plus porteuses de signification et ne sont donc plus des expressions de signes."[1] Il est ainsi amené à distinguer des signes et des *figures*, ces dernières étant des unités dépourvues de signification. Cette distinction est peut-être conforme à l'analyse des langues naturelles, mais elle ne l'est pas à celle des textes de notre corpus. En effet, considérons le segment suivant extrait d'un mémoire de Poincaré : "la variété V". Bien qu'extrait d'un texte mathématique, V n'est pas un symbole mais un signe. Il n'est pourtant pas possible de le décomposer en figures. De même, quand Lefschetz note $A^0A^1\ldots A^n$ une cellule de dimension n (c'est-à-dire l'équivalent d'un triangle ou d'un tétraèdre en dimension n), les lettres A^i qui composent cette expression sont chacune le signe d'un sommet de la cellule. Ce ne sont donc pas non plus des figures au sens de Hjelmslev et pourtant ce sont les plus petites unités auxquelles on arrive par l'analyse du signe[2] $A^0A^1\ldots A^n$. Les textes mathématiques offrent ainsi de nombreux exemples de signes qui ne sont pas des symboles et pour lesquels, "même si l'on pousse l'analyse des expressions de signes jusqu'au point où on peut la considérer comme épuisée", nous ne passons pas "du signe à des parties de signes qui ne constituent pas en elles-mêmes des signes". Il n'y a dès lors pas non plus de raison que nous reprenions le principe de l'analyse des signes en figures, ni l'opposition entre signe et figure qui n'est justifiée que par ce principe.

Retenir la distinction entre les signes et les figures, accorder une place particulière aux symboles, ce sont là autant de conséquences du privilège accordé à l'étude des langues naturelles et d'une idée préconçue des signes mathématiques. Or, un des intérêts des définitions de Hjelmslev que nous avons reprises est au contraire de permettre d'aborder les mathématiques sans leur accorder *a priori* de spécificité sémiotique. L'introduction du plan de contenu algébrique en particulier permet de ne pas réserver aux mathématiques un traitement à part et d'analyser ces fameuses expressions symboliques non pas isolément mais dans leur coexistence avec d'autres contenus.

---

[1] *Prolégomènes à une théorie du langage*, p. 62-63.

[2] Il importe peu de remarquer ici que l'analyse conduit en fait à distinguer la lettre A et son exposant : il suffit de considérer qu'une cellule peut aussi bien s'écrire $AB\ldots F$ (ce que fait d'ailleurs Lefschetz...). La distinction qu'il y a entre $A^0A^1\ldots A^n$ et $AB\ldots F$ ne concerne par le point que nous discutons ici.

C Le conditionnement sémiotique

Les éléments de sémiotique que nous venons d'introduire relèvent d'une analyse que l'on peut qualifier de structurale dans la mesure où elle associe à chaque texte un système sémiotique et que le contenu d'un signe est déterminé par l'ensemble des relations dans lesquelles son expression est impliquée. Mais il existe des énoncés, et plus généralement des procédés, auxquels nous voulons accorder une attention particulière et qui échappent à cette analyse structurale. Ce sont les procédés par lesquels un auteur instaure des fonctions sémiotiques, fixe des expressions et des contenus, organise le système de son texte. Nous appellerons ces énoncés et ces procédés des *énoncés* et des *opérateurs sémiotiques*, et leur ensemble constitue le *conditionnement sémiotique*. Bien sûr, l'auteur n'introduit pas exactement des expressions, des contenus ou des fonctions sémiotiques ; ce sont des distinctions que nous avons introduites pour nos analyses. Mais ce vocabulaire nous sera utile pour décrire les différents opérateurs sémiotiques.

Une définition, notamment, comporte au moins un énoncé sémiotique. L'opérateur sémiotique est souvent un verbe, "j'appelle", "je nomme", "je note", etc. Mais ce n'est pas nécessairement une relation verbale.
Considérons par exemple ce début de définition extrait du livre de Veblen :

> "An *n-dimensional complex* C_n consists of..."

C'est un énoncé sémiotique qui introduit *deux* expressions, /*n-dimensional complex* / et / C_n/, et un contenu défini par la suite du texte que nous n'avons pas reproduite. Le conditionnement du contenu est explicite : le verbe "to consist" en est l'opérateur. La fonction sémiotique est présentée par l'auteur comme une relation d'essence. En revanche, l'opérateur sémiotique qui associe au signe son expression est un procédé non verbal et purement typographique : ce sont les *italiques* qui indiquent au lecteur que l'expression /*n-dimensional complex*/ intervient en tant qu'expression. L'expression / C_n/ est aussi introduite mais, elle, sans italiques ; ils sont dans ce cas à peine perceptibles et ce type d'expression est en lui-même suffisamment caractéristique.
Au cours de cette définition, Veblen n'instaure pas seulement une relation entre deux expressions et un contenu, il associe aussi, par

juxtaposition, les deux expressions /*n-dimensional complex* / et /C_n/. Ce simple exemple suffit à montrer la diversité des opérateurs sémiotiques qui peuvent intervenir dans une définition.

Mais les définitions ne sont pas les seuls segments qui comprennent des énoncés sémiotiques. D'ailleurs, leur fonction n'est pas de définir un signe et nous verrons que le conditionnement d'un signe peut se faire tout au long du texte. Ainsi, contrairement à l'expression naturelle, l'expression notationnelle n'est pas toujours introduite lors de la définition et même quand c'est le cas, de nouvelles expressions peuvent ensuite être ajoutées. Cela montre que le statut des deux types d'expression n'est pas le même. Il est ainsi intéressant de repérer dans un texte les composantes des signes qui sont introduites lors des définitions et celles qui le sont hors de celles-ci. Certaines caractéristiques du contenu peuvent ne pas être introduites dans des définitions, mais dans des remarques ou, de manière plus subreptice, au cours d'un raisonnement. Inversement, les caractéristiques introduites lors de la définition peuvent ne pas intervenir dans la suite du texte ; nous le verrons notamment avec l'analyse du livre de Veblen.

Les énoncés sémiotiques ne sont pas rares. On trouve assez fréquemment dans les textes de notre corpus des verbes comme “interpréter”, “illustrer”, “signifier”, “représenter”, etc., ou des concepts comme “l'intuition”, le “sens”, le “meaning”, etc. Ces textes peuvent aussi faire intervenir des adjectifs tels que “symbolique”, “formel”, “abstrait”, “géométrique”, etc. L'intervention de ces adjectifs fait apparaître une distinction entre, par exemple, une notation qualifiée de “symbolique” et les autres. Toutes les notations ne seraient donc pas “symboliques”, elles ne seraient donc pas toutes, dans un même texte et selon leur auteur, de même nature. Il importera dès lors d'examiner ces distinctions reconnues par le mathématicien, de voir quelles sont celles qu'il retient, celles qu'il ignore, et de les rapporter aux résultats de l'analyse structurale.

Nous avons vu que l'analyse structurale négligeait l'ordre dans lequel les énoncés interviennent ou encore le découpage du texte en chapitres, définitions, théorèmes, remarques, démonstrations, etc. Ce sont des éléments néanmoins chargés de signification et qui peuvent participer aussi au conditionnement sémiotique du texte. Nous nous attacherons particulièrement aux oppositions qui ressortent de l'analyse du découpage de certains énoncés. Nous nous intéresserons notamment au découpage du texte d'une définition, aux oppositions qui peuvent exister entre ses phrases, et plus généralement à tous les éléments qui interviennent dans celle-ci et qui constituent ce que nous appellerons la *mise en définition*. Nous pourrons aussi considérer la mise en théorème, la mise en remarque et plus généralement la mise en texte[1]. Nous verrons que ces analyses peuvent nous renseigner sur le statut des différents plans de contenu.

Nous nous intéresserons au conditionnement des fonctions sémiotiques, c'est-à-dire aux procédés, et en particulier aux verbes, qu'un auteur utilise pour caractériser une relation entre une expression et son contenu ou pour s'y référer. Nous pourrons étudier ainsi de quelle manière certains verbes sont associés à certains plans de contenu plutôt qu'à d'autres. Il sera possible d'en donner des représentations par des schémas qui nous feront voir les relations qui sont ainsi établies entre les plans de contenus. Ces configurations obtenues à partir de textes différents pourront être ensuite comparées. Il sera alors possible d'étudier leur transmission d'un texte à un autre et de se demander à quoi correspond un corpus de textes partageant des configurations semblables, si cela correspond à une communauté linguistique, géographique, une époque, etc., ou si elles sont au contraire tout à fait indépendantes de ces catégories et ne se transmettent d'aucune façon. On peut se demander si certaines ont été totalement absentes et s'introduisent à un moment précis, si d'autres disparaissent, etc. Ce ne sont là que quelques-unes des questions auxquelles il est possible de donner des réponses et qui pourront être ensuite confrontées à celles proposées par d'autres approches historiographiques. Nous en aborderons certaines dans ce livre, d'autres, notamment celles en rapport à une grande échelle de temps, à d'autres parties des mathématiques (théorie des fonctions, arithmétique, géométrie différentielle, géométrie algébrique, etc.), ou relatives à la totalité de l'œuvre d'un individu (Poincaré, Veblen, Alexander, Lefschetz ...) ne le seront pas ici.

Bien qu'ils soient souvent singuliers, il suffit d'y prêter attention pour se rendre compte que les énoncés sémiotiques ne sont pas rares. Ils nous font découvrir que le mathématicien n'est pas seulement celui qui

---

[1] Henri-Jean Martin, "Lectures et mises en textes", *Histoires de la lecture, un bilan des recherches*, sous la direction de Roger Chartier, Editions de la Maison des Sciences de l'Homme, Paris, 1995.

propose des définitions, énonce des théorèmes, invente des démonstrations ou résout des problèmes : il produit aussi des signes et peut faire preuve d'une créativité sémiotique. Cette dimension sémiotique n'est donc pas seulement une méthode d'analyse à laquelle nous recourrons ; c'est un élément auquel le mathématicien est lui-même confronté et qui s'exprime dans tout un ensemble d'énoncés ou de procédés. Ces derniers constituent, en quelque sorte, la partie sémiotique émergée, l'analyse structurale nous donnant la partie immergée.
S'il est vrai que la production des signes échappe à l'analyse structurale, il est aussi impossible d'analyser complètement les signes à partir de leur conditionnement ; l'auteur ne définit pas un signe, mais plutôt, ce que l'on appellerait un concept et il n'y a pas autant de définitions qu'il y a de signes dans un texte. Ces analyses offrent deux regards sur chaque texte qu'il est dès lors possible de confronter et à partir desquels nous pourrons obtenir d'autres résultats significatifs pour l'histoire et l'épistémologie.

Cette confrontation sera particulièrement intéressante pour analyser l'influence de la théorie des ensembles. En effet, alors que nous montrerons que le plan de contenu ensembliste est absent de nos textes, nous verrons que la théorie des ensembles intervient néanmoins dans le conditionnement sémiotique de certains d'entre eux.
Nous verrons aussi qu'une caractéristique sémiotique, mise en évidence par l'analyse structurale d'un texte, peut se manifester dans le conditionnement sémiotique d'un autre. Ainsi, Alexander recourt à la notion d'"interprétation" pour associer à certaines expressions un contenu géométrique, alors que cette relation était assurée, dans les mémoires de Poincaré, par une fonction sémiotique, et n'apparaissait donc qu'au terme de leur analyse structurale.

CHAPITRE II

LES MÉMOIRES DE POINCARÉ

Introduction

Puisqu'il n'y a pas un premier texte à partir duquel se développerait toute l'histoire de l'homologie, nous devons commencer notre étude à partir d'un texte qui s'inscrit lui-même dans une histoire qui a déjà commencé, dont les notions, les problèmes, les signes sont en partie hérités. L'historien doit prendre son parti de cette régression inéluctable et de son impossibilité à s'y livrer. Mais il faut bien commencer et nous avons choisi de le faire par les mémoires de Poincaré consacrés à l'*Analysis Situs*. Certes, c'est dans ces mémoires que sont introduites pour la première fois les relations d'homologie mais leur analyse n'en sera pas moins en partie borgne car il aurait fallu la comparer à celle de certains textes de Leibniz[1], de Riemann, de Listing, de Dyck, de Betti, parmi tant d'autres, pour apprécier leurs particularités et leurs innovations sémiotiques. Ils constituent néanmoins la référence commune à tous les autres textes que nous considérons ; ils en sont même l'origine commune, dans la mesure où aucun d'eux ne fait véritablement référence à des textes antérieurs.

Arrêtons-nous sur cette originalité. Plus que pour n'importe quel autre texte de notre corpus, ces mémoires demanderaient pour être bien compris d'être replacés dans l'ensemble de l'œuvre de leur auteur. Car, selon ses propres mots, Poincaré rencontrait l'*Analysis Situs* au cours de toutes ses recherches :

> "Quant à moi, toutes les voies diverses où je m'étais engagé successivement me conduisaient à l'Analysis Sitûs. J'avais besoin des

---

[1] Pour ces textes et leur présentation, voir le recueil publié par Javier Echeverria et Marc Parmentier sur *La caractéristique géométrique* de Leibniz.

> données de cette science pour poursuivre mes études sur les courbes définies par les équations différentielles et pour les étendre aux équations différentielles d'ordre supérieur et en particulier à celles du problème des trois corps. J'en avais besoin pour l'étude des fonctions non uniformes de 2 variables. J'en avais besoin pour l'étude des périodes des intégrales multiples et pour l'application de cette étude au développement de la fonction perturbatrice." Poincaré 1921, p. 101.

De la géométrie algébrique à la mécanique céleste, en passant par la théorie des équations différentielles et des intégrales multiples, c'est en effet dans presque toutes les parties des mathématiques que ces mémoires trouvent leur source. Et c'est là une de leurs originalités. Car s'ils renvoient pour leur auteur à des travaux nombreux et extrêmement divers, une analyse des articles cités dans les publications consacrées à l'*Analysis Situs* où la description du petit groupe bien délimité de mathématiciens qui, dans le premier tiers du XXe siècle, publient sur ce sujet et se citent mutuellement montrerait que ces mémoires ont été lus coupés de leurs multiples racines et qu'ils ont été considérés comme une contribution à une discipline autonome, l'*Analysis Situs*. Il est ainsi facile de lire les livres ou les articles de cette époque sans se rendre compte de ce lien entre l'*Analysis Situs* et la théorie qualitative des équations différentielles, la mécanique céleste ou même la géométrie algébrique ou les intégrales multiples. Cela est impossible avec les mémoires de Poincaré et c'est là une différence essentielle entre ces derniers et tous ceux qui suivront et qui en font une sorte d'origine par laquelle nous pouvons commencer.

Bien que l'unité des six mémoires soit indiscutable, nous limiterons notre analyse aux trois premiers ("*Analysis situs*" de 1895, "Complément à l'*Analysis situs*" de 1899 et "Second Complément à l'*Analysis situs*" de 1900) et nous l'étendrons parfois au dernier ("Cinquième complément à l'*Analysis situs*" de 1904). Il est d'ailleurs fréquent que ces quatre mémoires soient cités ensemble : par exemple, Tietze dans son article de 1908, Veblen dans son livre que nous analyserons, Chuard dans sa thèse publiée en 1922 ou encore Weyl dans son premier article de 1923 ne citent pas le dernier. Dans "l'analyse de ses travaux scientifiques" qu'il a écrite en 1901, Poincaré ne peut évidemment prendre en considération que les trois premiers mémoires, mais dans le paragraphe qu'il consacre à l'*Analysis Situs* il en expose les motivations et les résultats et réaffirme ainsi leur unité. Cette unité

ressort aussi de la reprise dans le premier *Complément* des exemples donnés dans le premier mémoire et des retours effectués dans les deux premiers *Compléments* sur des définitions, des théorèmes, des démonstrations proposés dans le ou les mémoires précédents. Le dernier mémoire, dans lequel Poincaré donne un exemple de variété ayant les mêmes nombres de Betti que l'hypersphère sans avoir le même groupe fondamental, s'inscrit dans le prolongement direct de la comparaison de ces deux invariants commencée dans le premier mémoire.
S'il est ainsi vrai que ces trois ou quatre mémoires ont une certaine unité, il ne serait pas non plus difficile de donner des exemples de livres ou d'articles de mathématiques de cette époque qui font référence aux six mémoires (mais rarement, pour les textes relatifs à l'homologie, à d'autres mémoires de Poincaré). Quoi qu'il en soit, nous ne pouvons sérieusement autoriser notre propre sélection de celles proposées par les mathématiciens, qu'il s'agisse de celle de Poincaré ou de ceux qui le citent ; l'unité de ces quatre mémoires devra être établie par nos analyses. Un livre entier aurait été nécessaire à l'analyse des six mémoires alors que nous voulons aussi considérer des textes d'autres auteurs. Dorénavant, "les mémoires de Poincaré" désignera pour nous cet ensemble de quatre textes mais nous ne ferons l'analyse complète que des trois premiers.

Peut-on cependant considérer comme un seul texte ces mémoires dont la rédaction s'étale sur près de dix ans? L'idéal serait d'étudier le système sémiotique et le conditionnement sémiotique de chaque mémoire séparément et ensuite de les comparer entre eux. Mais cela se serait vite avéré répétitif et fastidieux. A l'inverse, les raisons qui nous ont fait choisir ces mémoires parmi tous les autres pouvaient effectivement justifier que nous les considérions comme un seul texte : ils peuvent apparaître ainsi au regard de tous les autres textes que nous analyserons et qui ont été écrits bien après leur publication. Mais ce choix nous empêcherait de considérer leurs éventuelles différences et il nous empêcherait surtout d'établir leur homogénéité sémiotique : en l'intégrant dans la détermination de notre corpus, nous nous interdirions de l'établir. Nous avons donc opté pour une solution intermédiaire : nous allons analyser simultanément ces mémoires mais nous les distinguerons systématiquement dans nos citations : nous éviterons ainsi de répéter plusieurs fois les mêmes analyses mais nous pourrons néanmoins établir leur cohérence sémiotique.

L'étendue et la richesse de ces mémoires nous obligent aussi à bien délimiter l'analyse que nous voulons en faire. Ils sont particulièrement riches de théorèmes et peut-être plus encore de démonstrations. Nous avons pris le parti de ne pas nous consacrer à les présenter ou à les expliquer, car ce travail aurait aussi nécessité à lui seul un livre entier de mathématiques[1]. Suivant les principes exposés dans le premier chapitre, nous allons décrire le plus complètement possible les signes qui interviennent dans les relations d'homologie, ce qui revient ici à analyser le signe *variété*. Nous déterminerons les plans de contenu qui interviennent dans ces mémoires et dès que nous disposerons de suffisamment de manifestations qui s'y rapportent, nous pourrons proposer une caractérisation du plan de contenu géométrique valable pour ces mémoires et pour les textes suivants. Bien que les variétés soient composées de points, nous montrerons que leurs propriétés ne sont pas celles d'un ensemble. Cette analyse nous donnera aussi l'occasion d'étudier et de comparer les interventions des plans de contenu algébrique et arithmétique.

L'étude du conditionnement sémiotique permettra de préciser le statut de ces différents plans de contenu à partir de définitions, de remarques singulières et de l'usage qui est fait de certains verbes. Nous découvrirons la prépondérance du plan de contenu géométrique, l'autonomie de ce plan et du plan de contenu arithmétique et la présence, mais en quelque sorte "refoulée", du plan de contenu algébrique. Ce sont bien sûr les analyses qui vont donner leur sens à ces caractérisations.

Le contenu géométrique du signe *variété*

Le signe variété *: un premier contact*

Commençons par une première lecture de la définition de l'homologie donnée dans le mémoire de 1895 et sur laquelle nous aurons de nombreuses occasions de revenir :

> "Considérons une variété V à p dimensions ; soit maintenant W une <u>variété</u> à q dimensions ($q \leq p$) faisant partie de V. Supposons que la frontière complète de W se compose de λ <u>variétés</u> continues à $q-1$

[1] Cela a de plus déjà été effectué dans les moindres détails par le professeur Sarkaria au cours du séminaire de Topologie du département de Mathématiques de l'Université du Panjab, en Inde, durant l'année 1993-94. Ce séminaire a fait l'objet de notes écrites complètes qui devraient être prochainement publiées.

dimensions

$$v_1, v_2, \ldots, v_\lambda.$$

Nous exprimerons ce fait par la notation

$$v_1 + v_2 + \ldots + v_\lambda \sim 0$$

Plus généralement la notation

$$k_1 v_1 + k_2 v_2 \sim k_3 v_3 + k_4 v_4$$

où les k sont des entiers et les v des variétés à $q-1$ dimensions, signifiera qu'il existe une variété W à q dimensions faisant partie de V et dont la frontière complète se composera de k_1 variétés peu différentes de v_1, de k_2 variétés peu différentes de v_2, de k_3 variétés peu différentes de la variété opposée à v_3 et de k_4 variétés peu différentes de la variété opposée à v_4.

Les relations de cette forme pourront s'appeler des *homologies*."
Poincaré 1895, p. 206-7.

Il nous suffit pour l'instant de constater que les termes des homologies sont désignés par l'expression /variété/. Il en est ainsi dans tout ce mémoire et dans les autres ; les termes des relations d'homologie seront toujours des *variétés*, même si d'autres expressions peuvent être employées pour les premières dimensions (/point/, /sommet/, /face/, /arête/, /case/ et surtout /contour/).

Dans ce passage l'expression /variété/ n'est pas réservée aux termes des relations d'homologie ; elle sert à aussi désigner :

- la variété étudiée V ; celle à laquelle vont être associés les nombres de Betti
- la variété W, qui n'apparaît pas dans l'écriture de l'homologie, mais dont la frontière est formée par les variétés $v_1, v_2, \ldots, v_\lambda$ qui y figurent.

En s'en tenant toujours pour l'instant à cet extrait, on constate que le signe *variété* a des propriétés et qu'il contracte des relations avec lui-même ou d'autres signes qu'il est possible de recenser :

• une variété a une "frontière" :

"la frontière complète de W"

• une frontière est "composée" d'autres variétés :

"la frontière complète de W se compose de λ variétés continues à

$q-1$ dimensions"

• une variété peut "faire partie" d'une autre variété :

"W une variété à q dimensions ($q \leq p$) faisant partie de V"
"il existe une variété W à q dimensions faisant partie de V"

• une variété peut être "peu différente" d'une autre :

"k_1 variétés peu différentes de v_1, de k_2 variétés peu différentes de v_2, etc."

• une variété a des "dimensions" :

"une variété V à p dimensions"

• une variété peut s'inscrire dans des homologies :

"$v_1 + v_2 + \ldots + v_\lambda \sim 0$" et "$k_1 v_1 + k_2 v_2 \sim k_3 v_3 + k_4 v_4$"

Si l'on dépasse maintenant ce seul passage, ces diverses propriétés et relations se retrouvent avec quelques autres en plus :

• une variété peut avoir une "partie commune" ou une "intersection" avec une autre variété :

• "Supposons que ces deux variétés aient une partie commune v' formant une variété continue." Poincaré 1895, p. 212.
• "Supposons, en particulier, que les points M et M' se confondent et, par conséquent, que le point M soit un point d'intersection de V et de V'" Poincaré 1895, p. 220.

• une variété peut être "déformée" :

"w (et, par conséquent, v) pourra, par déformation continue, se réduire à un point" Poincaré 1895, p. 269.

• une variété peut être "transformée" :

"Une substitution de ce groupe transformera une variété de m dimensions en une variété de m dimensions" Poincaré 1895, p. 198.

• une variété a des "points" :

"Soit M_1 un point de v_1" Poincaré 1895, p. 219.

• une variété peut être "contiguë" à une autre variété :

> "Dans ce cas, les deux variétés Q_1 et Q_2 sont contiguës, et l'on passe de l'intérieur de l'une à l'intérieur de l'autre en franchissant Φ_1" Poincaré 1895, p. 229.

Cette liste, déjà longue, n'est pourtant pas exhaustive. Mais ces propriétés et ces relations sont de celles qui interviennent très fréquemment (à l'exception de "peu différent"). Elles doivent donc être prises en compte dans la description du contenu du signe *variété*. Elles sont néanmoins trop nombreuses pour que nous puissions les étudier une à une, mais leur diversité est déjà significative. Il n'est pas nécessaire que nous reprenions ici les différentes définitions que Poincaré donne des variétés, elles n'ont pas d'intérêt particulier pour notre analyse du contenu et nous les considérerons en temps utile[1]. Pour décrire plus précisément ce contenu nous allons plutôt nous concentrer sur la relation entre les variétés et les polyèdres. Nous verrons qu'elle revient systématiquement, notamment dans les théorèmes les plus importants, et elle va nous permettre de dégager une partie des principales caractéristiques du contenu du signe *variété*. Les pages qui suivent vont donc être consacrées à cette analyse et à ses conséquences pour le contenu du signe *variété*.

L'opposition variété vs polyèdre

Un polyèdre de dimension p est par définition une variété "subdivisée" en variétés de dimensions p, $p-1$, ..., 0 ; exactement comme un cube est subdivisé en un certain nombre de faces, d'arêtes et de sommets. Bien que cela puisse sembler aller de soi, nous commencerons tout de même par recenser les manifestations qui établissent qu'un polyèdre est bien distinct d'une variété. Nous verrons ensuite au contraire que des propriétés des variétés sont transférées aux polyèdres sans pour autant avoir été définies pour ceux-ci. Dès lors, pour mieux comprendre l'opposition entre *polyèdre* et *variété* nous étudierons plus précisément la relation de "subdivision" qui la fonde. Nous le ferons dans un premier temps en étudiant l'opération d'"annexion" qui nous permettra d'établir

[1] Pour une comparaison des différentes définitions qui ont été données des variétés depuis Riemann jusqu'à celles de Poincaré, nous renvoyons le lecteur à Scholz 1980.

que cette opposition ne peut être décrite en termes ensemblistes. Nous verrons en quel sens. Nous retrouverons ensuite ce caractère non ensembliste à l'œuvre dans la relation entre un polyèdre et son polyèdre réciproque. Nous aurons ainsi montré à partir de relations impliquées dans la démonstration de plusieurs théorèmes fondamentaux et dans les différents mémoires que le contenu du signe *variété* ne peut être ensembliste.

Une opposition bien marquée

La définition d'un polyèdre n'est pas une nouvelle définition des variétés qui viendrait s'ajouter aux deux définitions qui ont déjà été données à ce moment du premier mémoire. C'est une propriété : les variété peuvent être "subdivisées" de manière à "former" un polyèdre. Le dernier paragraphe du premier complément sera d'ailleurs consacré à établir la "possibilité de la subdivision" :

> "Tout ce qui précède suppose qu'une variété quelconque peut être subdivisée en variétés simplement connexe, de manière à former un polyèdre P, à p dimensions, pour lequel les variétés $a_i^p, a_i^{p-1}, \ldots, a_i^2, a_i^1, a_i^0$ sont toutes simplement connexes. [...] C'est cela qu'il nous reste à démontrer, et c'est cette démonstration que je vais donner." Poincaré 1899, p. 332-333.

Sur le plan de l'expression, l'opposition entre les polyèdres et les variétés est doublement marquée. Elle l'est une première fois par l'opposition entre les expressions naturelles /polyèdre/ *vs* /variété/ et une seconde par l'opposition entre leurs expressions notationnelles : un polyèdre peut en effet avoir une expression notationnelle propre, à la fois distincte de celle de la variété considérée et de celle des autres polyèdres qui peuvent être associés à cette variété. Les deux exemples suivants attestent séparément chacune de ces distinctions, et le troisième les atteste conjointement :

- "un polyèdre P formé par la variété V" Poincaré 1895, p. 271.
- "Par une série de suppressions et d'annexions successives, nous remonterons de P′ à P en passant par une série de polyèdres intermédiaires que j'appellerai
$$P_0 = P', P_1, P_2, \ldots, P_{m-1}, P_m."$$ Poincaré 1895, p. 274.
- "Soient maintenant P et P′ deux polyèdres congruents, c'est-à-dire obtenus par deux modes de décomposition différents d'une même variété V ; il existera toujours un polyèdre P″ qui sera dérivé à la fois de P et de P′" Poincaré 1895, p. 271.

Un ensemble de considérations propres aux polyèdres confirme qu'ils sont bien distingués de la variété dont ils sont une subdivision. Elles sont pour la plupart relatives à la possibilité de subdiviser une même variété de différentes manières et ainsi de définir plusieurs polyèdres à partir d'une même variété. La définition des polyèdres "congruents" en donne un exemple :

> "Si deux polyèdres sont obtenus en subdivisant de deux manières différentes une variété V, je dirai qu'ils sont *congruents*." Poincaré 1895, p. 271.

La différence entre polyèdres et variétés ressort aussi de la notion de polyèdre "dérivé" ou encore par le fait que Poincaré démontre que la somme $N = \alpha_p - \alpha_{p-1} + \alpha_{p-2} - \ldots \mp \alpha_1 \pm \alpha_0$ (où α_i est le nombre de variétés de dimension i du polyèdre) a la même valeur pour deux polyèdres associés à une même variété. Dans le premier *Complément*, la définition des nombres de Betti réduits[1], le fait d'énoncer en proposition que deux polyèdres associés à une même variété ont les mêmes nombres de Betti réduits, la définition du polyèdre réciproque[2] sont autant de manifestations qui établissent une opposition entre les signes *polyèdre* et *variété*. Nous allons voir maintenant que cette distinction n'est pas aussi stricte qu'il y paraît.

Variété *et* polyèdre *: un même contenu*

Il suffit pour le constater de considérer la "simple connexité". C'est une propriété qui intervient dans la définition d'un polyèdre et sur laquelle nous aurons aussi l'occasion de revenir. Poincaré en donne plusieurs caractérisations dont il nous importe surtout de remarquer ici qu'elles sont toutes rapportées à une variété :

> • "Il paraîtra naturel de restreindre le sens du mot <u>simplement connexe</u> et de le réserver aux <u>variétés</u>, dont le groupe G [groupe fondamental] se réduit à la substitution identique." Poincaré 1895, p. 257.
> • "Toutes ces <u>variétés</u> seront <u>simplement connexes</u>, c'est-à-dire homéomorphes à l'hypersphère." Poincaré, 1900, p. 339.
> "si une <u>variété</u> [...] est <u>simplement connexe</u> au sens propre du mot, c'est-à-dire homéomorphe à l'hypersphère" Poincaré 1904, p. 436.

[1] Cette définition sera donnée plus loin.
[2] Nous reviendrons sur cette définition.

Précisons par ailleurs que la définition du groupe fondamental, qui intervient dans la première citation, requiert que des contours fermés tracés sur la variété puissent être "réduits" à des "lacets"[1]. La considération du groupe fondamental implique donc celle de points, de chemins, de déformations, de contours infiniment petits..., soit une bonne part des relations que nous avons énumérées au début à propos du contenu d'une *variété*. Il en est de même de la notion d'"homéomorphisme" qui intervient dans les deux autres citations et qui implique la relation entre *variété* et *point*, la possibilité pour une variété d'en "contenir" une autre, d'avoir une "dimension", et d'autres encore... Qu'il s'agisse de l'une ou de l'autre de ces définitions, être "simplement connexe" engage un grand nombre des déterminations du contenu d'une *variété* et cela est confirmé si l'on se tourne vers l'usage qui en est fait. Il n'est pourtant pas rare qu'un polyèdre soit qualifié de "simplement connexe" :

• "il a donc même valeur pour deux polyèdres simplement connexe quelconques.

Il nous suffira donc de faire cette détermination pour un polyèdre simplement connexe arbitrairement choisi." Poincaré 1895, p. 275.

• "pour un polyèdre simplement connexe, le nombre N est égal à 2 si p est pair et à 0 si p est impair." Poincaré 1895, p. 276.

• "Les intersections de S et Π avec les diverses régions qui forment l'aster de v_q formeront par leur ensemble un polyèdre dû à la subdivision de W et qui sera simplement connexe." Poincaré 1895, p. 276.

• "Si ensuite la polyèdre n'est pas simplement connexe, nous pourrons tracer à sa surface $P_1 - 1$ contours fermés linéairement indépendants au sens donné à ce mot dans le paragraphe sur les homologies." Poincaré 1895, p. 282.

• "Considérons maintenant une des a_i^q, toutes les a_i^{q-1} qui lui servent de frontières, les a_i^{q-2} qui servent de frontières à ces a_i^{q-1} et ainsi de suite. Cet ensemble de variétés constituera un polyèdre à p dimensions; nous supposerons que ce polyèdre soit simplement connexe." Poincaré 1899, p. 297.

• "*Tout polyèdre qui a tous ses nombres de Betti égaux à 1 et tous ses tableaux* T_q *bilatères est simplement connexe, c'est-à-dire*

[1] Un lacet est un contour s'il "va d'abord de M_0 en M_1 par un chemin quelconque M_0BM_1, s'il décrit ensuite un contour infiniment petit et si, enfin, il revient de M_1 à M_0 par le *même* chemin M_1BM_0" Poincaré 1895, p. 240.

> *homéomorphe à l'hypersphère.*" Poincaré 1900, p. 370.

Poincaré n'a pourtant pas donné de définition de la "simple connexité" pour les polyèdres. Ces extraits montrent aussi que *polyèdre* ne désigne pas seulement une "subdivision" mais qu'il peut s'inscrire dans la plupart des relations dans lesquelles le signe *variété* peut s'inscrire puisqu'il est possible de "tracer à sa surface $P_1 - 1$ contours fermés", de considérer des homologies, qu'il a des "dimensions", des nombres de Betti et qu'il peut être "homéomorphe à l'hypersphère"... Dans le passage suivant, Poincaré se donne un polyèdre par des équations qui, par définition, devraient définir une variété :

> "polyèdre formé par la frontière complète du domaine
> $x_1 > 0, x_2 > 0, \ldots, x_p > 0,$
> $x_{p+1} > 0,\ \ x_1 + x_2 + \ldots, x_p + x_{p+1} < 0$[1]" Poincaré 1895, p. 275.

Dans le premier *Complément*, Poincaré déclare :

> "Je m'en vais chercher maintenant les nombres de Betti, relatifs à un polyèdre" Poincaré 1899, p. 299.

Or, les nombres de Betti ont été définis pour une variété.
Parfois encore, au lieu de considérer une "variété subdivisée" à partir de laquelle un polyèdre serait défini, c'est directement au polyèdre que la notion de "subdivision" est rapportée :

> "Soit P un polyèdre dans l'espace à quatre dimensions; ce polyèdre sera subdivisé en un certain nombre de variétés v_3, que j'appellerai ses *cases*, [...] ces cases seront séparées les unes des autres par des variétés v_2, etc." Poincaré 1899, p. 313.

Ces glissements sont confirmés par un examen des expressions notationnelles. Il n'est pas en effet exceptionnel que l'expression notationnelle d'un *polyèdre* soit / V /[2] (voir Poincaré 1899, p. 299 et 303) et même que les expressions notationnelles d'un polyèdre et d'un polyèdre dérivé soient respectivement / V / et / V′ /[3].

---

[1]Il faut évidemment lire $x_1 + x_2 + \ldots, x_p + x_{p+1} < 1$ et non $x_1 + x_2 + \ldots, x_p + x_{p+1} < 0$.
[2] Par exemple : " $P_q - 1$ sera le nombre de variétés fermées à q dimensions, que l'on peut tracer sur notre polyèdre V " Poincaré 1899, p. 299.
[3] Par exemple : "On aura ainsi un nouveau polyèdre V′, qui sera dérivé du polyèdre V ", Poincaré 1899, p. 303.

S'agit-il d'un simple abus de langage sans conséquences et facilement rectifiable? Il se pourrait en effet que le polyèdre ne soit qu'une métonymie de la variété et qu'il faille simplement le remplacer dans ces extraits par la variété à laquelle il est nécessairement associé. Ainsi, par exemple, la simple connexité ne se rapporterait pas au polyèdre mais à la variété qu'il subdivise, etc. Mais ce n'est pas le cas ; nous allons au contraire montrer que ce glissement est inhérent à la notion de subdivision qui fonde l'opposition *polyèdre vs variété* et qu'elle est impliquée dans de nombreux arguments essentiels de ces mémoires.

Une opposition non ensembliste

Pour étudier la notion de subdivision nous allons considérer l'opération d'"annexion" qui s'y rapporte. Cette opération est introduite dès le premier mémoire à l'occasion de la démonstration du "théorème d'Euler", selon lequel le nombre $N = \alpha_p - \alpha_{p-1} + \alpha_{p-2} - \ldots \mp \alpha_1 \pm \alpha_0$ (où α_i est le nombre d'éléments de dimension i d'un polyèdre) est le même pour deux polyèdres P′ et P issus de deux modes de décomposition différents d'une même variété V. Cela revient à démontrer que ce nombre est le même pour un polyèdre et tous ses dérivés :

> "Je me propose d'établir que le nombre N est le même pour deux polyèdres congruents et, comme nous venons de voir que deux polyèdres congruents ont toujours un dérivé commun, il nous suffira de montrer que le nombre N est le même pour un polyèdre et pour tous ses dérivés." Poincaré 1895, p. 272.

Le principe de la preuve est de "remonter du polyèdre dérivé P′ au polyèdre P" et de montrer que le nombre N reste inchangé au cours de cette transformation qui se fait au moyen d'annexions successives :

> "Considérons donc le polyèdre P avec les régions $v_p, v_{p-1}, \ldots$ et le polyèdre dérivé P′ avec les régions $v'_p, v'_{p-1}, \ldots$ Cherchons à remonter du polyèdre dérivé P′ au polyèdre P. Soient deux régions v'_p que j'appellerai α et β ; je suppose qu'elles soient séparées l'une de l'autre par une région v'_{p-1} que j'appellerai γ; qu'elles soient par conséquent, contiguës et qu'elles fassent partie d'une même région v_p.
> [...]
>
> Cela posé, supprimons la région γ, qui sert de frontière à α et à β, et *annexons* la région α à la région β. Nous aurons ainsi supprimé une région v'_p et une région v'_{p-1}." Poincaré 1895, p. 272-273.

L'annexion est donc la suppression de la frontière γ qui sépare deux régions α et β d'un polyèdre. Mais cette opération n'est ni exactement la soustraction d'un ensemble à un autre, ni la réunion de deux ensembles. En effet, cette opération n'est pas une soustraction car aucun point n'a été supprimé au cours de cette opération : les polyèdres P et P′ sont constitués des mêmes points puisqu'ils sont l'un comme l'autre des subdivisions de la même variété[1]. L'annexion n'est pas non plus l'union de deux ensembles : il n'a pas été fait l'union des deux régions α et β puisqu'avec la frontière γ quelque chose a bien été supprimé, sans quoi il n'y aurait pas de différence entre P et P′ !
L'annexion n'est donc ni tout à fait la soustraction de deux ensembles ni tout à fait leur réunion. Ces opérations ensemblistes élémentaires ne rendent pas compte de la suppression d'une frontière qui intervient dans le passage d'un polyèdre à un autre. Il semble plus adéquat de penser l'annexion comme un trait que l'on efface ou que l'on gomme…

Le passage cité n'est pas le seul qui fasse intervenir des annexions. En voici d'autres, eux aussi extraits du premier mémoire :

- "Quand on supprime la variété plane $x_i = a$, on supprime les variétés de la première sorte et l'on *annexe* chaque variété de la troisième sorte à la variété correspondante de la deuxième sorte." Poincaré 1895, p. 278.
- "je commencerai par supprimer toutes les variétés de la première classe qui ont moins de p dimensions, ce qui a pour effet de réunir en une seule, par annexion, toutes les régions v'_p, qui sont les subdivisions d'une même région w_p." Poincaré 1895, p. 279.

Cette opération intervient encore dans le troisième mémoire, avec exactement les mêmes caractéristiques. On peut citer par exemple :

> "Nous avons vu dans un des mémoires antérieurs (§16) définir [sic.] l'opération que nous avons appelée l'annexion; je suppose que deux éléments d'un polyèdre, par exemple a_i^q et a_j^q, soient séparés l'un de

[1]Il est important de remarquer que la variété reste inchangée lors de la suppression de cette frontière. On peut étayer l'argument déjà avancé par la citation suivante : "la suppression de v_q et l'annexion mutuelle des deux v_{q+1} ne changera rien aux v_{q+2}, aux v_{q+3}, …, aux v_p." Poincaré 1895, p. 272.
Il y est en effet explicitement dit qu'aucune des variétés qui contient la variété supprimée lors de l'"annexion" n'est changée. Même si la variété prise dans sa totalité ne fait pas partie des variétés v_j ; il n'y a pas de raison de penser qu'elle soit changée quand aucune des variétés v_{q+1} qui contiennent v_q ne l'est!

l'autre par un élément a_k^{q-1}, que ce soit le seul élément à $q-1$ dimensions commun à a_i^q et à a_j^q, et enfin que a_k^{q-1} n'appartienne à aucun élément à q dimensions en dehors de a_i^q et de a_j^q [...]

Dans ces conditions, on peut annexer l'un à l'autre les deux éléments a_i^q et a_j^q en supprimant l'élément a_k^{q-1}." Poincaré 1900, p. 364.

Ce passage est extrait de la preuve de l'invariance par subdivision des coefficients de torsion des tableaux de nombres associés aux polyèdres[1] et cette invariance permet de plus d'établir le théorème de dualité pour ces coefficients (c'est-à-dire l'égalité des coefficients de torsion également distants des extrêmes).

Comme l'annexion est une opération relative à la subdivision d'une variété, ses caractéristiques doivent être prises en compte dans la détermination du contenu du signe *variété*. Les exemples cités ont aussi montré que l'opposition *polyèdre vs variété* se retrouvait du premier mémoire jusqu'au deuxième *Complément* de 1900. Enfin, comme elle ne semble pas pouvoir être décrite simplement à l'aide des opérations ensemblistes élémentaires (notamment l'union, l'intersection et le complémentaire), il en résulte que le contenu de *variété* dans ces mémoires ne peut être lui non plus décrit au moyen de ces opérations : il ne relève donc pas du plan de contenu ensembliste.

Polyèdre et polyèdre réciproque

L'analyse de l'intervention du "polyèdre réciproque" va nous permettre de confirmer et de préciser les analyses précédentes et notamment le caractère non ensembliste de l'opposition *polyèdre vs variété*. Nous en verrons cette fois des manifestations tirées de la deuxième démonstration du théorème de dualité pour les nombres de Betti donnée dans le mémoire de 1899.

Étant donné un polyèdre P d'une variété, le polyèdre réciproque est construit de manière à ce que les relations d'incidence entre les variétés qui le composent soient exactement duales, ou réciproques, de celles de P. Plus précisément, si P est un polyèdre composé de variétés a_i^3 de dimensions 3, a_i^2 de dimensions 2, a_i^1 de dimensions 1 et de

[1] Les coefficients de torsion sont de nouveaux invariants introduits dans le mémoire de 1900 et définis à partir de la forme réduite des tableaux de nombres.

sommets a_i^0, le "polyèdre réciproque", P', sera composé de variétés b_i^3, b_i^2, b_i^1 et b_i^0, de dimensions respectives 3, 2, 1 et 0, vérifiant les relations suivantes :

1° A chaque variété de P' correspond une variété de P de la dimension complémentaire :

> "A chaque case b_i^3 de P' correspondra un sommet a_i^0 de P ;
> A chaque case b_i^2 de P' correspondra un sommet a_i^1 de P ;
> A chaque case b_i^1 de P' correspondra un sommet a_i^2 de P ;
> A chaque case b_i^0 de P' correspondra un sommet a_i^3 de P." Poincaré 1899, p. 315.

2° Les relations d'incidence entre les variétés de P' sont les mêmes que celles de P mais renversées (transposées), c'est-à-dire :

> "il y aura la même relation, par exemple, entre l'arête b_i^1 et la face b_j^2, qu'entre la face a_i^2 et l'arête a_j^1." Poincaré 1899, p. 315.

Soit, plus généralement (et avec quelques erreurs dans les indices que nous n'avons pas reproduites) :

> "Si donc les congruences caractéristiques du polyèdre P s'écrivent
> $$a_i^3 \equiv \sum_j \varepsilon_{i,j}^3 a_j^2, \quad a_i^2 \equiv \sum_j \varepsilon_{i,j}^2 a_j^1, \quad a_i^1 \equiv \sum_j \varepsilon_{i,j}^1 a_j^0$$
> celles du polyèdre P' s'écriront
> $$b_j^3 \equiv \sum_i \varepsilon_{i,j}^3 b_i^2, \quad b_j^2 \equiv \sum_i \varepsilon_{i,j}^2 b_i^1, \quad b_j^1 \equiv \sum_i \varepsilon_{i,j}^1 b_i^0$$
> " Poincaré 1899, p. 315-316.

Ce polyèdre est introduit dans le mémoire de 1899 pour donner une nouvelle démonstration de la dualité entre les nombres de Betti et répondre ainsi aux critiques que P. Heegaard avait adressées à la démonstration proposée dans le premier mémoire dont Poincaré reconnaît qu'elle ne peut être satisfaisante bien que le résultat énoncé soit correct[1]. Cette nouvelle démonstration est exposée pour les polyèdres de dimension 3 ; "la démonstration pourrait, sans aucun doute, s'étendre à un polyèdre quelconque"[2]. Pour établir ce théorème, Poincaré démontre d'abord que les nombres de Betti réduits des deux polyèdres P et P' sont

---

[1] Voir Heegaard 1898, la Note "Sur les nombres de Betti" de 1899 et l'introduction de Poincaré 1899.

[2] Poincaré 1899, p. 325.

les mêmes (et il remarque au passage que cela donne aussi une autre démonstration de ce que les nombres de Betti réduits sont égaux aux nombres de Betti proprement dits[1]). Il démontre ensuite que "les nombres de Betti relatifs, l'un aux faces de P, l'autre aux arêtes de P', sont égaux"[2]. De ces deux résultats, il peut conclure la relation de dualité pour la dimension quatre :

> "le nombre de Betti relatif aux faces de P est égal au nombre de Betti relatif aux arêtes de P'." Poincaré 1899, p. 325.

Après avoir ainsi indiqué l'intérêt de ce polyèdre réciproque, voyons maintenant sa construction et plutôt que d'en faire la paraphrase, en voici le texte *in extenso* :

> "Marquons, à l'intérieur de chaque case a_i^3, un point $P(a_i^3)$; à l'intérieur de chaque face a_i^2, un point $P(a_i^2)$; chaque arête se trouvera ainsi partagée en deux parties par le point $P(a_i^1)$.
>
> Joignons par des lignes le point $P(a_i^2)$ à chacun des sommets de la face a_i^2 et à chacun des points $P(a_j^1)$, correspondant aux diverses arêtes a_j^1 de la face a_i^2. Toutes ces lignes devront être tracées sur la face a_i^2. Cette face sera ainsi partagée en triangles, et le nombre de ces triangles sera double du nombre des arêtes de a_i^2. Nous ferons de même pour toutes les autres faces.
>
> Considérons maintenant une case a_i^3; décomposons en triangles T toutes les faces a_j^2 de cette case, ainsi que nous venons de le dire. Construisons des triangles curvilignes, ayant pour sommet commun le point $P(a_i^3)$ et pour bases les différents côtés des différents triangles T. La case a_i^3 sera ainsi décomposée en tétraèdre, ayant $P(a_i^3)$ pour sommet commun et pour bases les différents triangles T.
>
> Nous distinguerons six sortes de lignes (qui seront les arêtes de nos tétraèdres) :
>
> Celles de la première sorte joindront un sommet a_i^0 à un point $P(a_j^1)$; chaque arête sera ainsi formée de deux lignes de la première sorte;
>
> Celles de la seconde sorte joindront un point $P(a_i^3)$ à un point $P(a_j^2)$;
>
> Celles de la troisième sorte joindront un point $P(a_i^2)$ à un sommet a_j^0;
>
> Celles de la quatrième sorte joindront un point $P(a_i^1)$ à un point $P(a_j^2)$,

[1] Poincaré 1899, p. 323.

[2] Poincaré 1899, p. 325.

Celles de la cinquième sorte joindront un point $P(a_i^3)$ à un point $P(a_j^1)$;
Celles de la sixième sorte joindront un point $P(a_i^3)$ à un sommet a_j^0.

Les lignes de la seconde sorte peuvent s'accoupler deux à deux de deux manières :

1° Ce que j'appellerai la ligne b_i^1 sera formée de deux lignes de la seconde sorte, joignant un même point $P(a_i^2)$ à deux points $P(a_j^3)$ et $P(a_k^3)$, correspondant aux deux cases a_j^3 et a_k^3 séparées par la face a_i^2. Il y aura donc autant de lignes b_i^1 que de faces a_i^2.

2° Ce que j'appellerai une ligne c sera formée de deux lignes de la seconde sorte, joignant un même point $P(a_i^3)$ à deux points $P(a_i^2)$ et $P(a_k^2)$, correspondant à deux faces a_j^3 et a_k^2 de la case a_i^3.

Il nous faut définir des surfaces que j'appellerai les surfaces b_i^2.

Soit une arête quelconque a_i^1 et le point $P(a_i^1)$. Supposons que les faces qui passent par a_i^1, soient successivement

$$a_1^2, a_2^2, \ldots, a_q^2,$$

et que les cases, auxquelles appartient a_i^1, soient successivement

$$a_1^3, a_2^3, \ldots, a_q^3,$$

de telle façon que a_1^2 sépare a_1^3 de a_2^3, a_2^2 sépare a_2^3 de a_3^3, ..., et, qu'enfin, a_q^2 sépare a_q^3 de a_1^3. Convenons, pour plus de symétrie, de désigner indifféremment la case a_1^3 par a_1^3 ou a_{q+1}^3.

Décomposons chaque case en tétraèdres et envisageons, en particulier, les tétraèdres qui admettent pour sommet le point $P(a_i^1)$. Considérons les $2q$ triangles curvilignes

$$P(a_i^1)P(a_k^3)P(a_k^2),\ P(a_i^1)P(a_{k+1}^3)P(a_k^2)\quad (k = 1, 2, \ldots, q).$$

L'ensemble de ces $2q$ triangles formera un certain polygone que j'appellerai b_i^2, et qui aura pour frontière l'ensemble des lignes

$$b_1^1, b_2^1, \ldots, b_q^1.$$

Définissons maintenant les volumes b_i^3 ; le volume b_i^3 sera l'ensemble des tétraèdres qui admettent pour sommet le point a_i^0 ; ce volume sera un polyèdre à trois dimensions, simplement connexe, qui aura pour frontière l'ensemble des surfaces b_k^2, correspondant aux arêtes a_k^1, qui aboutissent au point a_i^0.

La juxtaposition des volumes b_i^3 constituera un nouveau polyèdre P', que j'appellerai le *polyèdre réciproque de* P, et qui aura pour cases les b_i^3, pour faces les b_i^2, pour arêtes les b, pour sommets les points $b_i^0 = P(a_i^0)$." Poincaré 1899, p. 313-315.

La construction de P' fait intervenir les sommets de P mais aussi des *points* à "l'intérieur" des variétés de ce polyèdre ($P(a_i^3)$, $P(a_i^2)$ et

$P(a_i^1)$). Ainsi, le contenu du *polyèdre* P qui intervient ici n'est pas simplement celui d'un *ensemble de variétés* qui, dans l'acception ensembliste, ne contient pas de *points*. De plus, ces points sont ensuite joints par des lignes, par des triangles curvilignes et par des tétraèdres qui ne sont pas contenus dans les variétés qui composent P mais qui, au contraire, passent de l'une à l'autre en traversant leurs frontières. La construction de P′ engage donc à la fois les variétés a_i^3, a_i^2, a_i^1 et a_i^0 et leurs points intérieurs. Elle n'est pas non plus circonscrite à l'intérieur de chacune de ces variétés (comme l'est, par exemple, la notion de "polyèdre dérivé") mais implique, dans sa totalité, l'ensemble des points de la variété dont P est une subdivision. Ainsi, le polyèdre P est à la fois distinct de la variété puisqu'il est une variété subdivisée, mais il n'en diffère pas puisqu'il est composé exactement du même ensemble de points.

Il se pourrait encore que cela ne tienne qu'à une manière de définir le polyèdre réciproque qui serait sans incidence sur l'usage qui en est fait par la suite. On peut en effet remarquer que les relations qui caractérisent la dépendance entre un polyèdre P et son polyèdre réciproque P′, mises en avant par Poincaré (les relations 1° et 2° ci-dessus), sont formulées en des termes qui ne font nullement intervenir cette relation ensembliste particulière entre les polyèdres et la variété. Mais nous allons maintenant voir que cette relation est bien impliquée dans des démonstrations et en particulier dans celle de la dualité des nombres de Betti. Plus précisément, nous allons montrer qu'au cours de cette démonstration un polyèdre intervient en tant que subdivision de la variété, mais aussi en tant qu'ensemble de points.

La démonstration du théorème de dualité de Poincaré fait intervenir la proposition intermédiaire suivante : "les nombres de Betti relatifs aux arêtes de P et à celles de P′ sont égaux, de même que les nombres de Betti relatifs aux faces de P et à celles de P′". La démonstration de cette proposition suit immédiatement la construction du polyèdre réciproque[1].

Poincaré part d'une ligne brisée fermée $\sum b_i^1$ composée d'arêtes b_i^1 du polyèdre P′. Il construit ensuite des "lignes brisées A_k, formées d'arêtes appartenant à la case a_k^3"[2] de P telles que :

$$\text{“}\sum b_i^1 \sim \sum A_k\text{”} \quad \text{Poincaré 1899, p. 318.}$$

[1] Poincaré 1899, p. 316-319.

[2] Poincaré 1899, p. 318.

Cette relation d'homologie fait intervenir de part et d'autre de / ~ / des lignes qui appartiennent à chacun des deux polyèdres : une ligne brisée composée de variétés de P′ et une ligne brisée composée de variétés de P. Ces deux lignes brisées doivent dès lors constituer ensemble la frontière complète d'une variété qui ne peut être exclusivement formée des variétés qui définissent P et P′. Regardons cela plus précisément. La construction de cette variété est obtenue par combinaison linéaire d'autres variétés. Nous consacrerons plusieurs pages à l'analyse des combinaisons linéaires, nous allons donc nous concentrer ici sur la construction des variétés qui sont combinées. Voici le texte qui décrit leur construction :

> "Considérons maintenant une ligne c, formée de deux lignes de la seconde sorte, joignant un même point $P(a_i^3)$ à deux points $P(a_j^2)$ et $P(a_k^2)$.
>
> Soient a_m^0 et a_p^0 deux sommets, appartenant respectivement tous deux à la case a_i^3. Soient d et d' les deux lignes de la troisième sorte qui joignent respectivement $P(a_j^2)$ à a_m^0 et $P(a_k^2)$ à a_p^0.
> Comme a_m^0 et a_p^0 appartiennent à une même case a_i^3, on pourra aller de l'un de ces sommets à l'autre, en suivant une ligne brisée formée d'arêtes a_q^1 appartenant à a_i^3.
>
> Soit $\sum a_q^1$ cette ligne brisée, dont les extrémités sont a_m^0 et a_p^0 ; l'ensemble des lignes $c - d - \sum a_q^1 + d'$ sera une ligne fermée [...]
>
> Comme a_i^3 est simplement connexe, cette ligne fermée sera la frontière d'une variété à deux dimensions, intérieure à a_i^3, ce que j'exprimerai par l'homologie
>
> $c \sim d + \sum a_q^1 - d'$." Poincaré 1899, p. 316.

Pour cette construction Poincaré considère deux lignes qui joignent un point ($P(a_i^3)$) intérieur à la variété de dimension 3 (a_i^3) à deux points ($P(a_j^2)$ et $P(a_k^2)$) intérieurs à deux des faces de cette variété. Ce sont ces mêmes lignes qui ont servi à construire le polyèdre réciproque qui font ici encore le lien entre les deux polyèdres.
Désignons par W la variété dont la ligne $c - d - \sum a_q^1 + d'$ est la frontière. Cette ligne est intérieure à la variété a_i^3 de P et elle n'est pas composée de variétés a_i^2 de P, pas plus qu'elle ne l'est de variétés b_j^2 de P′. Pour pouvoir considérer ces lignes brisées et la variété W, il faut faire intervenir des lignes et des surfaces qui obligent à de concevoir les polyèdres P et P′ comme étant composés de points et non seulement comme deux ensembles de variétés, respectivement $\{a_i^3, a_i^2, a_i^1, a_i^0\}$ et $\{b_i^3, b_i^2, b_i^1, b_i^0\}$. De plus, puisque W n'est une combinaison linéaire

ni des a_i^2 ni des b_i^2, l'homologie $c \sim d + \sum a_q^1 - d'$ ne peut être rapportée qu'à l'ensemble de points de la variété dont P et P′ sont des subdivisions. Et cela est encore vrai pour l'homologie $\sum b_i^1 \sim \sum A_k$ que Poincaré obtient par combinaison de ces homologies. Ainsi, cette homologie requiert que les polyèdres soient non seulement composés de *points* mais encore qu'ils soient composés des *mêmes* points, en l'occurrence ceux de la variété dont ils sont une subdivision.

Cette relation entre le polyèdre et le polyèdre réciproque est tout à fait inconcevable d'un point de vue ensembliste. En effet, une semblable caractérisation ne pourrait être que contradictoire puisqu'il faudrait à la fois considérer un polyèdre comme un ensemble de variétés — parce qu'il est une subdivision et pour le distinguer d'un autre polyèdre, en particulier de son polyèdre réciproque — et comme un ensemble de points, comme cela ressort de la démonstration précédente. Deux polyèdres réciproques seraient ainsi à la fois distincts en tant qu'ensembles de variétés et identiques en tant qu'ensembles de points. Il est ainsi impossible de donner une description ensembliste satisfaisante de la relation entre deux polyèdres ou entre une variété et l'un de ses polyèdres. Nous allons voir maintenant que ce jeu particulier entre ensemble de variétés et ensemble de points n'est pas impliqué dans cette seule démonstration et qu'il se trouve dans d'autres et dans le mémoire suivant.

Afin d'"étendre les mêmes raisonnements [présentés pour les polyèdres de dimension 3] au cas général"[1], Poincaré revient dans le mémoire de 1900 sur la correspondance entre les homologies de P et celles de P′ établie par la proposition que nous venons de considérer.

---

[1] Poincaré 1900, p. 357. Le problème énoncé est le suivant :
"Soient deux polyèdres réciproques P et P′ ; considérons d'une part les éléments a_i^q de P, et d'autres part les éléments b_i^q de P′. Je suppose que l'on ait trouvé une congruence

(1) $\sum \lambda_i a_i^q \equiv 0$

entre les a_i^q ; je dis qu'on pourra faire correspondre à cette congruence une autre congruence entre les b_i^q

(2) $\sum \mu_i b_i^q \equiv 0,$

et cela de telle sorte que l'on ait l'homologie

(3) $\sum \lambda_i a_i^q \sim \sum \mu_i b_i^q .$

Réciproquement à toute congruence de la forme (2) on pourra faire correspondre une congruence de la forme (1), et cela de telle sorte que les premiers membres de ces deux congruences soient liés par l'homologie (3).

Tel est le théorème qu'il s'agit de démontrer." Poincaré 1900, p. 357.

Nous retrouvons à cette occasion les manifestations précédentes caractéristiques de la relation entre *polyèdre* et *variété*.
En effet, que le polyèdre et le polyèdre réciproque soient des subdivisions d'une même variété est évident et ressort de tous les passages que nous allons citer. Cela est aussi dit explicitement :

> "Les deux polyèdres proviennent de la subdivision d'une même variété V." Poincaré 1900, p. 338.

Que les polyèdres ne soient pas seulement des subdivisions mais qu'il faille aussi les considérer comme des ensembles de *points* ressort de chacun des exemples suivants :

> • "tout point de b_j^m fera partie de l'un des a_k^p dont fait partie a_j^{p-m}, et par conséquent de l'un des a_k^p dont fait partie a_k^q. [...] si b_k^0 est l'un de ces sommets, il sera à l'intérieur de a_k^p" Poincaré 1900, p. 359.
> "joignons par des droites chacun des points du domaine a_q à chacun des points du domaine b_m." Poincaré 1900, p. 359.
> • "Joignons maintenant chacun des points de b_j^m à chacun des points de a_i^q par une ligne L située dans celui des a_k^p auquel appartient à la fois a_i^q et le point considéré de b_j^m.
> L'ensemble de ces lignes L engendrera une figure que j'appellerai $a_i^q b_j^m$, qui sera homéomorphe à une pyramide généralisée rectiligne et qui aura $p+m+1 \leq p$ [sic.] dimensions." Poincaré 1900, p. 360.

On retrouve dans ces extraits des lignes ou des droites qui joignent à l'intérieur des polyèdres des variétés de P à des variétés de P′ ; les deux polyèdres doivent donc être composés des *mêmes* points. Cela est aussi nécessaire pour les homologies et les congruences dans lesquelles interviennent des "pyramides généralisées" $a_i^q b_j^m$ (définies dans la dernière citation), et qui jouent le même rôle que la variété W dans la démonstration précédente :

> • "$\sum \varepsilon_{pi}^{q+1} a_i^q b_j^0 \sim a_i^{q+1}$" Poincaré 1900, p. 361.
> • "$b_j^q \sim \sum \varepsilon'^q_{jk} a_i^0 b_k^{q-1}$" Poincaré 1900, p. 362.

Poincaré établit aussi un théorème de dualité pour les coefficients de torsion qu'il a définis dans ce même mémoire à partir des tableaux de nombres associés aux polyèdres. Deux démonstrations sont données de ce théorème. La première repose sur la correspondance entre les homologies de P et celles de P′ ; elle engage dans cette mesure les caractéristiques que nous avons mises en évidence à partir d'elle[1]. La deuxième consiste à regarder l'effet d'une annexion sur les invariants des tableaux de nombres associés au polyèdre[2]. Outre l'annexion, cette démonstration fait intervenir la possibilité de trouver un polyèdre dérivé de P et de P′, ce qui suppose une fois de plus que ces deux polyèdres soient des subdivisions d'une même variété et qu'ils soient composés des mêmes *points*[3].

Indépendamment de la correspondance entre les homologies de P et celles de P′, il existe, tant dans le mémoire de 1899 que dans celui de 1900, de nombreuses autres manifestations du caractère non ensembliste de la relation qui fonde l'opposition *polyèdre vs variété*. Le passage suivant, extrait de Poincaré 1899, en est un exemple (P est un polyèdre de dimension 3 et P′ est son polyèdre réciproque) :

> "Considérons deux variétés, la première V_1, à une dimension, composée d'arêtes de P′, la seconde V_2, à deux dimensions, composée de faces de P, de telle sorte qu'on aura
>
> $$V_1 = \sum \alpha_i b_i^1, \quad V_2 = \sum \alpha_i' a_i^2,$$
>
> l'arête b_i^1 étant celle qui correspond à la face a_i^2, d'après les conventions du paragraphe VII.
>
> L'arête b_i^1 coupe la face a_i^2, et n'en coupe aucune autre, de telle sorte que si nous reprenons la notation de l'*Analysis situs*, page 222, nous aurons
>
> $$N(V_1, V_2) = \sum \alpha_i \alpha_i'.\text{"}$$ Poincaré 1899, p. 325.

Le fait de considérer l'intersection des variétés b_i^1 de P et a_i^2 de P′ ("l'arête b_i^1 coupe la face a_i^2") montre que les deux polyèdres sont aussi faits de points et surtout des *mêmes* points et qu'une fois de plus, la relation entre *polyèdre* et *variété* a des implications qui vont bien au delà de la seule définition du polyèdre réciproque.

Le signe variété *et le plan de contenu géométrique*

Pour cette description du contenu du signe *variété* nous venons de parcourir le premier mémoire de 1895 et les deux premiers *Compléments* de 1899 et de 1900. Nous avons ainsi relevé de nombreuses occurrences

---

[1] Poincaré 1900, p. 363-364.

[2] Poincaré 1900, p. 362.

[3] "Or il est aisé de former un polyèdre dérivé à la fois de P et de P′" Poincaré 1900, p. 364.

de l'expression /variété/ qui doivent être prises en compte. Ce ne sont certainement pas là toutes les occurrences de cette expression et nous aurons à compléter cette description. Ce qui précède a néanmoins mis en évidence un aspect de son contenu à partir d'une partie des relations qui l'impliquent et qui se manifestent dans de nombreux énoncés dispersés dans ces trois textes. Nous avons vu en particulier que l'opposition *polyèdre vs variété* était irréductible à une opposition ensembliste et par conséquent que le contenu du signe *variété* n'était pas ensembliste.

Au delà de ce premier résultat négatif, qui permet néanmoins de préciser l'influence de la théorie des ensembles sur ces mémoires, plusieurs remarques peuvent être faites à propos des caractéristiques de ce contenu. Si le contenu de *variété* n'est pas ensembliste, cela tient notamment à ce qu'il peut être à la fois un ensemble de points, un réseau[1], un polyèdre, etc. Aucune de ces déterminations n'est plus importante qu'une autre et Poincaré passe en permanence des unes aux autres. Et si nous avons pris le risque de la redondance en donnant de nombreux énoncés pour illustrer l'intervention de ces différents points de vue jetés sur une même variété, nous l'avons fait, et nous continuerons à le faire pour bien montrer à chaque fois que ce trait se retrouve tout au long de ces mémoires : dans les définitions, dans les théorèmes et les propositions, aussi bien que dans les démonstrations, les conjectures et les exemples. C'est le seul moyen d'apprécier son importance dans le texte.

Le contenu du signe *variété* a donc des manifestations d'une grande diversité. Cette diversité est en elle-même remarquable bien qu'elle soit par trop relative pour être retenue comme caractérisation. Parmi les multiples propriétés des variétés nous en retiendrons deux particulières, d'une part celle d'être un ensemble de points, et d'autre part celle d'être décomposable en polyèdre, c'est-à-dire de pouvoir être considérée comme un ensemble de variétés. Les analyses précédentes ont en effet montré qu'une variété pouvait être considérée comme étant l'un ou l'autre de ces deux ensembles, mais surtout qu'ils pouvaient être identifiés et que cette identification était impliquée dans le passage d'une subdivision à une autre et dans la démonstration de plusieurs théorèmes fondamentaux. Nous en verrons encore d'autres manifestations dans la suite.

Nous conviendrons par conséquent d'appeler un contenu qui entretient des relations dans lesquelles il apparaît à la fois comme $[\text{ensemble de parties}]_{ens}$ et $[\text{ensembles de points}]_{ens}$ un *contenu géométrique*. Le *plan de contenu géométrique* est alors le plan défini par la totalité des relations entre les contenus qui vérifient cette propriété. Nous avons vu que dans

[1] Voir la deuxième définition des variétés dans Poincaré 1895, p. 203-4.

ces mémoires beaucoup d'autres relations en relevaient : les oppositions *polyèdre vs variété*, *points vs variété*, *ligne vs variété*, etc.

Cette définition ayant été donnée, les premiers résultats de l'analyse du signe *variété* peuvent être résumés par la représentation suivante :

Expression	Naturelle	/*variété* / /*polyèdre* /
	Notat.	$/V/, /\mathrm{P}/, /a_i^q/, /v_i/, etc.$
Contenu	géométrique	[*variété*]$_g$

Cette définition du plan de contenu géométrique ne peut prétendre épuiser l'analyse de ce qui relèverait, d'une manière ou d'une autre, de la géométrie. Elle a néanmoins l'intérêt d'être effective, pertinente pour l'analyse de nos textes et d'être indépendante de toute décision ontologique sur la nature des objets mathématiques : elle est strictement sémiotique et n'a besoin pour être établie que d'une analyse structurale du texte telle que nous l'avons pratiquée. Elle permet aussi une distinction effective entre les contenus géométrique et ensembliste. En effet, un signe dont le contenu est un [ensemble]$_{ens}$ (au sens ensembliste) ne sera jamais à la fois un ensemble de points et un ensemble de variétés, c'est-à-dire un ensemble et un ensemble de parties ; par conséquent le même contenu d'un signe ne peut à la fois relever du plan de contenu ensembliste et du plan de contenu géométrique.
Une rapide comparaison avec un texte publié en 1935 va montrer un traitement totalement différent de l'opposition entre *polyèdre* et *variété*. Il s'agit du livre *Topologie* d'Alexandroff et de Hopf dans lequel le plan de contenu ensembliste intervient. La distinction entre [ensembles de parties]$_{ens}$ et [ensembles de points]$_{ens}$ y est par conséquent faite de manière systématique. Cela se traduit notamment par l'introduction d'une expression naturelle, /Komplex/, réservée au contenu [ensemble de cellules]$_{ens}$, et d'une autre, /Polyeder/, réservée aux [ensembles de points]$_{ens}$, auxquelles correspondent aussi des expressions notationnelles différentes (resp. $/K/$ et $/\overline{K}/$). L'importance de cette distinction est aussi soulignée par les auteurs :

> "Somit ist ein Polyeder eine *Punktmenge*, d.h. eine Menge, deren Elemente Punkte des R^n sind. Dagegen ist ein Komplex eine Menge, deren Elemente *Zellen* sind." Alexandroff & Hopf 1935, note p. 128[1].

Dans un livre antérieur publié en 1932, l'un des auteurs insistait déjà sur cette distinction :

> "Bevor wir zu diesen übergehen, möchte ich aber die Aufmerksamkeit des Lesers darauf lenken, dass die Begriffe "Polyeder", "geometrischer Komplex" [...] zu ganz verschiedenen logischen Kategorien gehören: Ein Polyeder ist eine Punktmenge, also eine Menge, deren Elemente gewöhnliche Punkte des R^n sind, ein geometrischer Komplex ist eine (endliche) Mengen deren Elemente Simplexe sind" Alexandroff 1932 *Einfachste Grundbegriffe*... p. 17.

La distinction de ces deux ensembles qui relèvent pour Alexandroff et Hopf de "catégories logiques différentes" laisse entrevoir les changements sémiotiques considérables qui séparent leurs livres des mémoires de Poincaré dans lesquels l'identification de ces deux ensembles intervient dans de nombreuses démonstrations.

Nous allons poursuivre l'étude du signe *variété* en considérant la relation "être frontière" qui relève aussi du plan de contenu géométrique et qui est directement impliquée dans les relations d'homologie.

Le signe *frontière*

Le contenu géométrique de frontière

Commençons par montrer qu'une *frontière* est une *variété*. Il sera ainsi établi que cette analyse contribue bien à l'analyse de *variété*.
Cela est vrai par définition. En effet, après avoir défini une variété par le système :

---

[1] On peut aussi citer : "Wir fügen hier eine terminologische Bemerkung ein, welche für das ganze Buch Gültigkeit hat. Eine *Punktmenge*, welche in der eben angedeuteten Weise in Zellen zerlegt werden kann, nennen wir ein *Polyeder*; die - im Fall einer "geschlossenen" Mannigfaltigkeit endliche, im Fall einer "offenen" Mannigfaltigkeit abzählbare - *Menge der Zellen und ihrer Seiten* selber nennen wir einen *Komplex*." Alexandroff & Hopf, p .7.

$$(1)\quad \begin{cases} F_1(x_1, x_2, \ldots, x_n) = 0, \\ F_2(x_1, x_2, \ldots, x_n) = 0, \\ \ldots\ldots\ldots\ldots\ldots\ldots\ldots\ldots, \\ F_p(x_1, x_2, \ldots, x_n) = 0, \\ \varphi_1(x_1, x_2, \ldots, x_n) > 0, \\ \varphi_2(x_1, x_2, \ldots, x_n) > 0, \\ \ldots\ldots\ldots\ldots\ldots\ldots\ldots\ldots, \\ \varphi_q(x_1, x_2, \ldots, x_n) > 0. \end{cases}$$

Poincaré définit la *frontière complète* comme il suit :

> "L'ensemble des points qui satisferont à l'un des q systèmes de relations
>
> $$(3)\quad \begin{cases} F_\alpha = 0, & \varphi_1 = 0, & \varphi_\gamma > 0, & (\gamma \neq 1), \\ F_\alpha = 0, & \varphi_2 = 0, & \varphi_\gamma > 0, & (\gamma \neq 2), \\ \hline F_\alpha = 0, & \varphi_q = 0, & \varphi_\gamma > 0, & (\gamma \neq q), \end{cases}$$
>
> s'appellera la *frontière complète* de la variété définie par les conditions (1)." Poincaré 1895, p. 197.

Il ajoute même la remarque suivante dans laquelle la frontière est qualifiée de variété :

> "Mais nous nous placerons quelquefois à un autre point de vue et nous ne considérerons comme une véritable <u>variété frontière</u> que celles qui auront $n-p-1$ dimensions."

Mais une frontière n'est pas seulement une variété par définition ou parce que Poincaré la qualifie ainsi. Il importe surtout d'établir que l'expression /frontière/ peut s'inscrire dans les mêmes relations que /variété/ et qu'elle a dès lors elle aussi un contenu géométrique.

Cela résulte par exemple du fait que les variétés qui composent un polyèdre sont toutes des frontières (exceptées celles qui ont les mêmes dimensions que le polyèdre) :

> "Soit donc V une variété fermée à p dimensions. Subdivisons-la en un certain nombre de variétés v_p à p dimensions; ces variétés v_p ne seront pas fermées et <u>leurs frontières</u> seront formées par un certain nombre de <u>variétés</u> v_{p-1} à $p-1$ dimensions; les <u>frontières</u> des v_{p-1} seront formées à leur tour par un certain nombre de <u>variété</u> v_{p-2} à

$p-2$ dimensions, et ainsi de suite; j'arriverai ensuite à un certain nombre de variétés v_1 à une dimension, qui auront pour frontières un certain nombre de points isolés ou de variétés à zéro dimension que j'appellerai v_0." Poincaré 1895, p. 270-271.

Dès lors, toutes les manifestations, et elles sont nombreuses, du contenu géométrique des *variétés* dérivées d'énoncés portant sur les variétés du type v_i sont aussi valables pour les *frontières*. Indépendamment de cet argument indirect, on retrouve la possibilité pour une frontière d'être "subdivisée"[1], d'avoir une "intersection" avec une autre variété[2], de "contenir" des points[3], de pouvoir être "déformée"[4] ou d'être "composée"[5] ou "formée"[6] d'autres variétés. Cela acquis, tournons-nous vers les relations plus spécifiques aux frontières.

D'après la définition analytique de la frontière, la seule qui ait été donnée, la frontière n'appartient pas à la variété puisque les points frontières sont ceux que l'on obtient quand une des inégalités *strictes* qui sert à définir la variété est changée en *égalité*. Nous allons voir qu'il est pourtant fréquent que la frontière soit considérée comme faisant partie de la variété.
C'est le cas du sommet qui "sépare" deux arêtes, de l'arête qui "sépare" deux faces, et plus généralement des frontières qui "séparent" deux variétés au sein d'un polyèdre. Dans tous ces cas, la frontière fait souvent partie de l'une des variétés qu'elle sépare, voire des deux. Voici quelques exemples qui l'attestent :

- "En effet, U se trouve partagé en deux régions continues ou non, à

---

[1] On peut citer : "On peut supposer, d'ailleurs, que si une variété v_{q-1}, simplement ou multiplement connexe, sert de frontière à deux variétés b_j^q et b_k^q, elle ne forme pas forcément une seule des variétés b_i^{q-1}, mais peut être elle-même subdivisée en plusieurs variétés b_i^{q-1}." Poincaré 1899, p. 303.

[2] "Envisageons maintenant un point M d'intersection d'une de ces lignes avec la frontière de W" Poincaré 1895, p. 222.

[3] "on obtiendra ici les points qu'on peut soupçonner d'être frontières, quand on supposera que les points Q et Q′ se confondent" Poincaré 1895, p. 263.

[4] "La frontière f peut se déformer d'une manière continue, sans que ses points cessent d'être symétriques deux à deux, et de telle sorte qu'à la fin de la déformation la frontière déformée fasse partie de H." Poincaré 1895, p. 269.

[5] "la frontière complète de R se composera donc de quelques-unes des variétés V_i et d'une partie de la frontière de U." Poincaré 1895, p. 224.

[6] "En général, si une variété à p dimensions n'est pas fermée, sa frontière sera formée par une ou plusieurs variétés à $p-1$ dimensions." Poincaré 1895, p. 263.

savoir : W et la région R extérieure à W. Par hypothèse, la frontière de U appartient tout entière à R." Poincaré 1895, p. 223.
"Soit, par exemple, une arête, intersection des faces F_1 et F'_μ, et que je désignerai pour cette raison sous le nom d'arête $F_1F'_\mu$." Poincaré 1895, p. 243.
• "Je remarque de plus que tout point de b_j^m fera partie de l'un des a_k^p dont fait partie a_j^{p-m}, et par conséquent de l'un des a_k^p dont fait partie a_i^q [$q < p$]. (...) a_j^{p-m} appartiendra à a_k^p" Poincaré 1900, p. 359.
"les a_p^{q+1} étant des éléments appartenant à a_j^{p-m}." Poincaré 1900, p. 361.
• "je suppose que deux éléments d'un polyèdre, par exemple a_i^q et a_j^q, soient séparés l'un de l'autre par un élément a_k^{q-1}, que ce soit le seul élément à $q-1$ dimensions commun à a_i^q et à a_j^q, et enfin que a_k^{q-1} n'appartiennent à aucun élément à q dimensions en dehors de a_i^q et de a_j^q" Poincaré 1900, p. 364.
• "Dans un polyèdre de la première sorte, toute a_j^{p-1} sépare l'une de l'autre deux a_i^p, et n'appartient à aucun autre[1] a_i^p." Poincaré 1900, p. 351.

Dans le premier *Complément*, un polyèdre est subdivisé en variétés a_j^l, ces variétés étant à leur tour subdivisées en variétés b_j^l. Poincaré se demande alors si une variété b_i^q peut "faire partie à la fois de deux variétés a_j^m et a_k^m"[2] et répond que "cela ne pourra arriver que si ces deux variétés a_j^m et a_k^m sont contiguës et ont une frontière commune a_h^{m-1}, et si b_i^q fait partie de cette frontière a_h^{m-1}"[3]. Ainsi, b_i^q "fait partie" de a_j^m et a_k^m si elle "fait partie" de leur "frontière commune a_h^{m-1}", ce qui suppose que cette "frontière commune a_h^{m-1}" fasse elle-même partie des deux variétés a_j^m et a_k^m. L'examen de la suite de ce passage donnerait encore de nombreuses manifestations de l'appartenance de la frontière à la variété dont elle est la frontière.

C'est certainement une des propriétés les plus remarquables et les plus caractéristiques de la frontière que de "séparer" et d'être en même temps "commune" à deux variétés. Les relations de "contiguïté" entre deux variétés et l'"annexion" qui permet de supprimer une frontière sans retirer aucun point est aussi indissociable de ces propriétés. Elles sont

---

[1] Le fait que la variété a_j^{p-1} "n'appartient à aucun autre a_i^p" indique bien qu'elle "appartient" aux deux a_i^p qu'elle sépare.
[2] Poincaré 1899, p. 303.
[3] Poincaré 1899, p. 303.

caractéristiques des variétés frontières et nous avons vu que leur rôle n'était pas marginal.

Outre la possibilité de "séparer" deux variétés, une frontière peut être aussi "traversée" et c'est ainsi que l'on peut "passer" d'une variété à une autre :

> •"Envisageons maintenant un point M d'intersection d'une de ces lignes avec la frontière de W ; si, quand on fait croître t, cette ligne passe de l'intérieur de W à l'extérieur, etc." Poincaré 1895, p. 222-223.
>
> • "On ne peut en effet, sortir de $V(a_i^3)$ qu'en sortant de V par sa frontière, c'est-à-dire, en traversant une des b_1, ou qu'en sortant de a_i^3 par sa frontière, c'est-à-dire en traversant une face a_j^2, et, comme on reste sur V, en traversant une des lignes $V(a_j^2)$." Poincaré 1899, p. 310.
>
> • "après avoir franchi cette a_j^{p-1}, on se retrouvera dans cette même a_i^p où l'on était déjà avant de l'avoir passée. Ainsi pour reprendre notre tore de tout à l'heure, qui était un polyèdre à une seule face : après avoir passé la coupure méridienne, par exemple, on se retrouvera toujours dans cette même et unique face où l'on était avant le passage." Poincaré 1900, p. 352.

Ajoutons que cette possibilité de "sortir" d'une variété en "passant" ou "sans passer" par une autre variété intervient dans la deuxième et dans la première démonstration du théorème de dualité pour les nombres de Betti et, plus précisément, pour la première, dans la démonstration du théorème suivant :

> "La condition nécessaire et suffisante (si les variétés V_i sont fermées et à $h-1$ dimensions) pour que l'on puisse choisir la coupure V de telle sorte que l'égalité
>
> $$\sum k_i N(V, V_i) = 0$$
>
> *n'ait pas lieu, c'est que l'homologie*
>
> $$\sum k_i V_i \sim 0$$
>
> *n'ait pas lieu.*" Poincaré 1895, p. 226.

La frontière est aussi un bord[1] ; c'est ainsi qu'elle a été définie et

---

[1] L'expression /bord/ n'est pas utilisée dans ces mémoires. Nous ne l'introduisons ici que pour mieux marquer une opposition. Signalons toute fois, que cette expression est employée dans d'autres mémoires de Poincaré, citons par exemple :

c'est surtout à ce titre, plutôt qu'à celui de variété qui "sépare" ou qu'on "traverse", qu'elle intervient dans les homologies. Nous pouvons le constater à partir de la définition de l'homologie et surtout à partir des congruences et des homologies qui interviennent tout au long de ces mémoires et dont voici quelques exemples :

- "Le nombre maximum des périodes est égal à $P_m - 1$ [P_m est le $m^{\text{ième}}$ nombre de Betti]; car, si l'on considère P_m variétés fermées quelconques à m dimensions, il y aura toujours une variété à $m+1$ dimensions qui admettra comme frontière complète ces P_m variétés ou quelques-unes d'entre elles." Poincaré 1895, p. 211-212.
- "Soit maintenant V une variété fermée à 1 dimension et soit W un domaine à n dimensions dont la frontière complète se compose des variétés à $n-1$ dimensions

$$V_1, V_2, \ldots, V_k,$$

de telle sorte que

$$V_1 + V_2 + \ldots + V_k \sim 0.$$

Je dis que

$N(V, V_1) + N(V, V_2) + \ldots + N(V, V_k) = 0$." Poincaré 1895, p. 222.
- "Supposons maintenant que les variété V_i partagent U en plusieurs régions R ; mais cependant qu'elles soient linéairement indépendantes [i.e. il n'existe pas d'homologie entre elles]. Dans ce cas, la frontière complète d'aucune des régions R ne pourra être constituée par une partie des variétés V_i, sans quoi il y aurait entre ces variétés une homologie, ce que nous ne supposons pas." Poincaré 1895, p. 224.
- "Si $K \sim 0$, le contour K sera la frontière complète d'une certaine région R à deux dimensions." Poincaré 1895, p. 285.
- "Si dans cette combinaison devait figurer les C'', l'ensemble des polygones v_2, dont les périmètres Π figureraient dans la combinaison, formerait une variété à deux dimensions, qui ne serait pas fermée et dont la frontière complète serait formée par un certain nombre de contours C''. Or cela n'est pas possible, puisque les C'' sont linéairement indépendants [i.e. il n'existe pas d'homologie entre elles]." Poincaré 1895, p. 286.
- "Si, en effet, elle est homologue à zéro, elle limite une région S à trois dimensions" Poincaré 1895, p. 287.
- "Cette homologie [$\sum \varepsilon_{k,i}^{q+1} a_i^q \sim 0$] aura évidemment lieu, puisque par

---

"Si au contraire, S est une *multiplicité ouverte* présentant un bord, une *frontière*, nous ne pouvons rien affirmer." Poincaré 1884, "Sur les groupes des équations linéaires", Œuvres II, p. 330.

définition, elle exprime, comme la congruence [$a_k^{q+1} \equiv \sum \varepsilon_{k,i}^{q+1} a_i^q$], que les a_i^q forment la frontière complète de a_k^{q+1}." Poincaré 1899, p. 300.

• "Supposons que l'on ait entre ces faces a_i^2 une homologie

$$\sum a_i^2 \sim 0$$

Cette homologie signifie qu'il existe une variété à trois dimensions, V, faisant partie de P, et admettant $\sum a_i^2$ comme frontière complète." Poincaré 1899, p. 310.

• "Soit maintenant une homologie entre les arêtes

$$\sum b_1 \sim 0$$

les b_1 étant un certain nombre d'arêtes a_i^1. Cela veut dire qu'il existe une variété à deux dimensions, V, dont $\sum b_1$ est la frontière complète." Poincaré 1899, p. 310.

• "Comme a_i^3 est simplement connexe, cette ligne fermée sera la frontière d'une variété à deux dimensions, intérieure à a_i^3, ce que j'exprimerai par l'homologie

$$c \sim d + \sum a_q^1 - d'.$$" Poincaré 1899, p. 316.

A ces extraits il faut aussi ajouter les exemples de calculs des nombres de Betti qui sont déduits des équivalences fondamentales[1]. En effet, c'est certainement parce qu'un lacet est supposé former le bord d'une variété que Poincaré peut déduire les homologies fondamentales des équivalences fondamentales, ce qui permet de ramener le calcul du premier nombre de Betti à la détermination du groupe fondamental[2]. C'est ainsi que sont effectués les calculs des nombres de Betti pour les exemples de variétés donnés dans le premier mémoire[3], et c'est en particulier ainsi qu'il est démontré que des variétés peuvent avoir les mêmes nombres de Betti sans avoir le même groupe fondamental, donc que deux variétés peuvent avoir les mêmes nombres de Betti sans être pour autant homéomorphes (résultat annoncé dans la Note correspondant au premier mémoire paru en 1892 aux *Comptes Rendus de l'Académie des Sciences de Paris*).

Toutes ces propriétés sont bien celles d'un seul et même signe. Il n'est, en effet, pas possible de les dissocier dans ces mémoires : une frontière est bien tout à la fois une variété qui sépare tout en appartenant

---

[1] Il s'agit de la relation entre lacets qui sert à définir le groupe fondamental.

[2] Poincaré 1895, p. 241 *sq*.

[3] Un polyèdre de dimension 3 n'a que deux nombres de Betti : P_1 et P_2. D'après le théorème de dualité $P_1 = P_2$, il suffit donc de calculer P_1 pour connaître tous les nombres de Betti.

aux deux variétés qu'elle sépare, ainsi qu'une variété que l'on traverse et qui est le bord d'une variété. Il suffit de reprendre les exemples cités pour se convaincre de la coexistence et de l'enchevêtrement de ces relations. Ces propriétés et ces relations caractérisent donc les frontières. Et puisqu'une frontière est, en particulier, une variété, toutes ces relations s'ajoutent à la diversité des manifestations du contenu géométrique du signe *variété*.

Soulignons une fois encore à quel point ces propriétés et ces relations sont incompatibles avec le plan de contenu ensembliste : un ensemble ne "sépare" pas un autre ensemble, on ne "traverse" pas un ensemble pour "sortir" d'un ensemble en "passant" par un autre, un ensemble n'a pas de "bord"....

C'est aussi un exemple de signe dont les propriétés ne sont nullement celles que l'on peut attendre de sa définition : l'appartenance de la frontière à la variété dont elle est la frontière est une relation qui intervient très fréquemment, alors qu'elle est en parfaite contradiction avec la définition, qui implique exactement le contraire, et à laquelle il n'est d'ailleurs presque jamais fait référence. Malgré les avantages évidents qu'elles présentent (elles sont courtes, souvent clairement distinguées du reste du texte, parfois même indiquées dans un index...) les définitions ne peuvent donc être considérées sans prudence comme un accès privilégié à l'analyse d'une notion mathématique.

La Frontière comme relation sur le plan de l'expression

La similarité des contenus géométrique des signes *variété* et *frontière* que nous venons d'établir se retrouve dans leurs expressions notationnelles que rien ne distingue : il n'y pas d'opposition du type / V / pour la variété et / V'/, / ∂V /, etc. pour sa frontière. Il n'y a ainsi aucune distinction sur le plan de l'expression entre une frontière et une variété.

Néanmoins, à partir du premier *Complément*, l'expression relationnelle / ≡ / est introduite pour exprimer qu'une variété est la frontière (bord) d'une autre variété :

"Nous conviendrons d'écrire la *congruence*

(3) $$a_i^q \equiv \sum \varepsilon_{i,j}^q a_j^{q-1}$$

qui nous fait connaître les frontières de a_i^q." Poincaré 1899, p. 295.

A gauche de / ≡ / se trouve l'expression notationnelle d'une variété et à droite, celle d'une autre variété, sa frontière. L'expression / ≡ / est ainsi l'expression de la relation "être frontière" entre deux variétés. Une fois introduite, elle est utilisée systématiquement, en voici quelques exemples (parmi de nombreux autres) :

- "$P \equiv \sum a_i^p$" Poincaré 1899, p. 302.
- "$\sum_k B(q,q,i,k) \equiv \sum \varepsilon_{j,i}^q a_j^{q-1}$" Poincaré 1899, p. 304.
- "$B(q,q,j_0,k) \equiv \varepsilon b_i^{q-1}$" Poincaré 1899, p. 308.
- "$b_i^1 \equiv b_j^0 - b_h^0$" Poincaré 1899, p. 329.
- "$a_i^q b_j^m \equiv \sum \varepsilon_{ih}^q a_h^{q-1} b_j^m + \sum \varepsilon_{jk}^{\prime m} a_i^q b_k^{m-1}$" Poincaré 1900, p. 360.

Le signe *frontière* a donc aussi une fonction sur le plan de l'expression qui s'ajoute à son contenu géométrique. Mais cette fonction correspond dans les exemples cités à la relation sur le plan de contenu géométrique "Y forme la frontière de X" et elle n'ajoute donc rien à l'analyse du contenu. Précisons que si cette expression distingue la relation "être un bord" parmi toutes celles qui peuvent incomber à une frontière, cela n'autorise pas pour autant à négliger les autres. Il n'est qu'à reprendre les exemples cités pour constater que toutes ces relations ou propriétés sont indissociables : une frontière qui intervient en tant que bord au sein d'une congruence est aussi une frontière qui sépare, que l'on traverse, etc. L'introduction de cette expression ne change rien à l'analyse du contenu géométrique des signes *frontière* ou *variété*.

En résumé de cette analyse du signe *frontière*, nous avons vu que ce signe et *variété* ont des expressions en langue naturelle qui peuvent être différentes mais des contenus géométriques et des expressions notationnelles identiques. Certains traits du contenu géométrique sont néanmoins plus directement rattachés à *frontière*, comme par exemple d'être un bord, d'appartenir ou de ne pas appartenir à la variété dont la frontière est le bord, de déterminer un "intérieur" et un "extérieur", d'être "commun" à deux variétés (ce qui est bien autre chose qu'une intersection ensembliste), et de pouvoir être "traversée". Tous ces traits appartiennent néanmoins aussi au contenu géométrique de *variété*, puisqu'une frontière est une variété, et inversement, qu'une variété peut être une frontière.
Mais le signe *frontière* diffère tout à fait sur un point du signe *variété* puisqu'il est aussi une *relation*. C'est une particularité remarquable de ce signe que de concilier ces deux déterminations : une fonction de relation sur le plan de l'expression et un contenu géométrique.
Il importe bien sûr de noter que Poincaré fait du signe *frontière* une relation par laquelle les congruences sont elles-mêmes rendues analogues

à des équations ordinaires. Cela est manifeste dès le mémoire de 1895 et cette relation va intervenir plus systématiquement et être elle-même inscrite sur le plan de l'expression avec l'introduction de l'expression / ≡ / dans le mémoire de 1899. Mais il importe surtout de noter à ce stade de notre analyse que ce statut de relation sur le plan de l'expression n'est séparé dans aucun de ces mémoires du contenu géométrique du signe *frontière*.

Pour avancer dans l'étude de la coexistence de ces relations qui relèvent du plan de l'expression avec celles qui relèvent du plan de contenu géométrique nous allons nous tourner vers l'addition des variétés. L'examen de cette opération essentielle à notre propos va nous permettre de poursuivre notre description du signe *variété* et de rencontrer nos premières manifestations du plan de contenu algébrique.

L'addition des variétés et le plan de contenu algébrique

En même temps qu'il introduit les relations d'homologie, Poincaré écrit une somme de variétés : $v_1 + v_2 + \ldots + v_\lambda$. Que signifie cette somme et que veut dire additionner des variétés?

Aucune définition n'en a été donnée avant ce passage et aucune ne le sera dans ce mémoire ou dans les suivants. Nous allons dans ce qui suit préciser le contenu des expressions / $v_1 + v_2 + \ldots + v_\lambda$ / en analysant leurs occurrences dans ces mémoires.

Le contenu géométrique de l'addition

Suivant la définition d'une homologie, qui est la première occurrence dans ces mémoires d'une somme de variétés, $v_1 + v_2 + \ldots + v_\lambda$ est une "frontière complète". Cela suggère que cette expression a un contenu géométrique, ce qui est en effet confirmé par de nombreuses manifestations.

Que l'addition de variétés puisse désigner la "frontière complète" d'une variété a des manifestations ailleurs que dans la définition de l'homologie, par exemple :

"Soit maintenant une homologie entre les arêtes

$$\sum b_1 \sim 0$$

les b_1 étant un certain nombre d'arêtes a_i^1. Cela veut dire qu'il existe une variété à deux dimensions, V, dont $\sum b_1$ est la frontière complète." Poincaré 1899, p. 310.

L'addition de deux variétés est aussi introduite à plusieurs reprises comme le résultat d'une annexion qui est une des opérations qui nous a servi à caractériser le plan de contenu géométrique. Cela est attesté aussi bien dans le premier mémoire que dans celui de 1900 :

- "Si la région δ est régulière, nous pourrons la supprimer et annexer γ à γ'. La région $\gamma + \gamma'$ séparera alors α de β." Poincaré 1895, p. 273.
- "en supprimant les variétés a_1^{q-1}, a_2^{q-1}, a_3^{q-1} on annexe les unes aux autres les trois variétés a_1^q, a_2^q, a_3^q, et la variété ainsi obtenue
$$a_1^q + a_2^q + a_3^q$$
est une variété bilatère." Poincaré 1900, p. 365.

Une somme de variétés peut aussi "représenter" un polyèdre "dans son entier" :

"le polyèdre lui-même dans son entier, représenté par la formule $\sum a_i^p$." Poincaré 1899, p. 302.

L'addition a donc bien ici un contenu géométrique et c'est en raison de celui-ci, c'est-à-dire du fait que $\sum a_i^p$ représente un polyèdre fermé, que Poincaré écrit la congruence :

"$\sum a_i^p \equiv 0$" Poincaré 1899, p. 302.

Cet exemple et le premier cité montrent que ces additions sont bien de celles qui interviennent dans des congruences et des homologies.

Il ressort aussi de ces exemples que les variétés additionnées sont souvent contiguës, comme c'est aussi le cas dans les deux suivants :

- "nous aurons finalement remplacé C par le contour homologue
$$a_1m_1a_2 + a_2m_2a_3 + \ldots + a_nm_na_1,$$
que j'appellerai C'." Poincaré 1895, p. 283.
- "On peut alors trouver une ligne formée d'arêtes de P', appartenant à cette case b_m^3, et allant de b_k^0 à b_q^0. Soit $\sum b_s^1$ cette ligne ; on aura
$$\sum b_s^1 \equiv b_k^0 - b_q^0.$$" Poincaré 1899, p. 331.

La contiguïté est même une condition explicite de l'addition des contours dans les équivalences fondamentales qui servent à définir le groupe fondamental : tous les contours additionnés partent d'une même origine. Ces équivalences sont ainsi autant d'exemples où l'addition s'applique à des variétés contiguës et relève ainsi du plan de contenu géométrique.
Mais les variétés additionnées ne sont cependant pas toujours contiguës. Ainsi, dans le premier exemple cité, $\sum b_1$ n'est pas nécessairement connexe et au moins une des additions peut dès lors être appliquée à des variétés non contiguës. C'est aussi le cas dans le passage suivant :

> "Considérons le polygone fuchsien fondamental R_0 auquel, si la fonction fuchsienne existe dans tout le plan, il faudra adjoindre son symétrique R'_0 par rapport à l'axe des quantités réelles; mais alors le domaine $R_0 + R'_0$ ne sera plus toujours simplement connexe." Poincaré 1895, p. 247.

Il n'est donc pas possible de considérer que l'addition des variétés se réduirait à des annexions. La dernière citation suggère aussi, ce que l'on peut en effet vérifier, que l'on trouve déjà dans les mémoires plus anciens sur les fonctions fuchsiennes l'expression $/+/$ associée à l'addition d'espaces. Ainsi, celle-ci n'a-t-elle pas été introduite pour la première fois dans le mémoire de 1895.
L'addition n'est pas non plus toujours appliquée aux variétés qui composent un polyèdre. C'est par exemple le cas de $a_1ma_2 + a_2a_1$ qui intervient dans l'homologie suivante :

"$a_1ma_2 + a_2a_1 \sim 0$" Poincaré 1895, p. 283.

Dans cette relation a_2a_1 est une ligne tracée à l'intérieur d'une face qu'elle coupe en deux points a_1 et a_2 situés sur sa frontière; a_1ma_2 est en revanche une partie de cette frontière. Nous en avions d'ailleurs déjà rencontré un exemple avec $c - d - \sum a_q^1 + d'$ où d et d' ne sont pas des arêtes mais des lignes qui joignent des sommets du polyèdre à des sommets du polyèdre réciproque.

Tous ces exemples attestent qu'une somme de variétés peut avoir un contenu géométrique. L'exemple suivant est à cet égard particulièrement intéressant puisqu'il fait intervenir l'identification d'un ensemble de points et d'un ensemble de variétés, c'est-à-dire la caractérisation que nous avons retenue pour le contenu géométrique :

"$a_{j0}^q = \sum B(q, q, j_0, k_0)$" Poincaré 1899, p. 308.

$B(q, q, j_0, k_0)$ est une des variétés de dimension q de la subdivision de la variété a_{j0}^{k0} qui fait elle-même partie d'un polyèdre. Ainsi,

$\sum B(q,q,j_0,k_0)$ est une subdivision de a^q_{j0} et l'égalité $a^q_{j0} = \sum B(q,q,j_0,k_0)$ ne fait qu'exprimer l'identification de la variété a^q_{j0} au polyèdre $\sum B(q,q,j_0,k_0)$. C'est là exactement, sous la forme d'une égalité, cette relation impossible d'un point de vue ensembliste qui caractérise le contenu géométrique de *variété*.

Ce qui précède permet d'établir que les sommes de variétés comme $v_1 + v_2 + \ldots + v_\lambda$ qui interviennent dans les congruences et les homologies ont un contenu géométrique. L'addition des variétés n'est donc pas une opération ensembliste et son contenu n'est pas non plus ensembliste : le recours à des annexions, à la contiguïté et à des subdivisions empêchent d'assimiler $v_1 + v_2 + \ldots + v_\lambda$ à une réunion d'ensembles.
Ces exemples permettent de distinguer deux formes d'addition des variétés. La première correspond au cas où les variétés sont contiguës : l'addition est alors une annexion. De plus, dans le cas particulier de contours, c'est-à-dire des variétés de dimension 1 sur lesquelles Poincaré raisonne le plus souvent dans son premier mémoire, l'ordre de leurs expressions notationnelles dans l'expression / $\sum a^p_i$ / correspond à l'ordre dans lequel se succèdent les arcs ou les arêtes des contours. L'expression a dans cette mesure une certaine iconicité ; la succession des termes sur la ligne d'écriture est conforme à la succession des arcs parcourus.
La seconde forme d'addition correspond au cas où les variétés ne sont pas contiguës. L'addition consiste alors à considérer *ensemble* les variétés additionnées.
Dans tous les cas, les variétés n'ont pas d'autre intersection que la partie commune qui les sépare, c'est-à-dire qu'elles ne se recoupent pas elles-mêmes ou entre elles, et surtout, les expressions $\sum a^p_i$ ont [variété]$_g$ comme contenu géométrique, avec la diversité des propriétés qui lui sont attachées dans ce mémoire.
Mais toutes les expressions de sommes que nous avons considérées jusqu'à présent ont été des sommes de variétés sans coefficients, ou si l'on préfère, avec ± 1 comme coefficients. La diversité de nos exemples et leur distribution dans les différents mémoires montrent au moins que Poincaré recourt fréquemment à ces sommes particulières bien qu'il considère aussi, et plus généralement, des combinaisons linéaires de variétés à coefficients entiers. Nous allons maintenant analyser ces combinaisons linéaires que l'on a déjà rencontré au détour de nombreuses citations, et en particulier dans la définition de l'homologie donnée dans Poincaré 1895...

Les combinaisons linéaires de variétés

Nous venons de montrer que les sommes de variétés telles que $\sum a_i^p$, $v_1 + v_2 + \ldots + v_\lambda$, $\gamma + \gamma'$, etc., pouvaient avoir un contenu géométrique, en l'occurrence [variété]$_g$. Cette caractérisation est incomplète : elle ne rend pas compte de toutes les sommes de variétés qui interviennent dans ces mémoires. Il nous faut pour la compléter analyser les combinaisons linéaires de variétés. Nous allons considérer pour commencer les combinaisons linéaires de contours ou de cycles qu'il convient, comme nous allons le montrer, de distinguer des autres.

Les combinaisons linéaires de contours

Bien que Poincaré ait insisté dans l'introduction du premier mémoire sur la nécessité de développer l'*Analysis Situs* en dimension n, ses démonstrations sont souvent données pour des polyèdres de l'espace à quatre dimensions et les variétés qu'il étudie en détail dans ce mémoire et qu'il reprendra dans le second *Complément*, comme celles du cinquième *Complément*, sont toutes de dimension 3. Pour cette dimension, il suffit de calculer le premier nombre de Betti qui nécessite de ne considérer que des contours, des chemins ou des cycles, c'est-à-dire des variétés de dimension 1, la valeur du deuxième nombre de Betti s'en déduisant par dualité ($P_1 = P_2$). Quant au groupe fondamental, il n'a été défini que pour les contours.

Ainsi, Poincaré considère souvent des contours et les combinaisons linéaires sont aussi le plus souvent des combinaisons linéaires de contours. En voici un premier exemple :

"$$C_1 + C_2 \equiv C_2 + C_3,$$
$$C_1 + C_3 \equiv C_3 + \alpha C_1 + \gamma C_2,$$
$$C_2 + C_3 \equiv C_3 + \beta C_1 + \delta C_2.$$

d'où il résulte d'abord que toute combinaison des contours fondamentaux peut se mettre sous la forme

$$m_3 C_3 + m_1 C_1 + m_2 C_2,$$

les m étant des entiers." Poincaré 1895, p. 246.

C'est aussi des combinaisons de contours qui interviennent dans la deuxième démonstration de la formule d'Euler :

"Nous avons donc

$$\alpha_2 + P_1 - 1$$

relations entre nos δ et nous n'en avons pas d'autres; mais sont-elles

> toutes distinctes ?
> Pour le reconnaître, il faut voir si l'on peut former une combinaison linéaire de ces relations qui se réduise à une identité ou, ce qui revient au même si l'on peut former une combinaison de nos $\alpha_2 + P_1 - 1$ contours, une combinaison telle que chaque arête soit parcourue deux fois en sens contraire (où, si elle l'est plus de deux fois, qu'elle le soit autant de fois dans un sens que dans l'autre)." Poincaré 1895, p. 283-284.

Cette citation montre que les contours peuvent être "parcourus" ; ils peuvent l'être un certain nombre de fois et suivant deux sens. C'est bien cette notion de parcours, propre aux variétés de dimension 1, qui intervient dans toute cette deuxième preuve ; en voici un extrait :

> "Mais ce segment Sa_2 se retrouvera parcouru en sens contraire dans l'arc $a_2m_2a_3$. Les portions d'arêtes, qui font partie de C', sont donc parcourues deux fois en sens contraires; nous pouvons donc les supprimer et nous obtenons ainsi un contour C'' exclusivement formé d'arêtes complètes et homologue à C ou à C'." Poincaré 1895, p. 283.

La valeur entière des coefficients des combinaisons linéaires est conforme au fait que les contours doivent être parcourus *intégralement*, sans quoi il n'est pas possible de les enchaîner.

L'extension aux combinaisons linéaires et le plan de contenu algébrique

Nous avons considéré jusqu'à présent deux types particuliers de combinaisons linéaires de variétés : d'une part des combinaisons de variétés quelconques mais à coefficients 1, d'autre part des combinaisons à coefficients entiers, mais restreintes à des variétés de dimension 1. Dans les deux cas, ces combinaisons ont un contenu géométrique. Il nous faut maintenant analyser les combinaisons linéaires entières de variétés de dimension *n* qui interviennent aussi dans des théorèmes, des démonstrations, des définitions, et notamment dans des relations d'homologie. Pour cela, nous allons étudier plusieurs démonstrations de théorèmes relatifs à ces combinaisons linéaires. En accordant une attention particulière à la manière dont elles sont introduites, nous verrons alors que tous ces théorèmes sont en fait démontrés pour des combinaisons de variétés à coefficients 1 puis étendus, nous verrons comment, à des combinaisons à coefficients entiers. Conformément à ce que nous avons déjà établi, les démonstrations relatives aux combinaisons à coefficients ± 1 relèvent du plan de contenu géométrique alors que nous verrons que le contenu des combinaisons à coefficients entiers n'est pas géométrique mais algébrique. Nous rencontrerons ainsi nos premiers exemples précis de déductions qui comportent des changements de plans de contenu.

Le premier et l'un des principaux théorèmes qui engagent des combinaisons linéaires entières de variétés est celui sur lequel repose la démonstration de la dualité des nombres de Betti dans le premier mémoire; en voici l'énoncé :

> "La condition nécessaire et suffisante (si les variétés V_i sont fermées et à $h-1$ dimensions) pour que l'on puisse choisir la coupure V de telle sorte que l'égalité
> $$\sum k_i \,N(V, V_i) = 0$$
> *n'ait pas lieu, c'est que l'homologie*
> $$\sum k_i \,V_i \sim 0$$
> *n'ait pas lieu.*" Poincaré 1895, p. 226.

Précisons que $N(V, V_i)$ est le nombre d'intersections des variétés V et V_i, préalablement défini dans ce mémoire. Voyons comment la démonstration de ce théorème est présentée.
Le théorème est énoncé en conclusion d'une "discussion" qui commence par introduire le sens direct de l'équivalence pour des combinaisons à coefficients 1 :

> "Soit maintenant V une variété fermée à 1 dimension et soit W un domaine à n dimensions dont la frontière complète se compose des variétés à $n-1$ dimensions
> $$V_1, V_2, \ldots, V_k,$$
> de telle sorte que
> $$V_1 + V_2 + \ldots + V_k \sim 0.$$
> Je dis que
> $$N(V, V_1) + N(V, V_2) + \ldots, + N(V, V_k) = 0."$$
> Poincaré 1895, p. 222.

Ce résultat est ensuite généralisé au cas où les variétés sont contenues dans une variété U, V pouvant ne plus être fermée pourvu que ses extrémités soient sur la frontière de U ; cette généralisation ne nous importe pas ici. Poincaré établit ensuite la réciproque sous la forme suivante :

> "Soient $V_1, V_2, \ldots, V_k$, k variétés fermées à $h-1$ dimensions situées dans U, U n'ayant aucun point commun avec la frontière[1] de V_i. Supposons que l'on n'ait pas
>
> $$V_1 + V_2 + \ldots + V_k \sim 0$$
>
> je dis qu'on pourra toujours trouver une ligne V, située dans U, qui sera fermée, qui aura ses deux extrémités sur la frontière de U et qui sera telle que
>
> $N(V, V_1) + N(V, V_2) + \ldots, + N(V, V_k) \neq 0$" Poincaré 1895, p. 223-224.

Ainsi, toutes les combinaisons qui interviennent dans ces énoncés sont à coefficients 1. Conformément à ce que nous avons vu précédemment, leur preuve relève entièrement du plan de contenu géométrique, comme cet extrait en donne un aperçu :

> "Considérons alors une ligne très petite rencontrant V_1 en un point M et ne rencontrant aucune autre des variétés V_i ; nous pourrons joindre les deux extrémités de cette ligne par une autre ligne continue qui ne rencontrera aucune des variétés V_i ; nous aurons construit ainsi une ligne fermée qui ne rencontrera les variétés V_i qu'en un seul point." Poincaré 1895, p. 224.

Voici maintenant le raisonnement par lequel se termine la démonstration de cette réciproque ; sa fonction logique dans l'économie de la preuve n'est pas claire, mais il est, quoi qu'il en soit, le seul qui fasse intervenir des combinaisons linéaires entières :

> "Supposons enfin qu'il y ait entre les V_i un certain nombre d'homologies, 3, par exemple,
>
> (α) $\sum k_i V_i \sim \sum k_i' V_i \sim \sum k_i'' V_i \sim 0$
>
> Nous pourrons alors, parmi les k variétés V_i, en trouver $k-3$ qui soient linéairement indépendantes; soit, par exemple, $V_1, V_2, \ldots, V_{k-3}$.
>
> Nous pouvons choisir V de telle façon que tous les $N(V, V_i)$ où $i = 1, 2, \ldots, k-3$ soient nuls à l'exception de l'un quelconque d'entre eux qui sera égal à 1. Les valeurs de
>
> $$N(V, V_{k-2}), N(V, V_{k-1}), N(V, V_k)$$

[1] Plutôt que " U n'ayant aucun point commun avec la frontière de V_i ", il faut ntervertir les lettres U et V_i et lire : " V_i n'ayant aucun point commun avec la frontière de U ".

> s'en déduiront à l'aide des relations
> $$\sum k_i \mathrm{N}(\mathrm{V}, \mathrm{V}_i) = \sum k_i' \mathrm{N}(\mathrm{V}, \mathrm{V}_i) = \sum k_i'' \mathrm{N}(\mathrm{V}, \mathrm{V}_i) = 0$$
> qui sont une conséquence nécessaire de nos homologies (α)." Poincaré 1895, p. 225.

Nous voulons attirer ici l'attention sur la déduction suivante : Poincaré introduit par hypothèse trois homologies, $\sum k_i \mathrm{V}_i \sim 0$, $\sum k_i' \mathrm{V}_i \sim 0$, $\sum k_i'' \mathrm{V}_i \sim 0$ et déduit de celles-ci les relations numériques correspondantes: $\sum k_i \mathrm{N}(\mathrm{V}, \mathrm{V}_i) = 0$, $\sum k_i' \mathrm{N}(\mathrm{V}, \mathrm{V}_i) = 0$, $\sum k_i'' \mathrm{N}(\mathrm{V}, \mathrm{V}_i) = 0$. Or, cette déduction repose sur le sens direct du théorème qui n'a été énoncé et démontré que pour les combinaisons linéaires à coefficients 1. Poincaré applique donc à des combinaisons linéaires entières une proposition énoncée et démontrée pour des combinaisons linéaires à coefficients 1.
Enfin, le théorème qui énonce l'équivalence, et qui est relatif à des combinaisons linéaires entières, est déduit des deux propositions précédentes, relatives aux combinaisons linéaires à coefficients 1 ; il est présenté en conclusion et comme un "résumé" de la "discussion" précédente :

> "Nous pouvons alors énoncer le théorème suivant qui résume la discussion précédente", Poincaré 1895, p. 225.

Résumons à notre tour ce que cette analyse met en évidence. Il y a une opposition entre des énoncés relatifs à des combinaisons à coefficients entiers et d'autres relatifs à des combinaisons linéaires à coefficients 1. On a pu constater que ces deux types de combinaisons pouvaient néanmoins être présents dans la démonstration d'un même théorème, relatif d'ailleurs à des combinaisons à coefficients 1. Un certain hiatus est aussi apparu dans le passage des propositions relatives aux combinaisons à coefficients 1 au théorème relatif aux combinaisons entières. Du point de vue des plans de contenu maintenant, nous avons vu que les combinaisons à coefficients 1 de ces propositions avaient un contenu géométrique, ce qui n'est pas le cas des combinaisons entières dans le segment de texte dans lequel elles interviennent. Néanmoins, cette seule occurrence (qui se réduit à "$\sum k_i \mathrm{V}_i \sim \sum k_i' \mathrm{V}_i \sim \sum k_i'' \mathrm{V}_i \sim 0$") est insuffisante pour déterminer le contenu de ces combinaisons.

Nous avons vu que la relation "être frontière" était dans ces mémoires typiquement de celles qui relèvent du plan de contenu géométrique. Cela nous incite à regarder ce qu'est la frontière d'une

combinaison linéaire entière de variétés.
C'est au début du premier *Complément* qu'est considérée pour la première fois une telle frontière à l'occasion de la question suivante :

> "Quelle est d'abord la condition pour que la variété $\sum \lambda_i a_i^q$ soit fermée?" Poincaré 1899, p. 299.

En effet, une variété étant fermée si elle n'a pas de frontière, cette question conduit nécessairement à considérer la frontière de $\sum \lambda_i a_i^q$. Voici le raisonnement donné en réponse :

> "Pour cela cherchons quelles sont les variétés v_{q-1} qui forment les frontières de cette variété. Pour les trouver il suffit évidemment de remplacer a_i^q par sa valeur donnée par la congruence (3) [$a_i^q \equiv \sum \varepsilon_{i,j}^q a_j^{q-1}$].
> Cet ensemble de variétés frontières sera donc donné par la formule
> $$\sum_i \sum_j \lambda_i \varepsilon_{i,j}^q a_j^{q-1}.\text{" Poincaré 1899, p. 299.}$$

Rappelons que la congruence $a_i^q \equiv \sum \varepsilon_{i,j}^q a_j^{q-1}$ exprime que les variétés a_j^{q-1} forment le bord de a_i^q ; elle a un contenu géométrique et les coefficients $\varepsilon_{i,j}^q$ de la combinaison linéaire qu'elle contient valent ± 1. Il n'en est pas de même du contenu de $\sum \lambda_i a_i^q$: la frontière de $\sum \lambda_i a_i^q$ est donnée par l'expression $/\sum \sum \lambda_i \varepsilon_{i,j}^q a_j^{q-1}/$ obtenue en "remplaçant" $/a_j^{q-1}/$ par $/\sum \varepsilon_{i,j}^q a_j^{q-1}/$ dans $/\sum \lambda_i a_i^q/$; "remplacer a_i^q par sa valeur donnée par la congruence (3)" est bien une opération qui porte sur les expressions et qui ne fait pas intervenir le plan de contenu géométrique. A la différence de "traverser", "déformer", etc., "remplacer" est ici une opération qui s'applique à l'expression du signe. Nous avons ici une manifestation du plan de contenu algébrique.
Il importe de souligner qu'il ne s'agit pas ici d'une définition, et que cette extension aux combinaisons linéaires entières se présente sous la forme d'une déduction ("il suffit évidemment") : la frontière de $\sum \lambda_i a_i^q$ est déduite de la frontière des variétés a_i^q.
Nous avons ici un exemple du passage de signes pourvus d'un contenu géométrique (a_i^q) à des signes pourvus d'un contenu algébrique ($\sum \lambda_i a_i^q$). Dans ces mémoires, la frontière d'une combinaison linéaire entière $\sum \lambda_i a_i^q$ a toujours et exclusivement un contenu algébrique. En particulier, le fait qu'une variété $\sum \lambda_i a_i^q$ soit fermée ne sera jamais considéré au niveau du plan de contenu géométrique. Il sera toujours d'abord exprimé par la relation $\sum \lambda_i a_i^q \equiv 0$ et ensuite considéré au niveau du seul plan de contenu algébrique. De plus, les combinaisons linéaires

entières de variétés interviennent souvent dans un raisonnement à partir de cette relation de fermeture introduite en hypothèse. En voici deux exemples :

• "Nous supposerons dans ce qui va suivre, que les variétés $V_1[=\sum \alpha_i b_i^1]$ et $V_2[=\sum \alpha'_i a_i^2]$ sont fermées, ce qui s'exprime par les congruences
(1) $\sum \alpha_i b_i^1 \equiv 0$, $\sum \alpha'_i a_i^2 \equiv 0$" Poincaré 1899, p. 326.
• "Soit $\sum \alpha \mathrm{B}(q,h,j,k)$ une combinaison linéaire des variétés b_i^q, qui représente une variété fermée à q dimensions, de telle sorte que l'on ait, avec nos notations,
(1) $\sum \alpha \mathrm{B}(q,h,j,k) \equiv 0 \qquad (h \geq q)$." Poincaré 1899, p. 305.

Après avoir été ainsi introduites, les combinaisons linéaires sont ensuite considérées sur le seul plan de contenu algébrique. Ainsi, par exemple, la congruence $\sum \alpha \mathrm{B}(q,h,j,k) \equiv 0$ de la dernière citation intervient ensuite dans le raisonnement suivant :

"Soit, en effet [le signe S indique une sommation sur une certaine classe de variétés, voir Poincaré 1899, p.305]

$$\underset{1}{\mathrm{S}}\,\alpha_1 \mathrm{B}(q,h_1,j_1,k_1) = \sum \alpha \mathrm{B}(q,h,j,k) - \mathrm{S}\alpha \mathrm{B}(q,h,j,k)$$

l'ensemble des variétés qui figurent dans le premier membre de (1)[$\sum \alpha \mathrm{B}(q,h,j,k) \equiv 0$] et qui n'appartiennent pas à la classe a_j^h ; on aura évidemment

$$\underset{1}{\mathrm{S}}\,\alpha_1 \mathrm{B}(q,h_1,j_1,k_1) \equiv -\sum \beta \mathrm{B}(q-1,h',j',k')."$$

Poincaré 1899, p. 305-306.

La frontière de $\underset{1}{\mathrm{S}}\,\alpha_1 \mathrm{B}(q,h_1,j_1,k_1) = \sum \alpha \mathrm{B}(q,h,j,k) - \mathrm{S}\alpha \mathrm{B}(q,h,j,k)$ est déduite de $\sum \alpha \mathrm{B}(q,h,j,k) \equiv 0$ et de la congruence $\mathrm{S}\alpha \mathrm{B}(q,h,j,k) \equiv \sum \beta \mathrm{B}(q-1,h',j',k')$. L'égalité, les deux congruences et cette déduction relèvent bien exclusivement du plan de contenu algébrique.
Un peu plus bas, toujours dans la même page, on peut lire :

"comme, d'autre part, a_j^h *est simplement connexe* et que toutes les variétés $B(q-1,h',j',k')$ sont situées sur la frontière de a_j^h, le premier membre de (3) [$\sum \beta B(q-1,h',j',k') \sim 0$], représentant une variété fermée à $q-1$ dimension, située sur cette frontière, formera la frontière complète d'une variété à q dimensions

$$\sum \gamma B(q,h'',j'',k''),$$

également située sur la frontière de a_j^h.

De sorte qu'on aura la congruence[1]
(4) $\sum \beta B(q-1,h',j',k') \equiv \sum \gamma B(q,h'',j'',k'')$" Poincaré 1899, p. 306.

Détaillons le raisonnement qui est présenté. Poincaré utilise le fait que chaque variété $B(q-1,h',j',k')$ est la frontière complète d'une variété à q dimensions puisqu'elle est contenue dans a_j^h qui est simplement connexe. C'est un argument qu'il utilise fréquemment et qui relève du plan de contenu géométrique. Il en déduit que $\sum \beta B(q-1,h',j',k')$ est elle aussi la frontière complète d'une variété à q dimensions $\sum \gamma B(q,h'',j'',k'')$. Ce faisant, il étend à la combinaison linéaire entière $\sum \beta B(q-1,h',j',k')$ un résultat établit pour ses termes $B(q-1,h',j',k')$ et relatif à leur contenu géométrique. On peut remarquer que cette extension qui s'accompagne d'un passage du plan de contenu géométrique au plan de contenu algébrique s'introduit là encore sous la forme d'une déduction.

Le passage suivant, toujours extrait de la même page, fait aussi intervenir des combinaisons linéaires entières :

"Les congruences (2) [$S\alpha \mathrm{B}(q-1,h,j,k) \equiv \sum \beta \mathrm{B}(q-1,h',j',k')$] et (4) [$\sum \gamma B(q,h'',j'',k'') \equiv \sum \beta B(q-1,h',j',k')$] donnent
$S\alpha \mathrm{B}(q,h,j,k) \equiv \sum \gamma \mathrm{B}(q,h'',j'',k'')$" Poincaré 1899, p. 306.

La déduction qui permet d'obtenir la congruence (3) à partir des congruences (2) et (4) ne relève pas du plan de contenu géométrique ; seules les expressions sont prises en compte[2]. Les combinaisons linéaires de variétés ont encore ici un contenu algébrique.

Le théorème suivant est un autre exemple de l'extension aux combinaisons entières d'un théorème préalablement énoncé et démontré pour les combinaisons à coefficients 1. Il confirme les analyses précédentes et présente la particularité que l'extension se fait entre deux mémoires :

---

[1] Il faut lire : $\sum \gamma B(q,h'',j'',k'') \equiv \sum \beta B(q-1,h',j',k')$. La dimension du terme de gauche doit être d'une unité inférieure à celle du terme de droit, resp. q et $q-1$.

[2] On peut remarquer que les termes de gauche et de droite de deux de ces trois congruences ont les mêmes dimensions, ce qui est impossible ; le bord d'une variété a toujours une dimension inférieure à la variété. Cela s'accorde assez bien avec le fait que ces relations soient ici considérées en tant qu'expressions et que leur contenu géométrique n'est pas pris en compte.

"Soient deux polyèdres réciproques P et P′ ; considérons d'une part les éléments a_i^q de P, et d'autre part les éléments b_i^q de P′. Je suppose que l'on ait trouvé une congruence

(1) $$\sum \lambda_i a_i^q \equiv 0$$

entre les a_i^q ; je dis qu'on pourra faire correspondre a cette congruence une autre congruence entre les b_i^q

(2) $$\sum \mu_i b_i^q \equiv 0$$

et cela de telle sorte que l'on ait l'homologie

(3) $$\sum \lambda_i a_i^q \sim \sum \mu_i b_i^q .$$

Réciproquement à toute congruence de la forme (2) on pourra faire correspondre une congruence de la forme (1), et cela de telle sorte que les premiers membres de ces deux congruences soient liés par l'homologie (3).

Tel est le théorème qu'il s'agit de démontrer. J'en ai donné une démonstration simple dans le cas de $p = 3$, et [qu']il s'agit d'étendre cette démonstration au cas général." Poincaré 1900, p. 357.

L'intérêt mathématique de ce théorème est de faire le lien entre les homologies du polyèdre P et celles du polyèdre réciproque P′. Il sert notamment à démontrer la relation de dualité entre les coefficients de torsion. Il étend de plus à toutes les dimensions un résultat du mémoire de 1899 que nous avons déjà rencontré et qui a servi à la deuxième démonstration de la dualité des nombres de Betti.

Voici maintenant l'énoncé du mémoire de 1899 auquel Poincaré fait référence :

"si l'on a une congruence

$$\sum a_i^1 \equiv 0 ,$$

on peut trouver une autre congruence entre les arêtes de P′

$$\sum b_i^1 \equiv 0 ,$$

et de telle façon qu'on ait l'homologie

(4) $$\sum a_i^1 \sim \sum b_i^1 .$$" Poincaré 1899, p. 330.

On constate que cet énoncé, et c'est aussi vrai de sa démonstration, porte sur des combinaisons linéaires de variétés à coefficients 1 alors que dans l'énoncé du mémoire de 1900 les coefficients sont entiers. Poincaré ne signale pas cette différence mais souligne que le théorème n'avait été démontré qu'en dimension 3. Le gain de généralité qui justifie de revenir sur la démonstration de ce théorème ne concerne pas les coefficients mais la dimension. Ainsi, comme dans le cas du théorème sur les nombres d'intersection, il énonce et démontre le théorème pour des combinaisons à coefficients égaux à 1 et s'y réfère ensuite sans tenir compte de la différence entre les coefficients. On retrouve ainsi l'opposition entre les deux types de combinaisons linéaires de variétés et le décalage entre ce qui est énoncé et les références qui y sont faites ultérieurement.

Voyons maintenant comment les combinaisons entières sont introduites dans la démonstration de ce théorème.

Elles ne sont pas introduites immédiatement : Poincaré commence par établir des congruences qui font intervenir le plan de contenu géométrique et qui seront reprises dans la suite de la démonstration (Poincaré 1900, p. 360). Vient ensuite la première occurrence d'une combinaison linéaire à coefficients entiers :

> "Supposons maintenant que nous ayons trouvé une congruence de la forme
>
> (9) $\sum \lambda_{ij} a_i^q b_j^m \equiv 0$" Poincaré 1900, p. 360.

C'est bien, comme nous l'avions signalé, en hypothèse et à partir d'une relation de fermeture qu'elle est introduite. De plus, cette combinaison linéaire n'est pas rapportée au plan de contenu géométrique, mais au seul plan de contenu algébrique. Ainsi, la congruence $a_i^q b_j^m \equiv \sum \varepsilon_{ih}^q a_h^{q-1} b_j^m + \sum \varepsilon_{jk}'^m a_i^q b_k^{m-1}$ ayant été préalablement établie, le terme $a_i^q b_j^m$ est remplacé dans (9) par la somme $\sum \varepsilon_{ih}^q a_h^{q-1} b_j^m + \sum \varepsilon_{jk}'^m a_i^q b_k^{m-1}$:

> "nous avons identiquement en vertu de $[a_i^q b_j^m \equiv \sum \varepsilon_{ih}^q a_h^{q-1} b_j^m + \sum \varepsilon_{jk}'^m a_i^q b_k^{m-1}]$
>
> $$\sum \lambda_{ij} a_i^q b_j^m \equiv \sum \lambda_{ij} \varepsilon_{ih}^q a_h^{q-1} b_j^m + \sum \lambda_{ij} \varepsilon_{jk}'^m a_i^q b_k^{m-1}."$$
>
> Poincaré 1900, p. 360-361.

Cette déduction, qui porte sur des congruences de combinaisons linéaires entières de variétés, relève bien exclusivement du plan de contenu algébrique. En revanche, la congruence $a_i^q b_j^m \equiv \sum \varepsilon_{ih}^q a_h^{q-1} b_j^m + \sum \varepsilon_{jk}'^m a_i^q b_k^{m-1}$, qui sert dans cette substitution, a été établie sur le plan de contenu géométrique et les combinaisons qu'elle contient sont toutes à coefficients 1. On retrouve donc l'opposition et la corrélation entre, d'une part, des combinaisons linéaires entières de variétés qui ont un contenu algébrique et, d'autre part, des combinaisons à coefficients ±1 qui ont un contenu géométrique. On a un nouvel exemple de relation établie sur le plan de contenu géométrique qui est ensuite considérée sur le plan de l'expression pour pouvoir intervenir avec des combinaisons linéaires entières qui n'ont qu'un contenu algébrique. Cette démonstration mêle ainsi des relations relevant du plan de contenu géométrique et du plan de contenu algébrique.

L'intérêt du passage suivant est d'aborder un problème relatif aux combinaisons entières $\sum \lambda_i a_i^p$ dont la solution est une combinaison à coefficients 1. Il va donc à rebours des précédents, des combinaisons entières au combinaisons à coefficients 1 :

> "De plus, le polyèdre étant d'un seul tenant, une seule des combinaisons linéaires $\sum \lambda_i a_i^p$ pourra être fermée, c'est le polyèdre lui-même dans son entier, représenté par la formule $\sum a_i^p$." Poincaré 1899, p. 302.

Il s'agit ici de montrer que parmi toutes les combinaisons linéaires $\sum \lambda_i a_i^p$, $\sum a_i^p$ est la seule qui soit fermée, c'est-à-dire sans bord (le polyèdre est de dimension p, et les a_i^q sont les variétés de dimension p qui le composent).
La fermeture de $\sum a_i^p$ est établie au niveau du plan de contenu géométrique : cette combinaison représente "le polyèdre lui-même dans son entier" qui est par hypothèse fermé et "d'un seul tenant". $\sum a_i^p$ a donc un contenu géométrique mais intervient aussi en tant qu'expression : c'est une combinaison linéaire entière particulière, celle pour laquelle $\lambda_i = 1$. Elle intervient donc sur ces deux plans à la fois. L'unicité de cette solution n'est pas établie séparément, elle semble aller de soi, probablement parce que le polyèdre étant "d'un seul tenant" il n'est pas possible d'en extraire un polyèdre de dimension p qui serait aussi fermé. De ce fait, un raisonnement qui aurait dû faire intervenir les $\sum \lambda_i a_i^p$ et relever du plan de contenu algébrique n'est pas donné. Il est aussi significatif que Poincaré ne mentionne pas les combinaisons entières $2\sum a_i^p$, $3\sum a_i^p$, etc., qui sont pourtant aussi fermées et qui sont aussi des solutions du problème considéré. Cela est conforme au traitement des combinaisons linéaires entières dans ces mémoires ; la coexistence des plans de contenu géométrique et algébrique s'accompagne encore ici d'une certaine incohérence.

Voici un autre exemple de théorème dont l'énoncé est relatif aux combinaisons entières et dont la démonstration ne prend en considération que les combinaisons linéaires à coefficients 1. Étant donné un polyèdre composé des variétés a_i^{q-1}, il s'agit de démontrer qu'il n'y a pas d'autres homologies entre les variétés a_i^{q-1} que les suivantes[1] :

"(9, q) $\sum \varepsilon_{i,j}^q a_j^{q-1} \sim 0$" Poincaré 1899, p. 300.

Pour démontrer ce théorème, Poincaré montre, pour les polyèdres de dimension 4, que si un ensemble de variété a_i^{q-1} ($q = 2,3$) constitue la frontière d'une variété, il est possible de déformer cette variété en une autre qui, tout en ayant la même frontière, sera elle composée uniquement de variétés a_i^q. C'est là un résultat fondamental puisqu'il établit qu'il suffit pour déterminer les nombres de Betti réduits d'un polyèdre de considérer les frontières des variétés composées des variétés a_i^q au lieu de toutes les variétés qu'il est possible de tracer sur le polyèdre. Quoiqu'il en soit, la déformation qu'il fait intervenir relève évidemment du plan de contenu géométrique et, en particulier, elle n'est appliquée qu'aux combinaisons à coefficients 1. Bien que le théorème porte sur toutes les combinaisons entières, rien n'est dit sur leur déformation.

Il importe de remarquer que les combinaisons à coefficients 1 qui ont un contenu géométrique ont aussi une expression qui peut être considérée en tant que telle et avoir ainsi un contenu algébrique. En voici un exemple :

> "Remplaçons, en effet, les a_i^q par leurs valeurs, données par ces congruences [$a_i^q \equiv \sum \varepsilon_{i,j}^q a_j^{q-1}$]; il viendra
>
> $\sum_i \varepsilon_{k,i}^{q+1} a_i^q \equiv \sum_i \sum_j \varepsilon_{k,i}^{q+1} \varepsilon_{i,j}^q a_j^{q-1}$" Poincaré 1899, p. 300.

La possibilité de considérer les combinaisons linéaires telles que $\sum a_i^p$ comme des expressions est essentielle car elle permet, comme l'ont montré les exemples précédents, de s'emparer de ces expressions et des relations qui ont été établies au niveau du plan de contenu géométrique, de les considérer ensuite sur le plan de contenu algébrique et enfin de les mêler à des combinaisons entières qui n'ont, elles, qu'un contenu algébrique. Cela permet de passer d'un plan de contenu à l'autre, mais dans un sens déterminé : du plan de contenu géométrique vers le plan de contenu algébrique. C'est le sens qui est privilégié dans tous les exemples ; l'extrait précédent nous a donné un exemple du passage en sens inverse.

[1] Les nombres $\varepsilon_{i,j}^q$ décrivent les relations d'incidence entre les a_i^q et les a_j^{q-1}.

Avant de conclure cette analyse, il est important de remarquer que les combinaisons linéaires entières de variétés sont elles-mêmes appelées des "variétés". Voici quelques citations qui l'attestent :

- "En d'autres termes la variété $\sum \lambda_i a_i^q$ sera fermée, si l'on a $\sum \lambda_i a_i^q \equiv 0$" Poincaré 1899, p. 300.
- "D'après ce que nous avons vu dans ce paragraphe VIII, cette variété n'est qu'une combinaison linéaire des arêtes a_j^1." Poincaré 1899, p. 327.
- "Soit $\sum \alpha B(q,h,j,k)$ une combinaison des variétés b_i^q, qui représente une variété fermée à q dimensions" Poincaré 1899, p. 305.
- "formera la frontière complète d'une variété à q dimensions
$$\sum \gamma B(q,h'',j'',k'')$$
également située sur la frontière de a_j^h." Poincaré 1899, p. 306.
- "les variétés fermées de la forme $\sum \lambda_i a_i^q$, réellement distinctes, sont en nombre égal à, etc." Poincaré 1899, p. 301.
- "Supposons que la variété $V_1 = \sum \alpha_i b_i^1$, considérée au début de ce paragraphe, ne peut pas être frontière d'une variété à deux dimensions, etc." Poincaré 1899, p. 329.
- "Les variété à q dimensions, qui sont des combinaisons des v_q, pourront évidemment être représentées par $\sum \lambda_i a_i^q$, les λ_i étant des coefficients entiers et les lettres a_i^q continuant à désigner les différentes variétés v_q." Poincaré 1899, p. 299.

Les caractéristiques sémiotiques des combinaisons linéaires que nous avons mises en évidence complètent et achèvent notre analyse du signe *variété*.

	Naturelle	Notationnelle
Expression	*/variété/* */polyèdre/* */combinaison linéaire entière/*	$/W/, /a_i^q/, /v_p/, /V/$, etc. $/\sum \lambda_i a_i^q/$ (λ_i entiers)
	[*variété*]$_g$	[*variété*]$_{alg}$ $= /\sum \lambda_i a_i^q/$
	Contenu géométrique	Contenu algébrique
	variété	

Les exemples qui viennent d'être analysés ont confirmé l'opposition entre les combinaisons linéaires de variétés à coefficients 1 (ou ± 1) et celles à coefficients entiers et de dimension supérieure à 1. Ils ont aussi montré que les combinaisons entières avaient un contenu algébrique. Un examen de l'ensemble des mémoires montrerait que c'est bien leur unique contenu. Le passage d'un type de combinaison à l'autre s'accompagne donc d'un changement de plan de contenu. Nous avons vu que ce passage n'était jamais présenté comme une définition ou une convention, mais comme une déduction, chaque propriété des combinaisons linéaires entières étant introduite comme si elle était déduite de la propriété relative à ses termes ou à des combinaisons à coefficients 1. Ces premiers résultats s'éclaireront progressivement avec l'analyse de l'intervention du plan de contenu arithmétique dans ces mémoires et au fur et à mesure des comparaisons avec les autres textes de notre corpus.
Si les combinaisons linéaires entières de variétés ont permis d'établir que le signe *variété* a un contenu algébrique, il faut encore préciser que le plan de contenu algébrique n'a pas pour autant dans ces mémoires une véritable autonomie dans la mesure où l'on n'y trouve aucun long segment de texte qui n'impliquerait que lui. De tels segments existent en revanche pour le plan de contenu géométrique, et nous le verrons bientôt pour le plan de contenu arithmétique. Les exemples que nous avons présentés ont tous montré que les signes rapportés au plan de contenu algébrique coexistaient avec des signes pourvus d'un contenu géométrique, et il en est toujours ainsi. C'est d'ailleurs cette coexistence qui nous semble la plus intéressante d'un point de vue sémiotique, épistémologique et historique.

Le conditionnement sémiotique et le contenu algébrique de *variété*

Conformément à la définition que nous avons adoptée pour le contenu, l'analyse des manifestations des contenus géométrique et algébrique du signe *variété* que nous venons de présenter est *a priori* indépendante des intentions ou des jugements de Poincaré. Il existe néanmoins des énoncés qui, au niveau le plus immédiat de leur message, concernent directement les contenus de ce signe et qui relèvent par conséquent de ce que nous avons appelé le conditionnement sémiotique. Ce n'est alors plus nous qui introduisons un point de vue sémiotique, mais bien l'auteur lui-même. Nous allons recenser et étudier ces énoncés, relativement nombreux, et nous pourrons ainsi examiner comment se manifeste à ce niveau d'analyse cette coexistence des plans de contenu géométrique et algébrique.

Il n'est pas étonnant de trouver dans la définition des homologies l'un de ces énoncés sémiotiques :

> "Considérons une variété V à p dimensions ; soit maintenant W une variété à q dimensions ($q \leq p$) faisant partie de V. Supposons que la frontière complète de W se compose de λ variétés continues à $q-1$ dimensions
> $$v_1, v_2, \ldots, v_\lambda.$$
> Nous exprimerons ce fait par la notation
> $$v_1 + v_2 + \ldots + v_\lambda \sim 0$$
> Plus généralement la notation
> $$k_1 v_1 + k_2 v_2 \sim k_3 v_3 + k_4 v_4$$
> où les k sont des entiers et les v des variétés à $q-1$ dimensions, signifiera qu'il existe une variété W à q dimensions faisant partie de V et dont la frontière complète se composera de k_1 variétés peu différentes de v_1, de k_2 variétés peu différentes de v_2, de k_3 variétés peu différentes de la variété opposée à v_3 et de k_4 variétés peu différentes de la variété opposée à v_4."

Commençons par remarquer que l'on retrouve l'opposition entre les deux types de coefficients : la définition est d'abord donnée pour les combinaisons à coefficients 1 et ensuite étendue aux combinaisons linéaires entières. Mais à la différence des segments extraits des démonstrations que nous avons présentés, les expressions $/ k_1 v_1 + k_2 v_2 /$ sont ici dotées d'une interprétation géométrique : $k_1 v_1 + k_2 v_2$ est une variété qui se compose de "k_1 variétés peu différentes de v_1, de k_2 variétés peu différentes de v_2". Une semblable interprétation géométrique est aussi donnée dans l'introduction du mémoire à l'occasion du rappel de la définition d'une homologie :

> " Il pourra se faire que sur la frontière complète de notre variété à $p+1$ dimensions, une même variété v_1 se retrouve plusieurs fois; dans ce cas, elle figurera dans le premier membre de l'homologie avec un coefficient, qui devra être un nombre entier." Poincaré 1899, p. 291.

Poincaré ne manque donc pas de donner une interprétation géométrique aux combinaisons entières de variétés quand il définit ou rappelle la définition d'une homologie. Cette interprétation ne sera néanmoins pas rappelée dans les autres mémoires bien que la définition d'une homologie le soit encore dans le suivant. Ces diverses interprétations géométriques, qui ne coïncident pas exactement entre elles, méritent d'être signalées parce qu'elles témoignent d'une certaine volonté d'assurer un contenu géométrique à ces combinaisons linéaires. Cela est d'autant plus significatif que ces interprétations géométriques n'ont de manifestations dans aucun autre énoncé et que l'absence de manifestations du plan de contenu géométrique se rapportant aux combinaisons linéaires entières contraste avec celles, nombreuses, relatives aux combinaisons à coefficients 1.

L'énoncé suivant est aussi intéressant à considérer du point de vue du conditionnement sémiotique :

> "Pour le démontrer, je vais encore employer une notation plus abrégée; le symbole
>
> $$m_1 C_1 + m_2 C_2$$
>
> n'a de sens que si m_1 et m_2 sont entiers; mais le suivant
>
> $$\mu(a_1' C_1 + a_2' C_2) + \rho(b_1' C_1 + b_2' C_2)$$
>
> peut avoir un sens alors même que μ, ρ, les a' et les b' ne sont pas entiers, pourvu que
>
> $$\mu a_1' + \rho b_1', \quad \mu a_2' + \rho b_2'$$
>
> soient entiers. Il est évident que ce qui nous permet d'agir ainsi, c'est que C_1 et C_2 sont permutables" Poincaré 1895, p. 251-252.

Dans ce passage Poincaré prend en considération le "sens" du "symbole" $m_1 C_1 + m_2 C_2$, où C_1 et C_2 sont deux contours. Son souci sémiotique s'exprime ici par la distinction qu'il fait entre certains "symboles" qui ont un "sens" et d'autres qui n'en auraient pas. C'est certainement déjà là un fait des plus remarquables que l'opposition "avoir un sens" *vs* "ne pas avoir de sens" intervienne dans un texte mathématique. Elle suffit en effet à indiquer qu'il peut y avoir des signes de natures différentes qui coexistent dans un même texte. Elle montre aussi que l'introduction d'une expression purement symbolique est accompagnée d'une remarque qui en indique le caractère exceptionnel. Ce constat une fois fait, il est intéressant de repérer précisément les termes de cette opposition : ce sont ici les combinaisons de contours à coefficients entiers qui sont opposées aux combinaisons linéaires de contours à coefficients fractionnaires[1].

[1] L'introduction de ces combinaisons linéaires à coefficients fractionnaires sera étudiée

Enfin, il convient de repérer ce qui est associé à quoi : le "sens" est associé aux combinaisons entières de contours, c'est-à-dire à celles qui ont une interprétatation géométrique, et le défaut de "sens" aux combinaisons à coefficients fractionnaires qui sont effectivement incompatibles avec la notion de "parcours" qui donne leur "sens" aux combinaisons entières de contours. Les combinaisons fractionnaires ne sont d'ailleurs envisagées ici que dans la mesure où chaque contour aurait un coefficient entier après distribution et factorisation des coefficients. La manière dont sont associés ces termes manifeste encore ce souci que les expressions considérées aient une signification géométrique. Il indique une véritable contrainte sémiotique capable de limiter les opérations que l'auteur conçoit d'effectuer sur ces contours. Il est aussi conforme à la prépondérance du plan de contenu géométrique et à l'intervention toujours subreptice du plan de contenu algébrique que nous avons commencé d'établir pour ces mémoires.

On retrouve cela dans le passage suivant extrait du premier *Complément* :

> "nous conviendrons de dire qu'à la nouvelle k^ième^ ligne correspond la variété $\frac{1}{m}a_k^2$ (notation qui n'a qu'une valeur symbolique, à moins que $\frac{1}{m}$ ne soit entier)." Poincaré 1899, p. 323.

Il est question cette fois de la "valeur symbolique" de la notation $\frac{1}{m}a_k^2$ et il apparaît que celle-ci dépend du fait que le coefficient $\frac{1}{m}$ soit ou non un entier, c'est-à-dire en l'occurrence ± 1, $\frac{1}{m}a_k^2$ n'ayant plus dans le cas contraire d'interprétation géométrique.

On notera que la ligne de partage entre les combinaisons linéaires de variétés déterminée par l'analyse du système sémiotique et celle déterminée par l'étude du conditionnement sémiotique ne coïncident pas : la première établit une distinction entre les combinaisons entières et les combinaisons à coefficients 1 alors que la seconde établit une distinction entre les combinaisons fractionnaires et les combinaisons entières (les combinaisons à coefficients 1 étant alors comprises dans celles-ci). Il n'y a en effet aucune remarque de Poincaré relative aux combinaisons entières qui soit équivalente à celles relatives aux combinaisons fractionnaires. Il ne s'agit pas de considérer cette différence entre le système sémiotique et le conditionnement sémiotique comme une difficulté, mais simplement comme un fait qui peut s'offrir aux analyses et aux comparaisons. Il ne

---

plus loin.

s'agit pas de rechercher dans ces énoncés une quelconque confirmation de la description que nous en avons faite : cette description existe indépendamment d'eux. Il ne peut s'agir que de comparer ce qui est dit d'un signe dans ces énoncés avec la caractérisation que nous avons pu obtenir.

Le plan de contenu arithmétique

Nous avons à présent décrit complètement le signe *variété* et ses contenus géométrique et algébrique et nous avons vu comment se faisait le passage de l'un à l'autre. Nous allons maintenant étudier le plan de contenu arithmétique et la manière dont le *signe* variété s'y rapporte.

Pour avoir une première manifestation du plan de contenu arithmétique en relation avec une variété, ou plus précisément un polyèdre, il suffit de considérer la deuxième démonstration du théorème d'Euler du premier mémoire. Poincaré démontre que si $N = \alpha_p - \alpha_{p-1} + \alpha_{p-2} - \ldots \mp \alpha_1 \pm \alpha_0$ (où α_i est le nombre d'éléments de dimensions i d'un polyèdre de dimension p), alors $N = 3 - P_1 + P_2 - \ldots + P_{p-1}$ si p est pair et $N = P_{p-1} - P_{p-2} + \ldots + P_2 - P_1$ si p est impair (P_i est le $i^{\text{ième}}$ nombre de Betti). Il considère pour cette démonstration un polyèdre avec α_1 sommets, α_2 arêtes et α_3 faces et associe à chaque sommet un entier et à chaque arête la différence des entiers associés à ses deux sommets :

> "A chacun des α_1 sommets, je fais correspondre un nombre arbitraire; à chacune des α_2 arêtes, je fais correspondre un nombre δ égal à la différence des nombres correspondant à ses deux sommets." Poincaré 1895, p. 282.

Poincaré démontre l'égalité cherchée en dénombrant les choix possibles des différences δ à partir de l'étude de leurs dépendances mutuelles, d'abord pour un polyèdre à deux dimensions, puis à trois et à quatre dimensions. A chaque élément du polyèdre, sommets, arêtes, faces, etc., est ainsi associé un nombre qui a par définition un contenu arithmétique. Cette association permet en particulier de donner une caractérisation arithmétique simple des contours fermés qui correspondent aux suites d'arêtes pour lesquelles la somme des δ est nulle :

• "Considérons une suite d'arêtes formant un contour fermé; la somme algébrique des différences δ relatives aux diverses arêtes de cette suite devra être nulle." Poincaré 1895, p. 282.
•"On obtiendra les relations linéaires qui ont lieu entre les δ, en construisant tous les contours fermés exclusivement formés avec des ν_1." Poincaré 1895, p. 285.

Ceci établit une correspondance entre la propriété "être fermé", relative aux contours, et la propriété "être égal à 0", relative aux sommes d'entiers.

On retrouve le plan de contenu arithmétique dans le premier *Complément* (paragraphe VII) avec la représentation des congruences entre les éléments d'un polyèdre par des tableaux de nombres. Pour un polyèdre de dimensions 3, Poincaré définit deux tableaux : le premier contient les relations des faces avec les cases et les arêtes, le second celles des arêtes avec les faces et les sommets. Voici la construction du premier tableau :

"Soit N_1 le nombre des arêtes de notre polyèdre P, N_2 le nombre des faces, N_3 celui des cases. Formons un tableau d'après les règles suivantes:
Le tableau aura $N_2 + N_3$ colonnes, N_2 dites de la première sorte et N_3 dites de la seconde; il aura $N_2 + N_1$ lignes, N_2 de la première et N_1 de la seconde sorte. Voici quels seront les éléments du tableau:
1° Pour l'élément de la $i^{\text{ième}}$ ligne de la première sorte et la $j^{\text{ième}}$ colonne de la première sorte, j'écrirai 1, si $i = j$ et 0, si $i \neq j$.
2° Les éléments appartenant à une ligne de la seconde sorte et à une colonne de la seconde sorte, seront tous nuls.
3° L'élément de la $i^{\text{ième}}$ colonne de la première sorte et de la $j^{\text{ième}}$ ligne de la seconde sorte, sera $\varepsilon^2_{i,j}$; $\varepsilon^2_{i,j}$ étant le nombre qui nous fait connaître la relation entre la face a^2_i et l'arête a^1_j.
4° L'élément de la $i^{\text{ième}}$ ligne de la première sorte et de la $j^{\text{ième}}$ colonne de la seconde sorte, sera $\varepsilon^3_{i,j}$ c'est-à-dire le nombre qui fait connaître la relation entre la case a^3_j et la face a^2_i.
Notre tableau, s'il y a par exemple deux cases, quatre faces et trois arêtes, présentera un aspect tel que celui-ci:

$$(1) \quad \begin{cases} 1 & 0 & 0 & 0 & \varepsilon & \varepsilon \\ 0 & 1 & 0 & 0 & \varepsilon & \varepsilon \\ 0 & 0 & 1 & 0 & \varepsilon & \varepsilon \\ 0 & 0 & 0 & 1 & \varepsilon & \varepsilon \\ \varepsilon & \varepsilon & \varepsilon & \varepsilon & 0 & 0 \\ \varepsilon & \varepsilon & \varepsilon & \varepsilon & 0 & 0 \\ \varepsilon & \varepsilon & \varepsilon & \varepsilon & 0 & 0 \end{cases}$$

Je n'ai pas écrit les indices des nombres ε pour simplifier." Poincaré 1899, p. 319-320.

Les *polyèdres* sont mis en relation avec des tableaux qui ont un contenu arithmétique, et les *variétés* qui les composent le sont avec les lignes de ces tableaux :

- "Nous convenons de dire qu'à la nouvelle $k^{\text{ième}}$ ligne (celle à laquelle on a ajouté la $i^{\text{ième}}$ ligne) correspond toujours la variété a_k^2 ; mais qu'à la nouvelle $i^{\text{ième}}$ (qui d'ailleurs n'a pas changé) correspond la variété $a_i^2 - a_k^2$." Poincaré 1899, p. 322.
- "nous conviendrons de dire qu'à la nouvelle $k^{\text{ième}}$ ligne correspond la variété $\frac{1}{m} a_k^2$ (notation qui n'a qu'une valeur symbolique, à moins que $\frac{1}{m}$ ne soit entier)." Poincaré 1899, p. 323.
- "Soit $\varsigma_{i,j}^2$ le nombre qui, dans le tableau transformé, figure dans la $j^{\text{ième}}$ ligne de la première sorte et la $i^{\text{ième}}$ de la seconde sorte. Soit C_j la variété qui correspond à la $j^{\text{ième}}$ ligne de la première sorte de notre tableau transformé en vertu des conventions du paragraphe VIII." Poincaré 1899, p. 327.

Poincaré explique comment les homologies entre les faces et les arêtes peuvent être "déduites"[1] de ces tableaux. L'introduction de ces tableaux lui permet d'achever la démonstration de l'égalité des nombres de Betti également distants des extrêmes qui avait été commencée dans le paragraphe qui précède.

Le plan de contenu arithmétique se retrouve aussi dans le mémoire de 1900. La construction des tableaux est un peu simplifiée par rapport à la précédente tout en étant étendue à une variété fermée à p dimensions :

- "Cela posé, on peut former avec les nombres ε_{ij}^q un tableau que j'appellerai T_q et où le nombre ε_{ij}^q occupera la $i^{\text{ième}}$ ligne et la $j^{\text{ième}}$ colonne. Dans ce tableau T_q, il y aura donc autant de lignes que de a_i^q et de colonnes que de a_j^{q-1}.
J'ai appelé α_q le nombre des a_i^q de sorte que le tableau T_q aura α_q lignes et α_{q-1} colonnes. En particulier, le tableau T_1 nous donnera la relation entre les arêtes et les sommets, le tableau T_2 entre les faces et les arêtes, etc." Poincaré 1900, p. 341.

[1] Poincaré 1899, p. 322.

A chaque ligne du tableau T_q "correspond" une variété a_i^q et à chaque colonne une variété a_j^{q-1}, le nombre ε_{ij}^q situé à leur intersection vaut $+1$, -1 ou 0, selon que a_j^{q-1} est ou n'est pas frontière de a_i^q et selon que cette relation est "directe" ou "indirecte". A chaque ligne i "correspond" la congruence $a_i^q \equiv \sum \varepsilon_{i,j}^q a_j^{q-1}$ et par conséquent l'homologie $\sum \varepsilon_{i,j}^q a_j^{q-1} \sim 0$. Un paragraphe entier est ensuite consacré à la réduction des tableaux[1] dans lequel Poincaré démontre qu'il est possible, en combinant les colonnes[2] au moyen de substitutions linéaires, entières et de déterminant 1, de réduire un tableau en un tableau dont tous les éléments sont nuls sauf, éventuellement, ceux placés sur la diagonale. Ces nombres peuvent être choisis de sorte que chacun divise le suivant, Poincaré les appelle les "invariants du tableau"[3].

Toute cette partie du mémoire, qui occupe tout de même cinq pages dans l'édition des *Œuvres*, fait intervenir le plan de contenu arithmétique, sans le plan de contenu géométrique : il n'est question que de *nombres*, de *tableaux*, de *lignes*, de *colonnes*, de *diviseurs*, de *substitutions*, de *déterminants*, etc., en voici deux extraits caractéristiques :

- "Si les éléments du tableau sont premiers entre eux, on peut réduire le tableau de telle sorte que les éléments de la première ligne soient premiers entre eux." Poincaré 1900, p. 344.
- "Après les réductions que le tableau a déjà subies, le plus grand commun diviseur de ces cinq nombres est devenu M_{n-1}." Poincaré 1900, p. 345.

Il n'y aucune manifestation du plan de contenu géométrique dans tout ce paragraphe dans lequel il n'y a aucune occurrence des expressions /variété/, /polyèdre/, /point/, /contour/, /homologie/, /congruence/. Le paragraphe qui suit est consacré à la démonstration de l'égalité $P'_{p-q} = P_q$ entre les nombres de Betti d'un polyèdre et de son polyèdre réciproque. Comme dans le premier *Complément*, cette égalité est établie par la comparaison des tableaux du polyèdre P et de son polyèdre réciproque P', respectivement T_q et T'_q. Cette comparaison ne fait aussi intervenir que le plan de contenu arithmétique, en voici un extrait :

"Comparons maintenant le tableau T_q au tableau correspondant

[1] Une analyse mathématiques complète de cette réduction des tableaux est donnée dans Sarkaria 1994, p. 134-139.

[2] Cela si le tableau a plus de colonnes que de lignes. Il faut, dans le cas contraire, considérer les lignes.

[3] Poincaré 1900, p. 346.

> T_{p-q+1} relatif au polyèdre réciproque P'. Ce tableau, qui se déduit de T_q en permutant les lignes avec les colonnes, a $\beta_{p-q+1} = \alpha_{q-1}$ lignes et $\beta_{p-q} = \alpha_q$ colonnes." Poincaré 1900, p. 349.

Ces deux paragraphes successifs constituent donc un long segment de texte dans lequel le plan de contenu arithmétique se manifeste sans que n'intervienne le plan de contenu géométrique. Dans le deuxième, il est pourtant question de congruences et d'homologies :

> "A la $i^{\text{ème}}$ ligne du tableau réduit correspondra alors la congruence
> (1 *bis*) $$c_i^q \equiv \omega_i^q d_i^{q-1}$$
> et l'homologie
> (2 *bis*) $$\omega_i^q d_i^{q-1} \sim 0 .$$ " Poincaré 1900, p. 348.

Mais celles-ci sont obtenues, comme dans l'exemple cité, à partir de la "correspondance" établie avec les lignes des tableaux et ne sont ensuite considérées que sur le plan du contenu algébrique :

> "Revenons aux homologies (2 *bis*). Si l'on admet que l'on a le droit de diviser les homologies par un entier différent de zéro, les γ_p premières homologies $[\omega_i^q d_i^{q-1} \sim 0]$ nous donneront
> $$d_i^{q-1} \sim 0 \quad (i = 1, 2, \ldots, \gamma_q),$$
> et la plus générale des homologies entre les a_j^{q-1} s'écrira
> (3) $$\sum_{i=1}^{\gamma_q} \lambda_i d_i^{q-1} \sim 0,$$
> les λ_i étant des entiers quelconques." Poincaré 1900, p. 349-350.

Ce qui précède montre qu'à la différence du plan de contenu algébrique, le plan de contenu arithmétique peut intervenir sur des grandes plages de texte sans coexister avec le plan de contenu géométrique. C'est là une différence notoire entre ces deux plans de contenu dans ces mémoires. Nous verrons par la suite que les plans de contenu algébrique et arithmétique n'interviennent pas de le même manière dans tous les textes de notre corpus.

Nous allons maintenant étudier comment le plan de contenu arithmétique coexiste avec les plans de contenu géométrique et algébrique. Nous allons le faire à partir des différentes démonstrations de la dualité entre les nombres de Betti proposées dans ce mémoire.

Reprenons pour commencer les étapes de la deuxième démonstration proposée dans le premier *Complément* (la première étant celle du premier mémoire qui a été critiquée par Heegaard). Partant du tableau d'un polyèdre P à trois dimensions, Poincaré calcule le nombre de Betti relatif aux faces du polyèdre et trouve : $N_2 - N_2' - N_2'' + 1$, où N_2 est le nombre de faces de P, N_2' et N_2'' sont des entiers définis à partir du tableau de P et du nombre de certaines homologies[1]. D'autre part, puisque le tableau du polyèdre réciproque P′ se déduit de celui de P en remplaçant les lignes par les colonnes, et réciproquement, et compte tenu de la définition des nombres N_2, N_2', N_2'', il suffit maintenant pour calculer le nombre de Betti relatif, cette fois, aux arêtes de P′, de remplacer dans le calcul précédent N_2' par N_2'' et N_2'' par N_2'. Le résultat est donc $N_2 - N_2'' - N_2' + 1$ qui est égal à $N_2 - N_2' - N_2'' + 1$. Les nombres de Betti relatifs, l'un aux faces de P, l'autre aux arêtes de P′ sont donc égaux[2]. Seul le plan du contenu arithmétique est intervenu dans cette démonstration. Par ailleurs, les nombres de Betti relatifs aux arêtes de P et à celles de P′ sont égaux, de même que les nombres de Betti relatifs aux faces de P et à celles de P′[3]. Mais cette fois, la démonstration de ces égalités fait intervenir, comme nous l'avons vu, les plans de contenu géométrique et algébrique. Le théorème est ensuite une conséquence directe de ces deux résultats.

Les étapes de cette démonstration peuvent être schématisées ainsi :

P P'

arêtes = arêtes

//

faces = faces

Deuxième démonstration du théorème fondamental (Poincaré 1899)

L'égalité oblique représente l'égalité des nombres de Betti réduits relatifs aux faces de P et aux arêtes de P′. Nous venons de voir que sa démonstration impliquait le plan de contenu arithmétique mais pas le plan de contenu géométrique. Les égalités horizontales représentent les égalités des nombres de Betti réduits relatifs aux arêtes (resp. faces) des polyèdres P et P′. Leur démonstration fait intervenir les plans de

[1] Pour leur définition exacte voir Poincaré 1899, p. 324.

[2] Poincaré 1899, p. 325.

[3] Poincaré 1899, p. 325.

contenu géométrique et algébrique. Ainsi, l'égalité oblique de la figure correspond à une démonstration qui fait intervenir le seul plan de contenu arithmétique et les égalités horizontales correspondent à des démonstrations qui font intervenir les plans de contenu géométrique et algébrique. Le théorème est obtenu en combinant l'égalité oblique et l'égalité horizontale relative aux arêtes ; sa démonstration fait donc intervenir les trois plans de contenu géométrique, arithmétique et algébrique.

Une troisième démonstration de ce théorème est donnée dans le deuxième *Complément*, cette fois pour un polyèdre à p dimensions (Poincaré 1900, p. 348-349). Elle suit exactement le même schéma :

$$\begin{array}{ccc} P & & P' \\ P_{p-q} & = & P'_{p-q} \\ & /\!/ & \\ P_q & = & P'_q \end{array}$$

Démonstration du théorème fondamental (Poincaré 1900)

Le paragraphe dans lequel l'égalité $P'_{p-q} = P_q$ (oblique sur notre figure) est démontrée n'est autre que celui que nous avons déjà considéré et dans lequel le plan de contenu arithmétique intervient sans le plan de contenu géométrique. Cette égalité acquise, l'égalité des nombres de Betti de même rang relatifs aux polyèdres P et P′ permet encore de conclure que les nombres de Betti également distants des extrêmes sont égaux[1]. La démonstration de l'égalité des nombres de Betti de même rang a été donnée pour un polyèdre à trois dimensions dans le mémoire précédent et une démonstration en est donnée plus loin dans ce mémoire pour un polyèdre de dimensions p (Poincaré 1900, p. 357-362). Nous avons tiré de l'une comme de l'autre de nombreuses manifestations du plan de contenu géométrique et algébrique. La démonstration de ce théorème fait donc encore intervenir les trois plans de contenu.

Dans le même mémoire, la première preuve de la dualité entre les coefficients de torsion suit aussi ce schéma, en voici la conclusion :

[1] Poincaré 1900, p. 349.

> "Ainsi les coefficients de torsion des deux tableaux T_q et T'_q sont égaux (la démonstration est aisée à compléter), et, si l'on observe que les deux tableaux T'_q et T_{p-q} ont mêmes invariants, on conclura que *les tableaux également distants des extrêmes ont mêmes coefficients de torsion.*" Poincaré 1900, p. 364.

Là encore, la démonstration de ce théorème fait intervenir le plan de contenu arithmétique, mais aussi les plans de contenu géométrique et algébrique.

Nous avons vu que le plan de contenu arithmétique pouvait intervenir dans des paragraphes spécifiques, bien distingués des autres, mais qui sont néanmoins des étapes d'une démonstration dans laquelle les plans de contenu algébrique et géométrique interviennent aussi. Nous allons voir maintenant que les plans de contenu arithmétique, algébrique et géométrique peuvent aussi coexister dans de courts segments de texte. Le passage dans lequel est étudié l'effet de l'annexion de deux cellules contiguës sur les tableaux du polyèdre va nous en donner un exemple :

> "Nous avons vu dans un des mémoires antérieurs (§16) définir [sic.] l'opération que nous avons appelée l'annexion; je suppose que deux éléments d'un polyèdre, par exemple a_i^q et a_j^q soient séparés l'un de l'autre par un élément a_k^{q-1}, que ce soit le seul élément à $q-1$ dimensions commun à a_i^q et a_j^q, et enfin que a_k^{q-1} n'appartienne à aucun élément à q dimensions en dehors de a_i^q et de a_j^q; on aura donc $\varepsilon_{ik}^q = 1$, $\varepsilon_{jk}^q = -1$ tous les autres ε_{hk}^q seront nuls quel que soit l'indice h, de même que tous les produits $\varepsilon_{ih}^q \varepsilon_{jh}^q$.
> Dans ces conditions, on peut annexer l'un à l'autre les deux éléments a_i^q et a_j^q en supprimant l'élément a_k^{q-1}. Quel est l'effet de cette opération sur nos tableaux T_q? Le tableau T_q perd une ligne et une colonne; le tableau T_{q-1} perd une ligne. L'un des invariants égaux à 1 de T_q disparaît; quant au tableau T_{q-1}, il perd un invariant s'il n'a pas plus de lignes que de colonnes; dans ce cas, l'invariant qu'il perd est égal à zéro. Tous les autres invariants des deux tableaux ne changent pas; ces deux tableaux conservent donc leurs coefficients de torsion." Poincaré 1900, p. 364.

L'annexion, opération propre au plan de contenu géométrique, est ici mise en rapport avec la suppression d'une ligne ou d'une colonne d'un tableau, opération qui relève du plan de contenu algébrique[1]. Mais les tableaux ont aussi dans tout ce passage un contenu arithmétique ; ce sont des tableaux de nombres et il est montré dans ce passage que leurs invariants (numériques) sont inchangés au cours de ces modifications. Poincaré en déduit que les invariants des tableaux de même rang de deux polyèdres réciproques sont les mêmes :

> "Or il est aisé de former un polyèdre dérivé à la fois de P et de P′ ; on pourrait ensuite remonter de ce polyèdre soit à P, soit à P′, par des annexions régulières. Comme ces annexions n'altèrent pas les coefficients de torsion, les tableaux T_q et T'_q doivent avoir mêmes coefficients de torsion." Poincaré 1900, p. 364.

Cette déduction fait appel à la possibilité "de former un polyèdre dérivé à la fois de P et de P′" qui relève du plan de contenu géométrique et qui fait même intervenir directement la propriété caractéristique de ce plan. Les plans de contenu géométrique et arithmétique sont ainsi étroitement mêlés.

La démonstration de l'identité des coefficients de torsion des tableaux de P et de P′ implique ainsi non seulement le plan de contenu arithmétique, mais aussi les plans de contenu géométrique et algébrique. C'est un exemple de théorème dont l'énoncé relève uniquement du plan de contenu arithmétique mais dont la démonstration implique aussi le plan de contenu géométrique. Si des paragraphes entiers peuvent ne faire intervenir que le plan de contenu arithmétique (avec éventuellement le plan de contenu algébrique), on voit néanmoins que Poincaré ne donne pas nécessairement une démonstration purement arithmétique d'un théorème arithmétique.

Les "chaînes" offrent un autre exemple de la coexistence des plans de contenu arithmétique et géométrique. Une "chaîne de variétés" désigne dans le premier mémoire (Poincaré 1895, p. 201) une suite de variétés $V_1, V_2, \ldots, V_n$ telle que deux variétés successives ont une partie commune. Poincaré distingue dans ce mémoire les chaînes "fermées", pour lesquelles la première et la dernière variété de la chaîne coïncident, et les chaînes "unilatères", pour lesquelles il y a un changement de signe dans une certaine suite de déterminants associés à la chaîne[2]. Le signe *chaîne* a ici un contenu géométrique. Dans le deuxième *Complément*,

---

[1] Cette opération intervenait déjà dans des démonstrations précédentes.

[2] Poincaré 1895, p. 213.

Poincaré définit d'autres "chaînes" composées cette fois de nombres ε^q_{hk} extraits d'un des tableaux associés à un polyèdre :

> "Considérons l'un de nos tableaux T_q. Nous dirons qu'une suite d'éléments, tous distincts, de ce tableau, rangés dans un certain ordre forme une *chaîne* si chaque élément de rang impair appartient à la même ligne que l'élément suivant et à la même colonne que l'élément précédent. La chaîne sera *fermée* si le dernier élément est identique au premier. Il est clair qu'une chaîne fermée contiendra toujours un nombre impair d'éléments et un nombre pair d'élément, distincts. Par exemple, les éléments
> (1) $\varepsilon^q_{11}, \varepsilon^q_{12}, \varepsilon^q_{23}, \varepsilon^q_{33}, \varepsilon^q_{31}, \varepsilon^q_{11}$
> formeront une chaîne fermée." Poincaré 1900, p. 365.

Par annexion, il associe ensuite à une telle chaîne de nombres une chaîne de variétés et rapporte le caractère "bilatère" ou "unilatère" de celle-ci à la valeur du produit des éléments de celle-là :

> "cette chaîne est bilatère ou unilatère selon que le produit des éléments distincts de la chaîne (1) est égal à -1 ou à $+1$." Poincaré 1900, p. 365.

Et enfin, il étend dans une définition les adjectifs "unilatère" et "bilatère", relatifs au contenu géométrique de *variété*, aux chaînes de nombres :

> "Nous sommes donc conduits à distinguer trois catégories parmi les chaînes formées à l'aide d'éléments des tableaux T_q :
> 1° Les chaînes *nulles*, c'est-à-dire celles dont le produit des éléments est nul.
> 2° Les chaînes *bilatères*.
> Il est aisé de voir que ce sont celles dont le produit des éléments est $+1$ si le nombre des éléments est multiple de 4, ou celles où ce produit est -1 si le nombre des éléments est multiple de 4 plus 2.
> 3° Les chaînes *unilatères*.
> Ce sont celles où ce produit est -1 si le nombre des éléments est multiple de 4, ou $+1$ si ce nombre est multiple de 4 plus 2."
> Poincaré 1900, p. 366.

Le signe *chaîne* a ainsi un contenu arithmétique qui s'ajoute à leur précédent contenu géométrique ; il a dès lors deux contenus. Les oppositions entre les chaînes, d'une part fermées ou non, et d'autre part unilatères et bilatères, ont été, elles aussi, étendues du plan de contenu géométrique au plan de contenu arithmétique, instaurant ainsi une véritable ambivalence arithmo-géométrique. On peut aussi remarquer que la notion de chaîne de variétés qui est définie pour une suite de variétés ayant une partie commune est appliquée aux variétés qui composent un polyèdre, ce qui suppose qu'elles aient une intersection. Ces variétés ont donc une intersection entre elles tout en étant juxtaposées ; on retrouve ici une caractéristique que nous avons rencontrée dans notre analyse du contenu géométrique de *variété*.

Ces définitions permettent de donner une caractérisation arithmétique ("coefficients de torsion") de la torsion d'un polyèdre sur lui-même. Les coefficients de torsion sont définis à partir des invariants obtenus par la réduction des tableaux de nombres sans que n'intervienne le plan de contenu géométrique :

> "Cela posé, revenons à nos tableaux T_q et T'_q et à leurs invariants, et en particulier à ceux de ces invariants qui ne sont égaux ni à 0, ni à 1, et que nous appellerons *coefficients de torsion*." Poincaré 1900, p. 363.

Une torsion du polyèdre sur lui même se traduit par l'existence d'une chaîne unilatère dans celui-ci (plan de contenu géométrique) et dans le tableau de nombres (plan de contenu arithmétique) qui le représente ; Poincaré démontre, par des considérations arithmétiques, que l'existence d'une telle chaîne unilatère dans le tableau est équivalente à l'existence dans celui-ci d'un invariant différent de 0 et de 1, c'est-à-dire d'un coefficient de torsion. L'existence des coefficients de torsion est donc équivalente à l'existence d'une chaîne unilatère dans le polyèdre, c'est-à-dire à l'existence d'une torsion du polyèdre sur lui-même.

Bien que la torsion relève du plan de contenu géométrique, l'expression /coefficients de torsion/ est introduite avec un contenu arithmétique, ce qui amène Poincaré à justifier à plusieurs reprises cette appellation :

> • "Cette dénomination [variété à torsion] se justifie parce que la présence d'invariants plus grand que 1 est due, comme nous le verrons plus loin, à une circonstance assimilable à une véritable tortion [sic.] de la variété sur elle-même." Poincaré 1900, p. 350.
>
> • "On voit que l'existence des coefficients de torsion [...] est due à ce fait que les éléments du polyèdre peuvent engendrer des variétés unilatères, c'est-à-dire que le polyèdre est pour ainsi dire tordu sur lui-même.
>
> C'est ce qui justifie l'expression de coefficients de torsion, ou celle de variétés avec ou sans torsion." Poincaré 1900, p. 369.

Cette caractérisation arithmétique de la torsion d'un polyèdre repose sur l'ambivalence arithmo-géométrique élaborée avec le signe *chaîne*, c'est-à-dire sur le transfert des nombres entiers des combinaisons linéaires aux tableaux, et inversement. Dans ce transfert, ce sont les expressions des nombres qui sont considérées et non leur contenu arithmétique ou le contenu géométrique des variétés ; ainsi ce transfert d'un plan de contenu à l'autre passe par le plan de contenu algébrique qui s'introduit une fois encore à partir des expressions notationnelles des signes.

Si le signe *variété* a par ses contenus un rapport direct aux plans de contenu géométrique et algébrique, nous venons de voir que sa relation au plan de contenu arithmétique était indirecte et qu'elle se faisait par l'intermédiaire d'autres signes qui ont un contenu arithmétique. La relation est donc ici une relation entre deux signes, et non plus au sein d'un même signe, entre une expression et un contenu. Alors que nous avons vu que l'extension d'une propriété (simple connexité, fermeture, etc.), ou d'un théorème (théorème sur les nombres d'intersection, etc.) relatifs au contenu géométrique d'une variété à son contenu algébrique se présentait le plus souvent sous la forme d'une déduction au sein d'un raisonnement et qu'elle intervenait sans être jamais explicitement considérée, le passage du plan de contenu géométrique au plan de contenu arithmétique, et inversement, est instauré par une correspondance explicite et par l'élaboration d'un signe *chaîne* qui a un contenu à la fois géométrique et arithmétique. En revanche, comme dans le passage du plan de contenu géométrique au plan de contenu algébrique, nous retrouvons ici le rôle des expressions notationnelles dans le passage du plan de contenu géométrique et arithmétique, et donc l'entremise du plan algébrique.
Par ailleurs, nous avons aussi vu que le plan de contenu arithmétique pouvait intervenir dans des paragraphes entiers indépendamment du plan de contenu géométrique, ce qui constitue une différence notoire entre ce plan de contenu et le plan de contenu algébrique. Les plans de contenu arithmétique et géométrique peuvent intervenir dans des parties successives et séparées d'une même démonstration, mais nous avons aussi vu que le plan de contenu géométrique pouvait être impliqué dans la démonstration d'un théorème relatif au plan de contenu arithmétique.

Les relations d'homologie

Au cours de notre étude des différents contenus du signe *variété* nous avons eu l'occasion de rencontrer de nombreux exemples d'homologies ; il est maintenant temps de les étudier et surtout de considérer leurs relations aux différents plans de contenu.

Les homologies et le plan de contenu géométrique

Les homologies ont bien sûr un contenu géométrique. Suivant la définition qui en a été donnée dans le premier mémoire et que nous avons déjà citée, l'homologie $v_1 + v_2 + \ldots + v_\lambda \sim 0$ signifie que les variétés $v_1, v_2, \ldots, v_\lambda$ forment la frontière d'une autre variété contenue dans la variété étudiée. Cette définition se retrouve à peu près inchangée dans le deuxième *Complément* :

> "Si une variété a_i^q a pour frontière complète les a_j^{q-1}, j'écrirai la congruence
>
> (1) $$a_i^q \equiv \sum \varepsilon_{ij}^q a_j^{q-1},$$
>
> où les ε sont égaux à 0, $+1$ ou -1 (c, § II, p.295).
>
> Nous écrirons, d'autre part, l'homologie
>
> (2) $$\sum \varepsilon_{ij}^q a_j^{q-1} \sim 0."$$ Poincaré 1900, p. 339.

Ce ne sont là, certes, que des définitions, mais aussi bien dans les démonstrations que dans les exemples, les homologies sont effectivement fréquemment rapportées à cette relation géométrique. Nous en avons déjà donné de nombreux exemples pour montrer que la relation "être un bord" faisait partie du contenu du signe *frontière* ; en voici donc simplement quatre autres, extraits de différents mémoires, qui attestent que les homologies peuvent bien être établies à partir de cette relation et ainsi impliquer le plan de contenu géométrique :

- "cette ligne fermée sera la frontière d'une variété à deux dimensions, intérieure à a_i^3, ce que j'exprimerai par l'homologie

  $$c \sim d + \sum a_q^1 - d'."$$ Poincaré 1899, p. 316.
- "Soit v_q une variété quelconque à q dimensions faisant partie de notre variété v, et v_{q-1} sa frontière complète [...]. Nous en déduisons l'homologie

  $$v_{q-1} \sim 0"$$ Poincaré 1900, p. 362-3.
- "Si l'on a $K' \sim 0$, il existera sur $w(\varepsilon)$ une aire A' limitée par K'" Poincaré 1904, p. 446.

• "Supposons que l'on ait entre ces faces a_i^2 une homologie

$$\sum a_i^2 \sim 0$$

Cette homologie signifie qu'il existe une variété à trois dimensions, V, faisant partie de P, et admettant $\sum a_i^2$ comme frontière complète." Poincaré 1899, p. 310.

La suite de ce dernier exemple est aussi intéressante ; elle montre que le contenu géométrique de la variété V sous-jacente à l'homologie $\sum a_i^2 \sim 0$ peut être aussi pris en compte, c'est-à-dire que l'homologie peut engager le contenu géométrique de $\sum a_i^2$ mais aussi celui de la variété dont elle est la frontière :

"Si, en effet, un point d'une case appartient à V, il en sera de même de tout autre point de cette case, car on peut aller du premier point au second, sans rencontrer aucune face et, par conséquent, sans rencontrer la frontière de V et sans sortir de V." Poincaré 1899, p. 310.

Le rapport des homologies au plan de contenu géométrique se manifeste aussi par la simple connexité qui est souvent invoquée pour établir l'existence d'une homologie. Nous avons déjà rencontré cette propriété qui intervient tout au long de ces mémoires et qui joue un rôle essentiel dans la relation entre le groupe fondamental et l'homologie. Sa permanence dans ces mémoires contraste avec la diversité des caractérisations qui en sont données et leur équivalence est même l'enjeu de la question par laquelle se conclut le dernier *Complément*[1] :

"Est-il possible que le groupe fondamental de V se réduise à la substitution identique, et que pourtant V ne soit pas simplement connexe?" Poincaré 1904, p. 498.

Le problème analogue pour l'homologie, à savoir si l'hypersphère est caractérisée du point de vue de l'*Analysis Situs* par ses nombres de Betti, concluait, lui, le mémoire de 1900 :

"Tout polyèdre qui a tous ses nombres de Betti égaux à 1 et tous ses tableaux T_q bilatères est simplement connexe, c'est-à-dire homéomorphe à l'hypersphère." Poincaré 1900, p. 370.

[1] Concernant la "conjecture de Poincaré", voir : K. Volkert, "The Early History of Poincaré's Conjecture", in *Henri Poincaré. Science et philosophie. (Congrès international, Nancy, France, 1994)*, Greffe Jean-Louis, Heinzmann Gerhard, Lorenz Kuno, Akademie Verlag, Berlin, Albert Blanchard Paris, 1996.

Poincaré résoudra ce problème par la négative en donnant un contre-exemple dans le dernier mémoire.
La simple connexité est donc au cœur de problèmes mathématiques qui sont énoncés explicitement. Elle est aussi une des rares hypothèses qui soit formulée dans les théorèmes et avec, qui plus est, une insistance qu'on ne trouve qu'à son propos. En voici quelques exemples :

> "Le fait que les faces sont planes n'a évidemment aucune importance, le théorème s'applique également aux polyèdres curvilignes; il s'applique encore à la subdivision d'une surface fermée quelconque en régions simplement connexes; ces régions correspondent alors aux faces du polyèdre; les lignes, qui servent de frontière à deux de ces régions, correspondent aux arêtes, et les extrémités de ces lignes aux sommets." Poincaré 1895, p. 270.
>
> • "Tout ce qui précède suppose qu'une variété quelconque peut être subdivisée en variétés simplement connexes, de manière à former un polyèdre P, à p dimensions, pour lequel les variétés $a_i^p, a_i^{p-1}, \ldots, a_i^2, a_i^1, a_i^0$ sont toutes simplement connexes. Par exemple, toute variété à trois dimensions pourra être subdivisée en cases simplement connexes, séparées les unes des autres par des faces simplement connexes." Poincaré 1899, p. 332.
>
> • "La variété V peut avoir des nombres de Betti quelconques, mais je suppose expressément que les variétés $v_p, v_{p-1}, \ldots, v_1$ sont simplement connexes." Poincaré 1895, p. 270.
>
> • "Comme les variétés v_λ sont toutes par hypothèses simplement connexes, on aura $\beta_{\lambda,\lambda-1} - \beta_{\lambda,\lambda-2} + \ldots \mp \beta_{\lambda,0} = 2\alpha_\lambda$ ou 0 selon que λ sera impair ou pair." Poincaré 1895, p. 280
>
> • "Il résulte de là que si les a_i^q et les b_i^q sont simplement connexes, les nombres de Betti réduits sont les mêmes pour les deux polyèdres V et V'." Poincaré 1899, p. 309.
>
> • "Je supposerai, bien entendu, que les cases et les faces sont simplement connexes." Poincaré 1899, p. 313.

Cette propriété n'est d'ailleurs pas seulement énoncée en hypothèse, Poincaré ne manque pas non plus de s'assurer qu'elle est satisfaite ou conservée quand il le faut, et peut même y consacrer un paragraphe[1] :

---

[1] L'exemple de la simple connexité montre qu'on ne saurait faire preuve de trop de précautions quand on invoque le peu de cas que Poincaré ferait de la rigueur dans ces mémoires.

• "§VI- Retour sur les démonstrations du paragraphe III.
Nous avons à revenir ici sur un point essentiel du raisonnement qui précède.
J'ai dit plus haut qu'il n'y avait d'autre homologie que les homologies (9, q), obtenues au paragraphe III. Cela n'est pas évident, cela ne serait pas même toujours vrai, si nous ne supposions pas les a_i^q simplement connexes." Poincaré 1899, p. 309.
• "Cette démonstration pourrait donner lieu à certaines objections, car on pourrait se demander si, dans cette série d'opérations, toutes les régions resteront simplement connexes; mais, avant de modifier notre démonstration de façon à me mettre à l'abri de ces objections, je veux déterminer quelle doit être la valeur du nombre N pour un polyèdre simplement connexe.
Si notre théorème est vrai, le nombre N doit avoir la même valeur pour deux polyèdres obtenus en subdivisant deux variétés homéomorphes; il a donc même valeur pour deux polyèdres simplement connexes quelconques." Poincaré 1895, p. 274-275
• "L'intersection de S, Π et V sera une variété à $p-q-1$ dimensions que j'appellerai W et qui sera simplement connexe. Les intersections de S et Π avec les diverses régions qui forment l'aster de v_q formeront par leur ensemble un polyèdre dû à la subdivision de W et qui sera simplement connexe." Poincaré 1895, p. 276.

Les citations précédentes montrent en particulier que Poincaré suppose explicitement que les variétés qui composent un polyèdre sont simplement connexes, ce qui lui permet tout un ensemble de transformations et de déductions géométriques. Nous renvoyons là encore aux exemples que nous avons donnés lors de l'analyse du contenu géométrique du signe *variété*. Mais la simple connexité nous intéresse ici parce qu'elle est souvent évoquée pour établir une homologie. En voici quelques exemples :

• "Considérons donc une variété fermée à h dimensions contenue dans W ; cette variété qu'elle rencontre ou non U_1 et U_2, peut toujours être regardée comme homologue à une variété fermée à h dimensions, ne rencontrant ni U_1 ni U_2; celle-ci sera homologue à zéro dans W' (puisque W' est simplement connexe) et *a fortiori* dans W." Poincaré 1895, p. 267.
• "comme, d'autre part, a_j^h *est simplement connexe* et que toutes les variétés $B(q-1,h',j',k')$ sont situées sur la frontière de a_j^h, le premier membre de (3) [$\sum \beta B(q-1,h',j',k') \sim 0$], représentant une

variété fermée à $q-1$ dimensions, située sur cette frontière, formera la frontière complète d'une variété à q dimensions

$$\sum \gamma B(q,h'',j'',k''),$$

également située sur la frontière de a_j^h.

De sorte qu'on aura la congruence

(4) $\sum \beta B(q-1,h',j',k') \equiv \sum \gamma B(q,h'',j'',k'')$" Poincaré 1899, p. 306.

• "Comme a_i^3 est simplement connexe, cette ligne fermée sera la frontière d'une variété à deux dimensions, intérieure à a_i^3, ce que j'exprimerai par l'homologie

$$c \sim d + \sum a_q^1 - d'$$" Poincaré 1899, p. 316.

• "On aura

$$c_j \equiv d_j - d_m, \ c_m \equiv d_m - d_p, \ c_p \equiv d_p - d_k$$

et comme[1] les trois cases a_j^3, a_m^3, a_p^3 sont simplement connexes

$$c_j \sim d_j - d_m, \ c_m \sim d_m - d_p, \ c_p \sim d_p - d_k$$"

Poincaré 1899, p. 317.

• "Je dis d'abord que la congruence (5 *bis*) [$\sum \varsigma_i' a_i^q \equiv 0$] entraîne l'homologie

(6) $\sum \varsigma_i' a_i^q \sim 0.$

En effet, la congruence (5 *bis*) est une congruence entre les éléments du polyèdre a_i^h et, *comme par hypothèse ce polyèdre est simplement connexe*, cette congruence doit entraîner l'homologie correspondante." Poincaré 1900, p. 358.

• "or a_j^{p-m} par hypothèse est *simplement connexe*; toute congruence entre ses éléments entraîne donc l'homologie correspondante" Poincaré 1900, p. 361.

Nous avons aussi déjà vu un passage dans lequel l'argument de la simple connexité était étendu aux combinaisons linéaires de variétés, ce qui permettait d'étendre à celles-ci des homologies établies au niveau de leurs termes.

Comme ces exemples le montrent, évoquer la simple connexité d'une variété permet systématiquement à Poincaré de considérer qu'une variété fermée contenue dans cette variété est une frontière complète. C'est là encore un argument qui implique le plan de contenu géométrique.

Ces deux manières d'établir des relations d'homologie sont celles qui sont le plus fréquemment utilisées ; elles se ramènent toutes les deux à

[1] Il ne s'agit pas ici de "congruences", mais "d'équivalences"...

la relation "être la frontière complète d'une variété" et impliquent de ce fait le plan de contenu géométrique. Dans quelques cas, les relations d'homologie sont établies à partir du calcul d'une intégrale sur une variété.

C'est à l'occasion de l'un des nombreux exemples qu'il étudie dans le premier mémoire que Poincaré emploie le calcul d'intégrales pour déterminer les nombres de Betti d'une variété. Plus précisément, Poincaré veut démontrer que le nombre de Betti P_{q-1} de la variété W de son huitième exemple (Poincaré 1895, p. 261 *sq*) est au moins égal à 3. Pour cela il définit dans W deux $(2 = 3 - 1)$ variétés U_1, U_2 de dimensions $q-1$ dont il veut démontrer qu'elles ne sont liées par aucune homologie à coefficients entiers.
Il introduit à cette fin deux intégrales J et J′ d'ordre $q-1$, un nombre incommensurable λ, et considère finalement l'intégrale $J+\lambda J'$. J et J′ sont telles que l'intégrale $J+\lambda J'$, étendue à U_1, est égale à la surface de l'hypersphère, σ, et égale à celle-ci multipliée par λ, $\lambda\sigma$, quand elle est étendue à U_2. De cela, il conclut :

> "comme il n'y a aucune relation linéaire entre σ et $\lambda\sigma$, c'est que U_1 et U_2 sont linéairement indépendantes." Poincaré 1895, p. 266.

L'indépendance, au sens de l'homologie, des variétés U_1 et U_2 est donc déduite de l'indépendance des valeurs d'une intégrale étendue à ces variétés. L'existence d'une homologie entre les deux variétés est ainsi rapportée à la possibilité de trouver deux entiers tels que le résultat de la combinaison des valeurs d'une intégrale (en l'occurrence $J+\lambda J'$) calculée sur U_1 et U_2 soit nulle.

Cet argument est encore utilisé un peu plus loin dans le même exemple : pour montrer que U_1 n'est pas homologue à zéro dans une variété V (obtenue en identifiant deux à deux les points de W) Poincaré montre que l'intégrale $J+J'$ prise sur U_1 n'est pas nulle :

> "D'autre part, l'intégrale $J+J'$, étendue à cette variété $[U_1]$, n'est pas nulle; ce qui montre que l'on n'a pas
> $$U_1 \sim 0$$
> Le nombre P_{q-1} est donc au moins égal à 2." Poincaré 1895, p. 268.

La remarque suivante, relative à la classification des surfaces, contient aussi une allusion aux périodes d'une intégrale et aux nombres de Betti :

"On sait que deux variétés fermées à deux dimensions qui ont même nombre de Betti sont homéomorphes. C'est ce qui résulte, par exemple, de l'étude des périodes des fonctions abéliennes." Poincaré 1895, p. 247 .

Cette relation entre l'homologie et l'intégration sur une variété a été présentée au début du mémoire. Juste après la définition des nombres de Betti, Poincaré consacre un paragraphe appelé "Emploi des intégrales" dans lequel il considère le lien entre les nombres de Betti et les périodes d'une intégrale multiple. Il établit plus précisément que le nombre de périodes d'une intégrale d'ordre m, $\int \sum X_{\alpha_1, \alpha_2, \ldots, \alpha_m} dx_{\alpha_1} dx_{\alpha_2} \ldots dx_{\alpha_m}$, étendue à une variété V, est égale à $P_m - 1$, où P_m est le $m^{\text{ième}}$ nombre de Betti de la variété :

"Si alors une intégrale (11) [$\int \sum X_{\alpha_1, \alpha_2, \ldots, \alpha_m} dx_{\alpha_1} dx_{\alpha_2} \ldots dx_{\alpha_m}$] satisfait aux conditions (12) [conditions d'intégrabilité] dans le domaine D, les diverses valeurs que cette intégrale pourra prendre quand on l'étendra à diverses variétés fermées à m dimensions faisant partie de V seront des combinaisons linéaires à coefficients entiers d'un certain nombre d'entre elles que l'on pourra appeler les périodes de l'intégrale (11).
Le nombre maximum des périodes est égal à $P_m - 1$; car, si l'on considère P_m variétés fermées quelconques à m dimensions, il y aura toujours une variété à $m+1$ dimensions qui admettra comme frontière complète ces P_m variétés ou quelques-unes d'entre elles. Il y aura donc toujours entre les P_m intégrales correspondantes une relation linéaire à coefficients entiers. On pourrait d'ailleurs faire voir qu'il existe toujours des intégrales de la forme (11) pour lesquelles le nombre maximum des périodes est atteint." Poincaré 1895, p. 211-212.

Cette relation entre les périodes et les variétés repose sur le résultat suivant (énoncé avant le passage précédent)[1]:

"Supposons que la frontière complète de V' se compose des k variétés à m dimensions

$$W_1, W_2, \ldots, W_k,$$

de sorte que $W_1 + W_2 + \ldots + W_k \sim 0$.

---

[1] Ce passage aurait pu être ajouté aux exemples d'extension d'une propriété géométrique des variétés à leurs combinaisons linéaires. Nous y retrouvons en effet les différents éléments de cette analyse. On remarquera en particulier que la proposition est énoncée pour des combinaisons linéaires de variétés dont les coefficients sont égaux à 1.

> Alors si l'intégrale (11) [$\int \sum X_{\alpha_1, \alpha_2, \ldots, \alpha_m} dx_{\alpha_1} dx_{\alpha_2} \ldots dx_{\alpha_m}$] satisfait aux conditions (12) [conditions d'intégrabilité] dans le domaine D, la somme algébrique des intégrales (11) étendue aux variétés $W_1, W_2, \ldots, W_k$ est nulle. Il faut, bien entendu, pour chacune d'elles, faire attention au sens de l'intégration." Poincaré 1895, p. 211.

Comme pour les homologies établies par simple connexité, l'annulation d'une intégrale prise sur la variété est due à l'existence d'une variété dont cette variété forme la frontière. Les relations d'homologies établies à partir de l'emploi d'une intégrale font donc aussi intervenir la relation "être un bord" et impliquent, en définitive, le plan de contenu géométrique.
Nous allons voir maintenant comment les plans de contenu arithmétique et algébrique interviennent dans les relations d'homologie.

Les homologies et les plans de contenu arithmétique et algébrique

Nous avons vu que Poincaré associe aux polyèdres des tableaux formés à partir des relations de frontière entre les éléments des polyèdres des différentes dimensions. Dans le premier *Complément*, ces tableaux sont composés de lignes et de colonnes de deux sortes.

$$
\begin{array}{c|cccc|cc|c}
 & \multicolumn{4}{c|}{N_2} & \multicolumn{2}{c|}{N_3} & \\
\hline
 & 1 & 0 & 0 & 0 & \varepsilon & \varepsilon & \\
N_2 & 0 & 1 & 0 & 0 & \varepsilon & \varepsilon & \text{1ère sorte} \\
 & 0 & 0 & 1 & 0 & \varepsilon_{ij}^{3} & \varepsilon & \\
 & 0 & 0 & 0 & 1 & \varepsilon & \varepsilon & \\
\hline
 & \varepsilon & \varepsilon & \varepsilon & \varepsilon & 0 & 0 & \\
N_1 & \varepsilon & \varepsilon_{ij}^{2} & \varepsilon & \varepsilon & 0 & 0 & \text{2nd sorte} \\
 & \varepsilon & \varepsilon & \varepsilon & \varepsilon & 0 & 0 & \\
\hline
 & \multicolumn{4}{c|}{\text{1ère sorte}} & \multicolumn{2}{c|}{\text{2nd sorte}} &
\end{array}
$$

C'est à partir des colonnes de la première sorte que se "déduisent" les congruences et c'est à partir des colonnes de la seconde sorte que se "déduisent" les homologies :

- "Cela posé, envisageons le tableau (1), relatif aux faces de P, et examinons comment on peut déduire de ce tableau le nombre de Betti P_2 du polyèdre P.

Comment, d'abord, pourra-t-on en déduire les congruences entre les faces et les arêtes? Considérons une colonne quelconque de la première sorte; par exemple la $i^{\text{ième}}$ colonne. Multiplions les éléments de cette colonne et de la $k^{\text{ième}}$ ligne de la première sorte par a_k^2 et ajoutons; puis égalons à la somme obtenue, en multipliant les éléments de cette même colonne et de la $j^{\text{ième}}$ ligne de la seconde sorte par a_j^1; nous obtiendrons la congruence

$$a_i^2 \equiv \sum \varepsilon_{i,j}^2 a_j^1,$$

ce qui est bien une des congruences (3) du paragraphe II. Toutes les autres congruences n'en sont que des combinaisons.

Comment pourra-t-on maintenant trouver les homologies entre les faces?

Pour cela, envisageons, par exemple, la $i^{\text{ième}}$ colonne de la seconde sorte; multiplions les éléments de la $k^{\text{ième}}$ ligne et de cette colonne par a_k^2, ajoutons et égalons à zéro; nous trouverons

$$\varepsilon_{i,k}^2 a_k^1 \sim 0$$

ce qui est bien une des homologies (1) du paragraphe II" Poincaré 1899, p. 322.

- "On obtient, comme nous l'avons vu, autant de congruences et d'homologies que de colonnes, en multipliant les éléments de chaque ligne de la première sorte par la face correspondante, ceux de chaque ligne de la seconde sorte par l'arête correspondante, et ajoutant." Poincaré 1899, p. 322.
- "Soit T le tableau partiel ainsi obtenu. A l'aide de ce tableau, on pourra former les congruences

$$a_i^2 \equiv \sum \varepsilon_{i,j}^2 a_j^1,$$

d'où l'on déduit les homologies

(6) $\sum \varepsilon_{i,j}^2 a_j^1 \sim 0$." Poincaré 1899, p. 327.

Il y donc une "correspondance" entre d'un côté les colonnes d'un tableau et de l'autre les homologies et les congruences.

Pour les congruences comme pour les homologies, qu'il s'agisse du premier ou du deuxième *Complément*, le lien avec le plan de contenu arithmétique fait intervenir les expressions notationnelles $/ a_i^2 \equiv \sum \varepsilon_{i,j}^2 a_j^1 /$ et $/ \varepsilon_{i,k}^2 a_k^1 \sim 0 /$: l'écriture en ligne des homologies et des congruences est remplacée par une écriture tabulaire dans laquelle la disposition des nombres ε_{ij}^q supplée aux expressions notationnelles des variétés dans l'écriture équationnelle. Cette correspondance passe donc par le plan de contenu algébrique.

Examinons maintenant comment les opérations appliquées aux lignes et aux colonnes des tableaux correspondent à des opérations sur les homologies. Poincaré opère sur les tableaux d'une part en ajoutant et en soustrayant les colonnes (resp. les lignes) et d'autre part en permutant deux colonnes (resp. deux lignes), en changeant le signe de l'une d'elles[1]. Ces opérations, qu'il appelle "transformations arithmétiques" permettent de transformer un tableau sans changer son déterminant :

> "Voici maintenant les opérations que je regarde comme permises sur ce tableau:
> 1° Ajouter une colonne à une autre de même sorte, ou l'en retrancher;
> 2° Ajouter une ligne à une autre de même sorte, ou l'en retrancher;
> 3° Permuter deux colonnes de même sorte, en changeant tous les signes de l'une d'elles;
> 4° Permuter deux lignes de même sorte, en changeant tous les signes de l'une d'elles.
> Toutes ces transformations, pour lesquelles les éléments du tableau restent entiers, s'appelleront les transformations arithmétiques du tableau." Poincaré 1899, p. 320.

A ces quatre opérations, Poincaré en ajoute une cinquième : la multiplication d'une ligne ou d'une colonne par un nombre fractionnaire. Cette opération et les quatre précédentes définissent ce qu'il appelle les "transformations algébriques" :

> "La réduction peut être poussée encore plus loin, si l'on autorise une cinquième opération: multiplier tous les éléments d'une ligne ou d'une colonne par un même nombre entier ou non, différent de zéro." Poincaré 1899, p. 321.

Voyons maintenant comment ces opérations sur les tableaux se répercutent sur les homologies qui leur correspondent. Il faut distinguer ici les lignes et les colonnes.
Commençons par les colonnes. Appliquer les "transformations arithmétiques" aux colonnes revient à combiner entre elles les congruences et les homologies correspondantes, appliquer la cinquième transformation revient à multiplier l'une d'elles par un nombre qui peut être fractionnaire :

---

[1] Cette opération se réduit à la précédente. Poincaré en fait lui-même la remarque (Poincaré 1899, p. 323).

"Maintenant, si l'on applique aux colonnes du tableau les 1ère, 3e et 5e opérations, on ne fera que combiner les congruences entre elles, et les homologies entre elles; ou multiplier une congruence et une homologie par un facteur constant." Poincaré 1899, p. 323.

Le principe de ces correspondances est toujours le même : il s'agit de la transformation du système d'expressions en lignes en un système tabulaire ; elle implique donc le plan de contenu algébrique.
Considérons maintenant les "transformations algébriques" appliquées aux lignes. Poincaré commence par l'addition :

"Supposons maintenant qu'on fasse la deuxième opération, c'est-à-dire qu'on transforme en ajoutant la ligne de la première sorte, qui correspond à a_i^2, à celle de la première sorte, qui correspond à a_k^2. Nous convenons de dire qu'à la nouvelle k ième ligne (celle à laquelle on a ajouté la i ième ligne) correspond toujours la variété a_k^2 ; mais qu'à la nouvelle i ième (qui d'ailleurs n'a pas changé) correspond la variété $a_i^2 - a_k^2$." Poincaré 1899, p. 322.

Peut-être faut-il expliquer pourquoi Poincaré fait correspondre la variété $a_i^2 - a_k^2$ à la i ième ligne qui n'a pourtant pas changé par cette transformation. Considérons pour cela une colonne, disons la k ième, composée des éléments $\varepsilon_{1k}, \varepsilon_{2k}, \ldots$. Elle correspond à la variété $\varepsilon_{1k}a_1^2 + \varepsilon_{2k}a_2^2 + \ldots$. Si la deuxième ligne est ajoutée à la première, les éléments de la colonne deviennent : $\varepsilon_{1k} + \varepsilon_{2k}, \varepsilon_{2k}, \ldots$. Si, comme le suggère le texte, on remplace la variété a_2^2 par $a_2^2 - a_1^2$ sans changer a_1^2, a_3^2, etc., la variété qui correspond à cette colonne est alors : $(\varepsilon_{1k} + \varepsilon_{2k})a_1^2 + \varepsilon_{2k}(a_2^2 - a_1^2) + \ldots$ En réarrangeant les termes, on retrouve la variété initiale. Ainsi, avec cette convention, l'addition des lignes apparaît comme un réarrangement de l'expression notationnelle des variétés correspondant aux colonnes sans intervention du plan de contenu géométrique.
Il en est de même pour la multiplication d'une ligne par un nombre (éventuellement fractionnaire) :

"Si l'on fait la cinquième opération sur la k ième ligne de la première sorte, en multipliant les éléments par une constante m, nous conviendrons de dire qu'à la nouvelle k ième ligne correspond la variété $\frac{1}{m}a_k^2$ (notation qui n'a qu'une valeur symbolique, à moins que $\frac{1}{m}$ ne soit entier)." Poincaré 1899, p. 323.

Si, de même, la première ligne est multipliée par m, la $k^{\text{ième}}$ colonne composée des éléments $\varepsilon_{1k}, \varepsilon_{2k}, \ldots$ devient $m\varepsilon_{1k}, \varepsilon_{2k}, \ldots$ En convenant de remplacer a_1^2 par $\frac{1}{m}a_1^2$, la variété qui correspond à cette colonne est $(m\varepsilon_{1k})\frac{1}{m}a_1^2 + \varepsilon_{2k}a_2^2 + \ldots$, c'est-à-dire $\varepsilon_{1k}a_1^2 + \varepsilon_{2k}a_2^2 + \ldots$, la variété initiale.

Après ces transformations, les homologies se déduisent du tableau comme avant, la correspondance ayant été ainsi préservée :

> "Grâce à ces conventions, il suffira encore, pour obtenir les congruences et les homologies, d'ajouter et d'égaler à zéro, après avoir multiplié les éléments de chaque ligne par la variété correspondante, et avoir changé le signe des produits ainsi obtenus, en ce qui concerne les lignes de la seconde sorte." Poincaré 1899, p. 323.

Bien que la correspondance avec les homologies ne procède pas de la même manière selon que les transformations sont appliquées aux lignes ou aux colonnes, elle n'engage, dans les deux cas, que le plan de l'expression : les congruences et les homologies n'interviennent que par leurs expressions notationnelles, ou leur contenu algébrique, mais nullement par leur contenu géométrique. Si ce plan de contenu n'intervient pas dans la correspondance, il est notamment l'enjeu de la remarque suivante :

> "Il importe de remarquer que les congruences et les homologies ainsi obtenues, pourront n'avoir qu'une valeur symbolique, parce que les coefficients pourront être fractionnaires.
> Et, en effet, d'une part les éléments du tableau transformé peuvent ne plus être entiers; d'autre part, la variété qui correspond à une ligne peut, comme je l'ai dit plus haut, n'avoir elle-même qu'une valeur symbolique." Poincaré 1899, p. 323-324.

On retrouve ici l'adjectif "symbolique", déjà rencontré lors de notre analyse des combinaisons linéaires, qui marque une opposition proprement sémiotique : il fait le départ entre les congruences et les homologies qui ont un contenu géométrique et celles, qualifiées de "symboliques", qui en sont dépourvues parce que leurs coefficients sont fractionnaires. La fonction de cet adjectif est donc la même qu'il soit relatif aux variétés ou aux congruences et aux homologies : il indique dans les deux cas un problème d'interprétation géométrique.
Cette distinction manifeste l'attention accordée à cette question et indique

qu'il n'est pas indifférent à l'auteur que les congruences et les homologies aient ou non une telle interprétation géométrique. L'opposition entre les transformations "arithmétiques" et "algébriques" est bien aussi la marque de cette distinction qu'elle anticipait au niveau des opérations effectuées sur les tableaux ; certainement n'aurait-elle pas été introduite si les tableaux ne devaient être mis en correspondance avec les homologies et les congruences.

Si ce souci d'une interprétation géométrique est incontestable, il est néanmoins bien question de congruences et d'homologies à "valeur symbolique" et il est donc tout aussi incontestable que Poincaré introduit et considère explicitement des congruences et des homologies dépourvues de cette interprétation (et de contenu géométrique).

Mais il convient aussi de remarquer qu'il n'est pas difficile de transformer les congruences et les homologies et d'éliminer ces coefficients fractionnaires quand ils ont été introduits :

> "Mais comme les coefficients, entiers ou non, sont toujours commensurables, il suffira de multiplier notre congruence ou notre homologie par un entier convenable, pour en déduire une congruence ou une homologie à coefficients entiers, qui aura un sens pour elle-même." Poincaré 1899, p. 324 .

On remarquera aussi le recours à la notion de "sens" qui est encore introduite quand l'interprétation géométrique redevient possible. Néanmoins, même si les coefficients sont finalement entiers, ces homologies et ces congruences n'auront malgré tout pas été obtenues à partir du plan de contenu géométrique. Ce détour a laissé de nombreuses traces dans le texte et dans ses signes... Nous avons par ailleurs montré que ces homologies à coefficients entiers (autres que ± 1) n'étaient pas rapportées au plan de contenu géométrique pour les variétés de dimensions supérieures à 1. C'est bien du plan de contenu arithmétique et algébrique que ces homologies relèvent. Inversement, le fait d'envisager de multiplier les congruences et les homologies par un entier pour obtenir des coefficients entiers manifeste l'attention portée à l'interprétation géométrique de ces relations.

Dans le deuxième *Complément* Poincaré revient sur ces considérations arithmétiques et sur le rapport des tableaux aux congruences et aux homologies. Il y démontre qu'il est aussi possible de diagonaliser un tableau en ne considérant en fait que les transformations qu'il appelait "arithmétiques" dans le premier *Complément*, sans plus recourir à la multiplication des lignes ou des colonnes par des nombres fractionnaires. Les éléments de la diagonale du tableau réduit ne sont alors plus tous égaux à 0 ou 1, mais peuvent être des entiers quelconques. Du fait de cette amélioration du procédé de réduction, l'opposition entre transformations "arithmétiques" et "algébriques" n'est pas reprise, pas plus que ne l'est celle entre les homologies à "valeur symbolique" et les autres, qui lui correspondait. Une amélioration purement arithmétique conduit ainsi à la disparition de certaines considérations sémiotiques explicites. Mais cela ne les fera pas disparaître du premier *Complément*! Et il est aussi toujours vrai que le plan de contenu géométrique n'intervient pas dans la correspondance entre les tableaux et les homologies :

> "A chaque ligne de ce tableau correspond également une congruence
>
> (1) $$a_i^q \equiv \sum \varepsilon_{ij}^q a_j^{q-1}$$
>
> entre les a_i^q et les a_j^{q-1} et une homologie
>
> (2) $$\sum \varepsilon_{ij}^q a_j^{q-1} \sim 0$$
>
> entre les a_j^{q-1}." Poincaré 1900, p. 347.

Cette correspondance instaure toujours une relation entre les homologies et le plan de contenu arithmétique. Si la division des colonnes et des lignes d'un tableau a pu être évitée dans ce mémoire et si les homologies à coefficients fractionnaires disparaissent du même coup, la division des homologies par un entier est reprise. Un examen de celle-ci va mettre en évidence la relation entre les homologies et les différents plans de contenu.

Les homologies "sans division" et "par division"

En réponse aux doutes émis par Heegaard sur la validité du théorème de dualité pour les nombres de Betti également distants des extrêmes, Poincaré distingue deux définitions des nombres de Betti. D'une part la sienne, selon laquelle des variétés $v_1, v_2, \ldots, v_n$ sont linéairement indépendantes quand il n'existe entre elles aucune homologie à coefficients entiers $\lambda_1 v_1 + \lambda_2 v_2 + \ldots + \lambda_n v_n \sim 0$, et d'autre part celle qu'il attribue à Betti, selon laquelle ces variétés sont indépendantes si elles ne satisfont pas à l'homologie $v_1 + v_2 + \ldots + v_n \sim 0$. Dans la sienne, l'indépendance linéaire est rapportée à toutes les combinaisons, c'est-à-dire qu'il est possible qu'"une même variété v_1 se trouve plusieurs fois"[1],

[1] Poincaré 1899, p. 291.

alors que dans celle attribuée à Betti, chaque variété ne peut figurer qu'une seule fois. Il y a donc deux manières de définir les nombres de Betti suivant la définition de l'indépendance choisie. Poincaré va montrer que ces deux définitions ne sont pas équivalentes et que le théorème incriminé est valable avec sa définition, mais qu'il ne l'est pas avec celle de Betti (Poincaré 1900, p. 292). Dans le premier et le deuxième *Compléments* il compare ces définitions et détermine à quelles conditions elles coïncident. Il démontre dans le premier qu'il est pour cela nécessaire et suffisant que le produit des invariants de chaque tableau soit égal à 1. Dans le deuxième, il démontre qu'une condition nécessaire et suffisante est que les tableaux qu'il a définis n'aient pas de coefficients de torsion, ou encore, que la variété soit sans torsion[1]. En effet, si un tableau réduit a un coefficient de torsion, c'est-à-dire un invariant d différent de 0 et de 1, il doit exister une variété v, obtenue par combinaison des variétés qui composent le polyèdre, qui vérifie l'homologie $dv \sim 0$, sans vérifier l'homologie $v \sim 0$. Les deux définitions ne peuvent dès lors pas coïncider puisque l'homologie $dv \sim 0$ est comptée dans la définition de Poincaré, mais pas dans celle attribuée à Betti.
Bien que v ne soit pas elle-même la frontière complète d'une variété, Poincaré va néanmoins admettre l'homologie $v \sim 0$ obtenue "par division" de l'homologie $dv \sim 0$. Il distingue ainsi deux sortes d'homologies : celles obtenues "sans division" et celles obtenues "par division". Dans le cas où les définitions coïncident, toutes les homologies peuvent être obtenues "sans division" à partir des homologies fondamentales, il n'y a donc pas lieu de faire de distinction. Dans le cas contraire il existe des homologies obtenues "par division" qui ne peuvent l'être autrement :

> "On voit que l'existence des coefficients de torsion (<u>qui nécessite la distinction</u> entre les deux définitions des nombres de Betti, ou <u>entre les homologies par division ou sans division</u>) est due à ce fait que les éléments du polyèdre peuvent engendrer des variétés unilatères, c'est-à-dire que le polyèdre est pour ainsi dire tordu sur lui-même." Poincaré 1900, p. 369.

Ayant ainsi brièvement présenté l'enjeu mathématique de la distinction entre les homologies "par division" et "sans division", tel qu'il ressort immédiatement des déclarations et des remarques de Poincaré, tournons-nous maintenant vers son analyse sémiotique.

---

[1] Poincaré 1900, p. 350.

Au début de l'introduction du premier *Complément* Poincaré précise sa définition des nombres de Betti et rappelle les opérations qu'il est possible d'effectuer sur les homologies :

> "D'après cette définition, on peut additionner les homologies, les soustraire les unes des autres, les multiplier par un nombre entier." Poincaré 1899, p. 291.

A ces opérations, qui sont effectivement celles qu'il a définies et, surtout, celles qu'il a appliquées dans le premier mémoire, il ajoute maintenant la division (à la suite de la citation précédente, mais en allant à la ligne) :

> "Nous *conviendrons* également qu'il est permis de diviser une homologie par un nombre entier, quand tous les coefficients sont divisibles par cet entier. Par conséquent, s'il y a une variété à $p+1$ dimensions, dont la frontière complète sera constituée par quatre fois la variété v_1, nous conviendrons qu'on peut écrire non seulement l'homologie
>
> $$4v_1 \sim 0,$$
>
> mais encore l'homologie
>
> $$v_1 \sim 0;$$
>
> de sorte que cette homologie signifie qu'il y a des variétés a $p+1$ dimensions, qui admettent pour frontière complète la variété v_1 ou un certain nombre de fois cette variété.
>
> L'homologie
>
> $$2v_1 + 3v_2 \sim 0$$
>
> signifie qu'il y a des variétés a $p+1$ dimensions, qui ont pour frontière complète deux fois v_1 et trois fois v_2 ou quatre fois v_1 et six fois v_2 ou six fois v_1 et neuf fois v_2, etc." Poincaré 1899, p. 291.

Le retour à la ligne, l'insistance particulière sur le caractère conventionnel (les italiques dans "Nous *conviendrons*" sont de Poincaré), les détails donnés pour expliquer la division d'une homologie sont autant de manifestations concordantes qui opposent la division des homologies aux autres opérations (addition, soustraction, multiplication par un entier). Cela se retrouve en partie dans le "Rappel des principales définitions" du mémoire suivant :

> "Nous combinerons les congruences (1) et les homologies (2) par addition, soustraction, multiplication, et quelquefois par division." Poincaré 1900, p. 339.

La division est à nouveau mise à part ; le "quelquefois" annonce qu'elle sera utilisée avec parcimonie. Dans le cinquième et dernier *Complément* on peut aussi lire :

> "Nous aurons donc quatre sortes de relations : les équivalences propres, où l'on n'a pas le droit d'intervertir l'ordre des termes ; les équivalences impropres, où l'on peut changer l'ordre des termes, mais à la condition d'en respecter l'*ordre circulaire*; les homologies sans division où l'on peut intervertir cet ordre d'une manière quelconque et qu'on peut additionner, soustraire et multiplier; enfin les homologies par division qu'on peut, en outre, diviser." Poincaré 1904, p. 466.

Les homologies "par division" constituent ici explicitement une quatrième "sorte" de relations, bien distincte des homologies "sans division".

Dans tous ces exemples, la division des homologies ne fait intervenir que l'expression notationnelle de celles-ci : elle est appliquée aux coefficients de la combinaison des variétés qui figure dans l'écriture équationnelle sans que n'intervienne le plan de contenu géométrique. En voici encore d'autres manifestations :

> • "Supposons que la variété $V_1 = \sum \alpha_i b_i^1$, considérée au début de ce paragraphe, ne peut pas être frontière d'une variété à deux dimensions, mais satisfait à l'homologie $V_1 \sim 0$. En d'autres termes, l'homologie $V_1 \sim 0$ peut se déduire des homologies (6) [$\sum \varepsilon_{i,j}^2 a_j^1 \sim 0$] par division, mais non pas sans division." Poincaré 1899, p. 329.
>
> • "Revenons aux homologies (2 *bis*) [$\omega_i^q d_i^{q-1} \sim 0$]. Si l'on admet que l'on a le droit de diviser les homologies par un entier différent de zéro, les γ_p premières homologies nous donneront
>
> $$d_i^{q-1} \sim 0 \quad (i = 1, 2, \ldots, \gamma_q)\text{"}$$ Poincaré 1900, p. 349.
>
> • "Envisageons maintenant les combinaisons linéaires des a_i^{q-1} qui seraient homologues à zéro en vertu des homologies (3) [$\sum_{i=1}^{\gamma_q} \lambda_i d_i^{q-1} \sim 0$], et demandons-nous quelles sont parmi ces combinaisons celles qui restent distinctes, si, abandonnant les homologies (3), on se borne aux homologies (4) [$\sum_{i=1}^{\gamma_q} \lambda_i \omega_i^q d_i^{q-1} \sim 0$] sans admettre le droit de diviser les homologies." Poincaré 1900, p. 350.

Ces homologies sont donc rapportées au plan de contenu algébrique et non au plan de contenu géométrique. Dans ce cas d'ailleurs, ce n'est plus la variété mais un de ses multiples qui est la frontière complète d'une autre variété. C'est bien ce qui est dit dans la définition, et il en est bien ainsi dans tous les exemples de division considérés dans le texte.

Voyons maintenant ce qu'il en est sur le plan du contenu arithmétique. Les homologies "par division" peuvent être aussi obtenues à partir des tableaux et l'opposition entre les homologies "sans division" et les homologies "par division" correspond alors exactement à l'opposition entre les "transformations arithmétiques" et les "transformations algébriques" qui était à l'œuvre dans le premier *Complément* : les homologies déduites d'un tableau ayant subi des "transformations arithmétiques" sont obtenues "sans division", et celles qui ont été déduites d'un tableau ayant nécessité des "transformations algébriques" l'ont été "par division" :

> "Ces homologies [$\sum \varsigma_{i,j}^{2} c_j \sim 0$] ne sont que des combinaisons des homologies (6) [$\sum \varepsilon_{i,j}^{2} a_j^1 \sim 0$], que l'on peut obtenir sans division, et réciproquement on peut tirer des homologies (6) des homologies (6bis) sans division, c'est là une conséquence du caractère arithmétique des transformations." Poincaré 1899, p. 328.

On notera cependant que la division n'est envisagée et n'est effectivement considérée que dans le cas où *tous les coefficients de l'homologie ont un facteur commun* :

> "Nous *conviendrons* également qu'il est permis de diviser une homologie par un nombre entier, quand tous les coefficients sont divisibles par cet entier." Poincaré 1899, p. 291.

Les homologies que Poincaré obtient après division sont donc toujours à coefficients entiers. C'est-à-dire qu'il obtient des homologies qui ne sont pas de celles qui n'ont qu'une "valeur symbolique" (dont l'un des coefficients est fractionnaire). Néanmoins, ces combinaisons n'interviennent que par leur expression ou leur contenu arithmétique, et jamais par un éventuel contenu géométrique.
Les homologies "par division" ont donc un contenu arithmétique et algébrique mais n'ont plus, à la différence des homologies "sans division", de contenu géométrique : l'opposition entre ces deux types d'homologies, nettement marquée et reconduite jusqu'au dernier *Complément*, coïncide donc avec une opposition sémiotique.

Cette distinction entre deux types d'homologie est aussi accompagnée d'une autre plus directement épistémologique : une homologie est rarement divisée sans que ne soit mis en avant le caractère "conventionnel" de cette opération ; nous en avons déjà donné un exemple, en voici deux autres :

- "Comme, d'après notre convention, on peut diviser ces homologies par 4, nous arrivons, etc." Poincaré 1899, p. 292.
- "Revenons aux homologies (2 *bis*). Si l'on admet que l'on a le droit de diviser les homologies par un entier différent de zéro, etc. [...] Si, au contraire, on n'admet pas que l'on ait le droit de diviser les homologies, etc. [...]
Envisageons maintenant les combinaisons linéaires des a_i^{q-1} qui seraient homologues à zéro en vertu des homologies (3), et demandons-nous quelles sont parmi ces combinaisons celles qui restent distinctes, si, abandonnant les homologies (3), on se borne aux homologies (4) sans admettre le droit de diviser les homologies." Poincaré 1900, p. 349-350.

Sans être propre à la division des homologies, il est significatif que ce statut "conventionnel" ne soit jamais évoqué à propos de leur addition, de leur soustraction ou de leur multiplication par un entier : la division n'a visiblement pas le même statut épistémologique que les autres opérations.

Le retrait du plan de contenu géométrique donne ainsi lieu à la distinction explicite de deux sortes d'homologies, doublée d'une distinction épistémologique (conventionnel *vs* non conventionnel). L'opposition sémiotique entre signes avec et sans contenu géométrique a été établie sans recourir aux déclarations de l'auteur mais elle correspond néanmoins à une distinction épistémologique de celui-ci.

Résumons cette analyse de la division des homologies et des variétés. Une homologie $v \sim 0$ obtenue par division n'a pas de contenu géométrique et ne correspond pas exactement à la définition qui a été donnée d'une homologie : il faut d'abord multiplier la variété v par un entier pour obtenir une variété qui soit le bord d'une autre variété. Mais l'expression notationnelle v qui y figure a néanmoins un contenu géométrique et l'homologie n'a donc pas qu'une "valeur symbolique" comme c'est le cas quand ses coefficients sont fractionnaires. Quant aux homologies dont les coefficients sont fractionnaires, elles ne sont envisagées qu'une seule fois dans tous ces mémoires, en rapport aux "transformations algébriques" qui, dès le mémoire suivant, n'interviennent plus. Elles sont distinguées des homologies obtenues par division, elles-mêmes distinguées de celles obtenues sans recours à des divisions. Ainsi, la présence ou non d'un contenu géométrique d'une part, pour les *homologies*, d'autre part, pour les *variétés* qui y figurent, conduit à autant de notions que Poincaré distingue : d'une part l'opposition homologie à "valeur symbolique" *vs* autres homologies, qui est relative au contenu géométrique des *variétés* qui figurent dans les homologies, d'autre part l'opposition homologie "par division" *vs* "sans division", qui est relative au contenu des *relations d'homologie* elles-mêmes. Le tableau suivant résume la coïncidence de ces diverses oppositions.

	Homologie $v \sim 0$			
Distinctions faites par Poincaré		"à valeur symbolique"	"sans division"	"par division" (conventionnel)
Oppositions sémiotiques	v	v	$v \sim 0$	$v \sim 0$
	oui	non	oui	non
	Contenu géométrique			

Ces distinctions et leur concordance avec cette opposition sémiotique sont autant de manifestations de l'importance accordée au contenu géométrique des signes. Elles empêchent en particulier d'assimiler les homologies "par division" aux homologies à coefficients rationnels qui seront considérées à la fin des années 1920 (Lefschetz 1928[1]) et surtout au début des années 30, notamment dans les travaux de Pontrjagin, de Cech et d'Alexandroff. Leur introduction requiert un rapport aux plans de contenu géométrique et algébrique différent de celui à l'œuvre dans ces mémoires ; nous en verrons des manifestations dans la suite. Cette

[1] "We first extend the term m-complex to cover a symbol $\frac{C_\mu}{q}$, where C_μ is an ordinary complex and q an arbitrary non zero integer. Let us call the usual type: *integral* complex, the new type *fractionnary* - a distinction which we shall rarely need. (…) The effect of this limitation plus the introduction of fractionary cycles and complexes will be that in congruences and homologies coefficients may assume rational values and are not confined any more to integers. (…) It may also be said that fractionary cycles not essential when dealing with complexes alone, could not be dispensed with in the case of the general closed set." Lefschetz 1928, p. 233-234.

assimilation, qui est souvent faite par les mathématiciens[1], néglige les distinctions que fait Poincaré entre les homologies, elle ignore les différences sémiotiques dont elles sont la manifestation et elle masque finalement les évolutions sémiotiques qui accompagnent la considération de coefficients rationnels. Ces lectures récurrentes projettent le système sémiotique de textes ultérieurs dans le texte étudié et elles manquent dès lors leurs différences.

Le conditionnement des fonctions sémiotiques

Les analyses précédentes ont permis d'établir et d'étudier la coexistence des contenus géométrique et algébrique au sein du signe *variété* et de préciser sa relation indirecte au plan de contenu arithmétique. Quelques exemples d'énoncés relevant du conditionnement sémiotique ont déjà mis en évidence la place prépondérante du plan de contenu géométrique. Nous allons maintenant compléter cette description par le conditionnement des fonctions sémiotiques de *variété*, c'est-à-dire par l'analyse des procédés utilisés par Poincaré pour se rapporter aux différents contenus de ce signe. Cela nous conduira à étudier systématiquement l'usage de certains verbes et à préciser leurs relations aux différents plans de contenu ; nous aurons ainsi de nouveaux éléments pour apprécier le statut de ces plans de contenu. Puisque l'analyse de l'usage de ces verbes se concentre sur le vocabulaire et relève uniquement du conditionnement sémiotique, elle n'a *a priori* aucune raison d'être conforme à notre analyse du système sémiotique qui est, elle, relative aux contenus. Néanmoins, l'examen des occurrences de ces verbes montre que leur représentation rapportée à ces différents plans est largement adéquate ; des listes d'exemples seront encore données pour que le lecture puisse en juger par lui-même.

Poincaré utilise couramment le verbe "représenter" pour indiquer la relation entre une combinaison linéaire et une variété ; une combinaison linéaire "représente" une variété. En voici quelques exemples :

- "Les variétés à q dimensions, qui sont des combinaisons des v_q, pourront évidemment être <u>représentées</u> par $\sum_i \lambda_i a_i^q$, les λ_i étant des

[1] Par exemple Alexandroff 1932, note 23 p. 24, Dieudonné 1989, p. 42, Sarkaria 1994, p. 118.

coefficients entiers et les lettres a_i^q continuant à désigner les différentes variétés v_q." Poincaré 1899, p. 299.
• "le polyèdre lui-même dans son entier, représenté par la formule $\sum a_i^p$." Poincaré 1899, p. 302.
• "Si donc je conviens de ranger dans une même classe toutes les variétés b_i^q, qui font partie de la variété a_j^h, sans faire partie d'aucune des variétés a_k^m, où $m < h$, toute variété b_i^q fera partie d'une classe et d'une seule.
Je pourrai alors représenter b_i^q par une notation à quatre indices
$b_i^q = \mathrm{B}(q,h,j,k)$" Poincaré 1899, p. 303.
• "Soit $\sum \alpha \mathrm{B}(q,h,j,k)$ une combinaison des variétés b_i^q, qui représente une variété fermée à q dimensions" Poincaré 1899, p.305.
"le premier membre de (3) [$\sum \beta B(q-1,h',j',k') \sim 0$], représentant une variété fermée à $q-1$ dimension" Poincaré 1899, p. 306.

Compte tenu de la prépondérance du contenu géométrique du signe variété, on peut considérer que la relation "$\sum \lambda_i a_i^q$ représente une variété" est une relation entre l'expression / $\sum \lambda_i a_i^q$ / et le contenu géométrique [variété]$_g$.
La relation instaurée par le verbe "représenter" est par ailleurs orientée (quelque chose "représente" quelque chose d'autre), mais elle n'est pas symétrique ; on ne trouve nulle part un segment tel que "une variété représente $\sum \lambda_i a_i^q$" : c'est toujours $\sum \lambda_i a_i^q$ qui représente une variété et jamais le contraire.

Pour désigner la relation entre une variété et une ligne ou une colonne d'un tableau, par laquelle les variétés sont rapportées au plan de contenu arithmétique, Poincaré utilise fréquemment le même verbe "correspondre" :

• "Nous convenons de dire qu'à la nouvelle $k^{\text{ième}}$ ligne (celle à laquelle on a ajouté la $i^{\text{ième}}$ ligne) correspond toujours la variété a_k^2; mais qu'à la nouvelle $i^{\text{ième}}$ (qui d'ailleurs n'a pas changé) correspond la variété $a_i^2 - a_k^2$." Poincaré 1899, p. 322.
• "la variété qui correspond à une ligne peut, comme je l'ai dit plus haut, n'avoir elle-même qu'une valeur symbolique." Poincaré 1899, p. 324.
• "elle conserverait sa valeur alors même qu'à ces schémas et à ces tableaux ne correspondrait aucun polyèdre." Poincaré 1899, p. 333.
• "Nous avons ainsi défini la variété qui correspond à chacune des lignes de la première sorte du tableau" Poincaré 1899, p. 323.

- "après avoir multiplié les éléments de chaque ligne par la variété correspondante" Poincaré 1899, p. 323.
- "multiplier chaque ligne de la première sorte par la variété qui lui correspond" Poincaré 1899, p. 323.
- "Soit C_j la variété qui correspond à la $j^{\text{ième}}$ ligne de la première sorte de notre tableau" Poincaré 1899, p. 327.
- "en multipliant les éléments de chaque ligne de la première sorte par la face correspondante, ceux de chaque ligne de la seconde sorte par l'arête correspondante" Poincaré 1899, p. 322.
- "A chaque ligne de ce tableau correspond un a_i^q et à chaque colonne un a_j^{q-1}." Poincaré 1900, p. 347.

Contrairement au verbe précédent, "correspondre" établit une relation orientée mais qui est sa propre réciproque : une variété peut "correspondre" à une ligne ou à une colonne, et inversement, une ligne ou une colonne peuvent aussi "correspondre" à une variété :

- "Chaque colonne de la première sorte correspond à une face, chaque colonne de la seconde sorte à une case, chaque ligne de la première sorte à une face, chaque ligne de la seconde sorte à une arête." Poincaré 1899, p. 322.
- "Supposons maintenant qu'on fasse la deuxième opération, c'est-à-dire qu'on transforme en ajoutant la ligne de la première sorte, qui correspond à a_i^2, à celle de la première sorte, qui correspond à a_k^2. Nous convenons de dire qu'à la nouvelle $k^{\text{ième}}$ ligne (celle à laquelle on a ajouté la $i^{\text{ième}}$ ligne) correspond toujours la variété a_k^2; mais qu'à la nouvelle $i^{\text{ième}}$ (qui d'ailleurs n'a pas changé) correspond la variété $a_i^2 - a_k^2$." Poincaré 1899, p. 322.
- "Avant la transformation, chaque colonne de la première sorte correspond à une face" Poincaré 1899, p. 322.
- " Nous ferons correspondre à la $i^{\text{ième}}$ ligne du tableau réduit la combinaison linéaire c_i^q, et à la $i^{\text{ième}}$ colonne la combinaison linéaire d_i^{q-1}." Poincaré 1900, p. 348.

Dans tous ces exemples, et dans les deux sens, la "correspondance" se fait entre une ligne ou une colonne et une expression notationnelle de variété ou la variété elle-même, c'est-à-dire son contenu géométrique. Quoiqu'il en soit, ces tableaux de nombres n'ont été introduits que dans le deuxième mémoire et nous savons que le plan de contenu arithmétique intervient aussi dans le premier. Or dans ce mémoire aussi, on retrouve le verbe "correspondre" pour désigner la relation entre les variétés et les nombres :

- "A chacun des α_0 sommets, je fais correspondre un nombre arbitraire; à chacune des α_1 arêtes, je fais correspondre un nombre δ égal à la différence des nombres correspondant à ses deux sommets." Poincaré 1895, p. 282.
- "Avec les α_2 relations correspondant aux α_2 périmètres Π" Poincaré 1895, p. 284.

Ainsi, bien que la manière d'associer des nombres aux variétés change au cours des mémoires, c'est toujours le verbe "correspondre" qui sert à désigner cette relation.

Les deux verbes "correspondre" et "représenter" que nous venons de considérer ne sont nullement interchangeables : il n'y a pas d'exemples dans ces mémoires où "correspondre" serait appliqué à relation entre une combinaison linéaire $\sum \lambda_i a_i^q$ et [variété]$_g$ ni d'exemples où "représenter" le serait à la relation entre une ligne d'un tableau et [variété]$_g$. Il s'agit bien d'oppositions pertinentes, c'est-à-dire que ces verbes sont utilisés pour certaines relations, à l'exclusion de certaines autres. En particulier, du fait de sa symétrie, la relation établie par "correspondre" est aussi différente de celle établie par "représenter". Nous avons montré par ailleurs que la relation établie par "correspondre" était une relation entre deux signes, élaborée au cours de nombreuses définitions, alors que celle établie par "représenter" s'applique à des composantes d'un même signe.

Mais ces deux verbes ne s'appliquent pas exclusivement aux variétés, aux combinaisons linéaires ou aux lignes des tableaux. Il vaut la peine de recenser de manière exhaustive les termes qu'ils mettent en relation.

"Correspondre" est aussi systématiquement utilisé pour associer une substitution du groupe fondamental à un contour :

- "A chaque contour fermé M_0BM_0 correspondra une substitution S du groupe" Poincaré 1895, p. 242.
- "Si S et S′ correspondent aux contours C et C′" Poincaré 1895, p. 242.
- "la substitution correspondant à C″ sera SS′." Poincaré 1895, p. 242.
- "Le groupe G est d'ordre fini et se compose seulement de huit substitutions distinctes correspondant aux contours suivants:

$$0, C_1, C_2, C_3, 2C_1, 3C_1, 3C_2, 3C_3.\text{" Poincaré 1895, p. 245.}$$

• "Le groupe G se réduit à deux substitutions correspondant aux contours O et C_1." Poincaré 1895, p. 245.
• "Les trois substitutions

$$(x, y, z; x+1, y, z),$$
$$(x, y, z; x, y+1, z),$$
$$(x, y, z; \alpha x + \beta y, \gamma x + \delta y, z+1)$$

correspondront respectivement aux contours fondamentaux C_1, C_2 et C_3." Poincaré 1895, p. 246.
• "Le groupe G sera dérivé d'un certain nombre de substitutions principales $S_1, S_2, \ldots, S_p$. A chacune d'elles correspondra un contour fermé" Poincaré 1895, p. 242.

La dernière citation montre que la relation établie par "correspondre" est encore symétrique : à un contour peut "correspondre" une substitution et à une substitution peut aussi "correspondre" un contour.
Mais on trouve aussi des points qui "correspondent" à des points, des variétés qui "correspondent" à des variétés :

"Il résulte de ces hypothèses qu'à tout point de V correspond un point de V′ et un seul et inversement à toute variété W contenue dans V correspondra une variété W′, d'un même nombre de dimensions, contenue dans V′ ; si W est continue, finie ou illimitée, il en sera de même de W′ et inversement." Poincaré 1895, p. 199.

A un couple de points peut "correspondre" un point unique :

• "A chaque couple de points de l'hypersphère correspond ainsi un point et un seul de la variété V" Poincaré 1895, p. 261.
• "Nous devons donc marquer sur les lignes de notre réseau les points qui correspondent aux variétés $w(t)$ qui ont des points singuliers." Poincaré 1904, p. 437.

Un point peut aussi "correspondre" à une case, et inversement :

"A chaque case b_i^3 de P′ correspondra un sommet a_i^0 de P ;
A chaque case b_i^2 de P′ correspondra un sommet a_i^1 de P ;
A chaque case b_i^1 de P′ correspondra un sommet a_i^2 de P ;
A chaque case b_i^0 de P′ correspondra un sommet a_i^3 de P."
Poincaré 1899, p. 315.

A des variétés peuvent "correspondre" des points :

> "A chacune des variétés $w_1(t), w_2(t), \ldots, w_p(t)$ je ferai correspondre un point dans l'espace ordinaire." Poincaré 1904, p. 436.

A un point peut "correspondre" des "systèmes de valeurs" de paramètres réels :

> "Nous voyons qu'à un même point du tore correspondront une infinité de systèmes de valeurs des y compris dans la formule
> $$y_1 + 2\,K_1\,\pi,\ y_2 + 2\,K_2\,\pi,$$
> où les K sont entiers." Poincaré 1895, p. 204.

Des "systèmes de valeurs" peuvent se "correspondre" entre eux :

> "ce qui est nécessaire si l'on veut qu'à un système de valeurs des y corresponde un seul système de valeurs des y'" Poincaré 1895, p. 215.

Des groupes peuvent "correspondre" à des surfaces :

> "Tous les groupes fuchsiens correspondant à diverses surfaces de Riemann ayant même ordre de connexion seront isomorphes." Poincaré 1895, p. 247.

Tous ces exemples confirment que le verbe "correspondre" s'applique entre deux signes distincts, et non entre composantes d'un même signe. Si l'on ne prend maintenant en considération que les plans de contenu auxquels il est rapporté, on obtient la représentation suivante de ses occurrences :

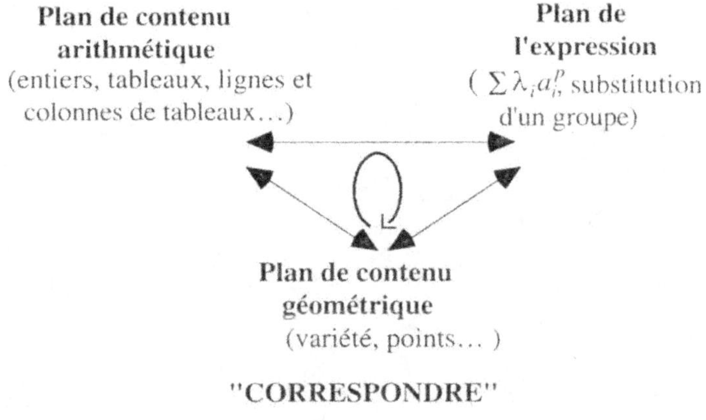

"CORRESPONDRE"

La particularité du verbe "correspondre" est de n'avoir aucune spécificité isotopique ; il s'applique indifféremment à tous les plans de contenu, dans un sens comme dans l'autre. Le fait qu'il n'y ait pas de "correspondance" du plan de contenu arithmétique vers lui-même ne nous semble en rien significatif, mais on peut en revanche rapprocher l'absence de "correspondance" du plan de contenu algébrique vers lui-même au fait que celui-ci n'est jamais le seul contenu d'un signe. Pour mieux apprécier cette absence de spécificité isotopique nous allons étudier de la même façon le verbe "représenter".

Le verbe "représenter" dont nous avons déjà montré qu'il servait à qualifier la relation entre une combinaison linéaire $\sum \lambda_i a_i^q$ et une variété sert aussi systématiquement à qualifier la relation entre les équations et les variétés :

- "ces nouvelles équations représenteront encore V ou la variété opposée." Poincaré 1895, p. 205.
- "Considérons n équations

$$(8) \quad \begin{cases} x_1 = \theta_1(y_1, y_2, \ldots, y_m), \\ x_2 = \theta_2(y_1, y_2, \ldots, y_m), \\ \ldots\ldots\ldots\ldots\ldots\ldots\ldots\ldots \\ x_n = \theta_n(y_1, y_2, \ldots, y_m), \end{cases}$$

Il est clair que ces équations (si les y sont regardées comme des variables indépendantes) représentent une variété à m dimensions." Poincaré 1895, p. 200.
- "Alors l'ensemble des relations

$$x_i = \theta_i, \quad \varphi_\beta > 0, \quad \lambda_k > 0$$

représentera une variété V" Poincaré 1895, p. 203.
- "si on leur adjoint [aux équations] un certain nombre d'inégalités, elles représenteront encore la variété V ou une variété opposée. [...]
ces équations représentent la variété V et que, si Δ est négatif, elles représentent la variété opposée. [...]
nous conviendrons de dire que les équations ne représentent plus V, mais la variété opposée. [...)
ces nouvelles équations représenteront encore V ou la variété opposée." Poincaré 1895, p. 205.
- "Cela posé, nous pourrons toujours partager V en variétés partielles, ou mieux construire sur V un certain nombre de variétés partielles,

empiétant les unes sur les autres et assez petites pour que l'on puisse, pour chacune d'elles, trouver un système de variables auxiliaires, qui permette de représenter cette variété partielle par des égalités et des inégalités de la forme (8) et (9), satisfaisant à toutes les conditions que je viens d'énoncer." Poincaré 1895, p. 203-204.

• "Nous conviendrons de dire que, si Δ est positif, les nouvelles équations représentent encore V et que si, Δ est négatif, elles représentent la variété opposée. [...]
on conviendra de dire que le système de relations ne représente plus la variété V, mais une *variété opposée* à V." Poincaré 1895, p. 205-206.

• "on trouve ainsi n équations

$$x_i = \theta_i(y_1, y_2, \ldots, y_{n-p}),$$

qui représentent une variété à $n-p$ dimensions. Mais on peut se demander si elles représenteront V ou la variété opposée.
Nous conviendrons de dire qu'elles représentent V si Δ est positif et la variété opposée si Δ est négatif." Poincaré 1895, p. 206.

• "nous conviendrons de dire que ces équations ne représentent plus la frontière de V ou une partie de cette frontière, mais une variété opposée à cette frontière." Poincaré 1895, p. 206.

• "Mais il importe de ranger les équations qui définissent v dans l'ordre suivant :

$$F_1 = 0, \quad F_2 = 0, \quad \ldots, \quad F_p = 0, \quad \varphi_\gamma = 0,$$

car si deux d'entre elles étaient permutées, nous conviendrions de dire que ces équations ne représentent plus la frontière de V ou une partie de cette frontière, mais une variété opposée à cette frontière." Poincaré 1895, p. 206.

• "Considérons une variété V que l'on puisse représenter par les inégalités et égalités (8), (9) et (10), etc." Poincaré 1895, p. 209.

• "Si maintenant la variété V n'était pas susceptible d'être représentée par des relations de la forme (8), (9) et (10) satisfaisant à toutes les conditions énoncées, on décomposerait la variété V en variétés partielles assez petites pour être susceptibles de ce mode de représentation" Poincaré 1895, p. 209.

• "ces équations (3) représenteront une variété fermée W à $2q-1$ dimensions." Poincaré 1895, p. 261.

Des points peuvent "représenter" des variétés :

• "les points représentatifs des p variétés" Poincaré 1904, p. 437.

• "Chacun de ces points représentera une courbe fermée" Poincaré 1904, p. 448.
• "Outre cette ligne, nous devons envisager toutes ses transformées par les différentes substitutions d'un groupe fuchsien; car une quelconque de ces transformées représente comme la ligne elle-même le cycle K." Poincaré 1904, p. 462.

Des arcs de courbe "représentent" des cycles :

• "Un cycle quelconque C sera alors représenté par un arc de courbe MM'" Poincaré 1904, p. 466.
• "nous avons les moyens de former un cycle équivalent représenté par une série d'arcs $A_1B_1, A_2B_2, \ldots, A_nB_n$." Poincaré 1904, p. 470.
• "Mais deux arcs ayant mêmes extrémités ne représenteront pas toujours deux cycles équivalents" Poincaré 1904, p. 472.
• "Étant donné un cycle représenté par un certain nombre d'arcs" Poincaré 1904, p. 473.
• "Considérons alors la série d'arcs dont l'ensemble représente le cycle K_1''." Poincaré 1904, p. 493.

Des polygones "représentent" des variétés :

• "nous obtiendrons un nouveau polygone R_0'' qui représentera la surface fermée" Poincaré 1904, p. 474.
• "nous obtiendrons ainsi un nouveau polygone qui au même titre que R_0 représentera la surface W" Poincaré 1904, p. 495.

Les traits du dessin d'une figure "représentent" un périmètre, des cycles... :

"Voici l'explication de la figure : le périmètre R_0 est représenté par les quatre cercles $+A, -A, +B, -B$ représentés en traits plein [...]; les cycles K_1'' et K_2'' sont représentés par des arcs de courbe allant d'un point à l'autre du périmètre de R_0.
Les arcs qui représentent K_1'' sont en trait plein; ceux qui représentent K_2'' sont en trait pointillé" Poincaré 1904, p. 494.

En faisant la synthèse de tous ces exemples, on obtient cette fois la représentation suivante :

Plan de
l'expression
(équations, figure,
$\sum \lambda_i a_i^p$)

Plan de contenu
géométrique
(variété, cycle, point,...)
"REPRÉSENTER"

Qu'il s'agisse d'équations, d'inéquations, des traits d'une figure, de combinaisons linéaires $\sum \lambda_i a_i^q$, d'arcs, de points, le contenu de ce qui est "représenté" est toujours géométrique : jamais une expression ne "représente" un signe pourvu d'un contenu arithmétique ou algébrique, et jamais non plus un signe pourvu d'un contenu géométrique ne "représente" un signe, sauf si celui-ci a aussi un contenu géométrique. La relation déterminée par le verbe "représenter" est strictement orientée vers le plan de contenu géométrique. Cela induit une spécificité de cette relation qui fait aussi ressortir la spécificité du plan de contenu géométrique dans ces mémoires. Cela montre aussi que les plans de contenu n'y sont pas interchangeables.

Le verbe "représenter" n'établit donc pas une relation symétrique. Il existe une fonction en quelque sorte réciproque qui permet d'associer une expression notationnelle à une expression naturelle[1], en particulier à

[1] Il existe un opérateur sémiotique spécifique qui associe une expression notationnelle à un signe ; c'est la notion de "notation" :
"Pour le démontrer, je vais encore employer une notation plus abrégée; le symbole
$m_1 C_1 + m_2 C_2$" Poincaré 1895, p. 251.
" Nous exprimerons ce fait par la notation
$v_1 + v_2 + \ldots + v_\lambda \sim 0$" Poincaré 1895, p. 207.
"je désigne les variétés que j'avais appelées alors v''_{p-1} aussi bien que celles que j'avais appelées alors v'_{p-1} par la même notation v'_{p-1})." Poincaré 1895, p. 273.
"L'arête b_i^1 coupe la face a_i^2, et n'en coupe aucune autre, de telle sorte que si nous reprenons la notation de l'*Analysis situs*, page 222, nous aurons
$N(V_1, V_2) = \sum \alpha_i \alpha'_i$." Poincaré 1899, p. 325.
"L'ensemble de ces droites engendrera un certain domaine appartenant à l'espace plan Π, ayant $q + m + 1$ dimensions que je désignerai par la notation $a_q b_m$" Poincaré 1900, p. 359.

celles pourvues d'un contenu géométrique. Cette fonction procède par simple juxtaposition des expressions de chaque type, comme par exemple "la variété V". Les exemples sont ici tellement nombreux que nous n'en donnerons qu'un petit échantillon qui est surtout représentatif par sa diversité qui permet de montrer que le procédé ne dépend pas de la nature du contenu du signe considéré :

> "La variété V est évidemment contenue tout entière dans le domaine D." Poincaré 1895, p. 199.
>
> • "Je puis supposer, dis-je, que les fonctions θ sont analytiques." Poincaré 1895, p. 200.
>
> • "Supposons d'abord une variété V définie de la première manière" Poincaré 1895, p. 205.
>
> • "le déterminant fonctionnel Δ_q" Poincaré 1895, p. 213.
>
> • "si le contour fermé M_0BM_0 constitue la frontière complète d'une variété" Poincaré 1895, p. 241.
>
> • "Cela signifie que la substitution $S_1^{k1}S_2^{k2}S_1^{k1}S_3^{k3}$ du groupe G se réduit à la substitution identique." Poincaré 1895, p. 243.
>
> • "Étant donnée une variété W et un groupe G qui ne l'altère pas, on peut toujours construire une variété V" Poincaré 1895, p. 260.
>
> • "la valeur du nombre N" Poincaré 1895, p. 275.
>
> • "une seule des combinaisons linéaires $\sum\lambda_i a_i^p$ pourra être fermée" Poincaré 1899, p. 302.
>
> • "joignons par des lignes le point $P(a_i^2)$ à chacun des sommets de la face a_i^2 et à chacun des points $P(a_j^1)$, correspondant aux diverses arêtes a_j^1 de la face a_i^2." Poincaré 1899, p. 314.

Ajoutons que c'est en particulier par une semblable juxtaposition que se fait l'association entre l'expression /variété/ et la combinaison linéaire /$\sum\lambda_i a_i^p$/ :

> • "Quelle est d'abord la condition pour que la variété $\sum\lambda_i a_i^q$ soit fermée?" Poincaré 1899, p. 299.
>
> • "En d'autres termes la variété $\sum\lambda_i a_i^q$ sera fermée, si l'on a
> $\sum\lambda_i a_i^q \equiv 0$" Poincaré 1899, p. 300.
>
> • "nous conviendrons de dire qu'à la nouvelle $k^{\text{ième}}$ ligne correspond la

Mais il s'agit bien d'une opération qui relève du conditionnement sémiotique : elle sert à introduire ou à rappeler une expression notationnelle ; c'est-à-dire qu'elle intervient quand une attention particulière et singulière est accordée à une expression notationnelle. Il importe néanmoins de remarquer qu'il existe un opérateur sémiotique pour instaurer l'expression notationnelle d'un signe.

variété $\frac{1}{m}a_k^2$" Poincaré 1899, p. 323.
• "formera la frontière complète d'une variété à q dimensions
$\sum \gamma B(q,h'',j'',k'')$" Poincaré 1899, p. 306.
• "Supposons que la variété $V_1 = \sum \alpha_i b_i^1$, considérée au début de ce paragraphe, ne peut pas être frontière d'une variété à deux dimensions, etc." Poincaré 1899, p. 329.

Dans tous ces exemples, la fonction sémiotique n'est plus établie par un verbe mais par la juxtaposition au sein de la phrase d'une expression naturelle (par exemple /variété/) et d'une expression notationnelle (par exemple / V /). Il est intéressant qu'elle soit aussi appliquée à / $\sum \lambda_i a_i^q$ / puisque cette expression a ceci de particulier pour une expression notationnelle qu'elle n'est pas indépendante de son contenu : elle ne peut être remplacée par / $\sum \lambda_i a_i^q$ /, / $\prod \lambda_i a_i^q$ / ou même par / V /. De plus, pour que l'espace même de la feuille puisse ainsi servir à instaurer une fonction sémiotique, il faut que le contenu qui lui correspond soit une expression : si l'expression /variété/ peut désigner l'expression / $\sum \lambda_i a_i^q$ / par juxtaposition, c'est que / $\sum \lambda_i a_i^q$ / intervient ici *en tant qu'expression*, et non en tant qu'expression d'un contenu (ce qu'elle pourrait néanmoins être par ailleurs). Elle intervient même plus précisément en tant qu'expression dont la substance est la même que celle de l'espace blanc. Bien que possible avec des substances d'expression différentes, comme l'écran d'un ordinateur, cette juxtaposition n'est pas indépendante de la substance. Remarquons qu'elle est aussi orientée par le sens de la lecture : de gauche à droite.
C'est là un rapport à l'objet qui nous semble indissociable du support d'écriture. Car s'il est évidemment possible de dire oralement "une variété somme sur i des lambda indice i, a indice i exposant q", l'expression orale "somme sur i des lambda indice i, a indice i exposant q" n'est alors pas son propre contenu : elle est l'expression phonique d'un contenu qui est écrit, qui n'est autre que / $\sum \lambda_i a_i^q$ /, et qu'elle décrit. L'expression phonique et le contenu sont dans ce cas dissociés. Il reste dans cette expression phonique une référence à l'écriture qu'elle présuppose. Ainsi, cette fonction sémiotique et le contenu algébrique sont des exemples de l'intervention de la substance d'expression en mathématiques.

Voyons maintenant comment est établie la relation entre l'expression /variété/ et son contenu géométrique [variété]$_g$. Nous avons vu qu'il y avait des énoncés dans lesquels il est question de ce que "signifie" cette expression ou de son "sens", mais ces énoncés sont

exceptionnels et ne rendent pas compte du fonctionnement courant de cette expression. Il n'y a en fait aucun verbe particulier pour associer l'expression /variété/ à son contenu géométrique. Un tel verbe nécessiterait d'ailleurs un complément ; ce complément serait lui-même un signe muni d'une expression. Or, justement, /variété/ désigne quelque chose qui ne relève en rien du plan de l'expression, quelque chose qui ne peut pas être non plus juxtaposé à /variété/ comme peut l'être l'expression /$\sum \lambda_i a_i^q$ /. Toute notre analyse a montré que l'expression /variété/ dénotait bien quelque chose d'un autre ordre et indépendant de son expression : les relations qui déterminent ce contenu n'ont aucune ressemblance ou similarité avec cette expression. Le contenu correspondant est ainsi pourvu d'une existence indépendante de son expression. Cette absence de relation entre la forme de l'expression et celle du contenu nous apparaît caractériser la fonction sémiotique entre l'expression et le contenu géométrique du signe *variété*. Nous appellerons une telle fonction une "fonction sémiotique dénotationnelle" ou, brièvement, une "fonction dénotationnelle". L'intervention d'une fonction dénotationnelle, à laquelle n'est associé aucun verbe tel que "correspondre" ou "représenter", constitue une différence remarquable entre cette relation et les précédentes.
Précisons que le fait de considérer des fonctions dénotationnelles ne nous engage dans aucune conception "réaliste", "intuitive", "conventionnelle", etc., des mathématiques. Nous ne faisons aucune hypothèse sur la nature idéale, psychologique, ou autre de ce contenu.

L'intervention d'une telle fonction sémiotique peut être comparée au statut des définitions des variétés dans ces mémoires. Poincaré en donne plusieurs, au début du premier mémoire, au cours de celui-ci et dans les suivants. Définir les variétés est ainsi une préoccupation explicite et importante dans la mesure où sur dix-huit paragraphes qu'il contient, cinq ont des titres qui indiquent des paragraphes présentant des "définitions" ou des "représentations" des variétés :

§ 1 Première définition des variétés
§ 3 Deuxième définition des variétés
§ 10 Représentation géométrique
§ 11 Représentation par un groupe discontinu
§ 13 Autres modes de génération

Ces définitions servent parfois à d'autres définitions et notamment à celle des variétés opposées, de la frontière d'une variété et du nombre

N(V, V′) qui intervient dans l'étude de l'intersection de deux variétés. Elles font toutes intervenir les fonctions (au sens mathématique cette fois...) qui définissent les variétés et avec éventuellement des hypothèses de différentiabilité, notamment dans l'étude des intersections. Mais l'analyse de [variété]$_g$ a montré que ces définitions sont loin d'épuiser les propriétés des variétés dans ces mémoires et il est assez rare qu'une propriété ou qu'une opération appliquée à une variété soit rapportée à l'une de ces définitions. C'est ainsi que la notion de frontière n'est jamais rapportée à sa définition, que les déformations des variétés ne sont pas décrites en termes d'équations et d'inéquations, que les contours ne sont pas donnés par leurs équations, pas plus que le sont un polyèdre et son polyèdre réciproque... Concurremment à ces définitions, différentes "représentations" des variétés sont aussi introduites : soit par identification (conjugaison) de faces, d'arêtes et de sommets d'un certain nombre de polyèdres, soit par l'action d'un groupe discontinu sur l'espace à trois dimensions. Ces "représentations" des variétés ne sont rapportées ni les unes aux autres, ni à leurs définitions, et comme celles-ci, elles ne rendent pas compte de toutes les propriétés qui leurs seront attribuées.

Ces définitions ne s'apparentent nullement à un système d'axiomes auquel toutes les propriétés, toutes les autres définitions, tous les théorèmes sont ensuite rapportés. C'est qu'elles ne définissent pas, en ce sens, les variétés : elles circonscrivent, elles découpent, éventuellement elles excluent certaines configurations, mais en aucun cas elles ne donnent l'existence à ce qu'elles définissent ni ne le caractérisent, elles ne font que le dégager, l'identifier au sein d'un espace qui préexiste. Les définitions, les représentations et la fonction dénotationnelle ont ainsi un rapport semblable à une existence qui paraît indépendante : indépendante de la définition comme elle l'est de l'expression /variété/ qui lui est associée.

Nous n'essayerons pas ici de caractériser la fonction sémiotique qui relie une expression au plan de contenu arithmétique. Non bien sûr que cette question soit sans intérêt et sans difficulté ; elle nécessiterait au contraire une analyse propre alors que c'est l'association des nombres aux autres signes qui nous importe surtout ici. Il nous semble néanmoins que cette fonction sémiotique ne devrait pas être identifiée à une fonction sémiotique dénotationnelle dans la mesure où nous pensons que l'expression notationnelle d'un nombre n'est pas reliée à son contenu arithmétique de la même manière que / V / l'est à [variété]$_g$. Il semble que les nombres entiers se réduisent, depuis déjà longtemps à l'époque que

nous considérons, à leur système d'expressions notationnelles, parfaitement délimité et qui ne change guère d'un texte à l'autre. Mais il faudrait aborder ici l'histoire sémiotique des nombres, et celle-ci reste presque entièrement à écrire[1].
Si la distinction sémiotique entre les plans de contenu arithmétique et algébrique est ainsi parfois difficile à établir, il importe pourtant de ne pas les confondre ici. La réduction des tableaux a par exemple montré que le plan de contenu arithmétique pouvait intervenir seul, c'est-à-dire en particulier sans le plan de contenu géométrique, et qu'il avait ainsi une autonomie que n'a pas dans ces mémoires le plan de contenu algébrique.

Il reste à mentionner la relation d'identité entre le contenu algébrique et son expression notationnelle. L'expression n'est ici l'expression que d'elle-même, la ressemblance entre l'expression et son contenu est donc totale. L'expression n'indique rien ici qui préexisterait ou existerait hors du texte. Ces signes sont distingués des autres (ils peuvent être qualifiés de "symboliques") et semblent avoir un statut à part puisqu'ils font l'objet de remarques.

Nous pouvons résumer l'analyse du conditionnement sémiotique des fonctions sémiotiques par le schéma suivant :

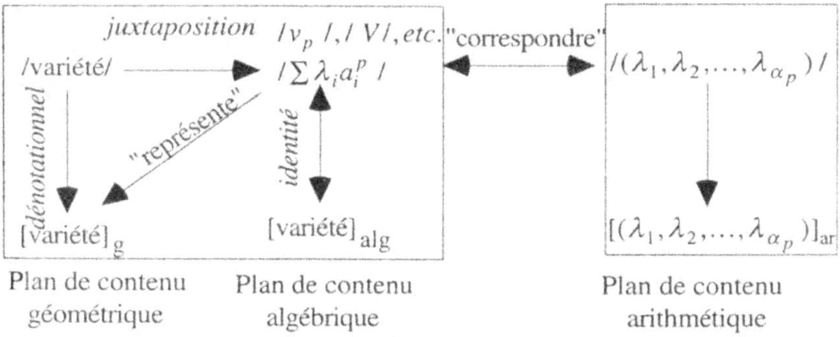

Il n'y a pas à s'étonner que cette représentation soit partiellement en contradiction avec notre analyse des contenus du signe *variété* qui a montré que $/\sum_i \lambda_i a_i^q/$ n'avait qu'un contenu algébrique et pas de contenu

[1] Une analyse sémiotique de l'introduction du zéro a été proposée par Brian Rotman dans *Signifying Nothing: The Semiotics of Zero*, London MacMillan 1987.

géométrique. C'est que nous nous occupons ici du conditionnement sémiotique, c'est-à-dire de la manière dont l'auteur présente les relations entre les différentes composantes d'un signe. Il n'y a donc en fait aucune contradiction : cette manière de rapporter les combinaisons linéaires au plan de contenu géométrique concorde au contraire avec notre analyse du passage du plan de contenu géométrique au plan de contenu algébrique et avec le fait qu'aucun signe de ces mémoires n'a un contenu réduit à un contenu algébrique.

Il faut aussi remarquer que le nombre de verbes ou de procédés associés aux fonctions sémiotiques est remarquablement petit par rapport au nombre de fois où les contenus de *variété* interviennent. La longueur même des listes de citations que nous avons données le montre : un même verbe se manifeste de nombreuses fois. Si l'on pouvait s'attendre à ce qu'il y ait autant de ces verbes ou de ces procédés que de plans de contenu, il pouvait *a priori* y en avoir beaucoup plus. Nous savons maintenant que ce n'est pas le cas. Cette faible diversité rapportée au nombre des manifestations montre qu'il est possible d'en faire l'étude. Cela acquis, il est peut-être plus important encore de remarquer qu'ils sont différents les uns des autres, c'est-à-dire qu'il y a une véritable *diversité*. Elle montre que leur étude est non seulement possible, mais qu'elle est aussi pertinente. Les particularités de la mise en relation des plans de contenu dans ces mémoires ressortiront quand la même analyse aura été appliquée à d'autres textes, et d'autres particularités pourraient encore être découvertes si cette étude était étendue à des époques et des civilisations différentes. Cette étude reste aussi en grande partie à faire, au moins apparaît-elle possible[1].

Conclusion

Nous allons, en conclusion, résumer quelques-unes des principales caractéristiques sémiotiques de ces mémoires. Nous avons centré notre analyse sur le signe *variété*. Son expression est en effet celle qui sert à désigner à la fois l'espace étudié (celui auquel les nombres de Betti sont associés), les parties de cet espace et les termes qui servent au calcul de ces nombres. Elle concentre ainsi de multiples fonctions dont

[1] Suivant des analyses et avec des intentions différentes des nôtres, ce travail a été magistralement fait par Reviel Netz pour des textes mathématiques de l'Antiquité grecque (voir bibliographie).

nous verrons qu'elles sont séparées dans d'autres textes.
Le contenu de ce signe se caractérise par la grande diversité de ses propriétés. C'est ainsi qu'il peut être à la fois un [ensemble de points]$_{ens}$ et un [ensemble de variétés contiguës]$_{ens}$ (et même un [ensemble de variétés se chevauchant]$_{ens}$ si l'on retient la deuxième définition des variétés de Poincaré 1895). Il a en même temps toutes les propriétés propres aux frontières : être un bord, pouvoir être "traversé", pouvoir "séparer", etc. Cette diversité, et particulièrement la possibilité d'être à la fois [ensemble de points]$_{ens}$ et [ensemble de variétés]$_{ens}$, a été retenue pour caractériser un contenu géométrique. Ce contenu réunit de ce fait des propriétés qu'il est impossible de concevoir ou de faire coexister au sein d'un seul signe dont le contenu serait ensembliste.
Ces caractéristiques sémiotiques sont toutes directement impliquées dans de nombreuses démonstrations. C'est ainsi que l'"annexion" de deux variétés qui assure dans tous ces mémoires le passage entre deux subdivisions d'une variété requiert cette association des contenus [ensemble de points]$_{ens}$ et [ensemble de variétés]$_{ens}$. Elle intervient notamment dans la première démonstration du "théorème d'Euler" et dans la deuxième démonstration de la dualité des coefficients de torsion. Elle est aussi à l'œuvre à chaque fois que des polyèdres réciproques interviennent. Il faut, en effet, qu'un [ensemble de variétés]$_{ens}$ soit aussi et en même temps un [ensemble de points]$_{ens}$ pour qu'un polyèdre réciproque puisse être simplement construit comme le propose Poincaré. Mais cet [ensemble de points]$_{ens}$ sous-jacent assure surtout le passage d'un polyèdre à l'autre et permet de construire les variétés qui font se correspondre les homologies entre les variétés d'un polyèdre avec les homologies entres les variétés de l'autre. Toutes les démonstrations de la dualité entre les nombres de Betti et celles entre les coefficients de torsion qui sont proposées dans les premier et deuxième *Compléments* reposent donc sur cette caractéristique du contenu géométrique du signe *variété*. Il apparaît dès lors impossible de dissocier ces démonstrations, et par conséquent la validité de ces théorèmes dans ces mémoires, de cette caractéristique sémiotique.
Les *homologies* ont aussi un contenu géométrique qui est le plus souvent directement lié à la relation de frontière qui intervient dans leur définition. Mais il peut être aussi rapporté à l'annulation des intégrales (multiples) calculées sur les variétés considérées. Ce contenu n'est pas indépendant du précédent et nous avons vu qu'il intervenait à plusieurs reprises dans le premier mémoire. Il est remarquable que ce contenu disparaisse à peu près complètement de tous les travaux relatifs à

l'homologie qui suivront ceux de Poincaré. Ce lien entre l'intégration et les nombres de Betti ne sera repris que dans quelques travaux à la fin des années 1920 : dans la Note Cartan 1928 et surtout dans de Rham 1931 (précédé de la Note de Rham 1929). Mais entre ce premier mémoire de Poincaré et ces travaux, l'homologie aura été développée en abandonnant presque totalement cet aspect de son contenu géométrique.

Le plus remarquable est peut être le rôle spécifique de certaines expressions notationnelles associées aux variétés : les combinaisons linéaires entières de variétés. A la différence des combinaisons à coefficients 1, qui ont un contenu géométrique, elles sont à elles-mêmes leur propre contenu : les opérations qui leur sont appliquées, les relations dans lesquelles elles s'inscrivent impliquent uniquement le plan de l'expression. Il apparaît ainsi que le plan de l'expression peut avoir la fonction d'un plan de contenu, que nous avons appelé le plan de contenu algébrique.

La relation entre le signe *variété* et le plan de contenu arithmétique se fait en revanche par l'intermédiaire de signes qui ont un contenu arithmétique. C'est donc une relation entre signes et, comme on l'a vu avec le signe *chaîne*, elle est instaurée par une correspondance élaborée progressivement. Néanmoins, comme dans le passage du plan de contenu géométrique au plan de contenu algébrique, le plan de contenu algébrique intervient dans cette correspondance. Certaines opérations sur les variétés et les homologies peuvent être ainsi rapportées à des opérations sur des systèmes d'entiers.

C'est ainsi que trois plans de contenus coexistent et interviennent dans des raisonnements, parfois séparés, parfois mêlés. Le passage d'un plan à un autre, qui dépend des plans considérés, peut être fait au cours d'une démonstration. Mais ces plans de contenu n'ont pas tous le même statut ; il existe entre eux d'importantes différences qui relèvent d'analyses elles-mêmes bien distinctes.
Le plan de contenu géométrique est certainement le plus important des trois. Il l'est en effet par la diversité des relations qu'il permet, et donc par le nombre des déductions qui s'y rapportent. La plupart des signes ont de plus un contenu géométrique auquel les expressions naturelles se rapportent directement et qui semble préexister aux définitions. Ce privilège ressort aussi de l'analyse du verbe "représenter" qui a une orientation qui distingue nettement ce plan. Il ressort aussi de

l'opposition entre les homologies "par" et "sans division" par laquelle les homologies dépourvues de contenu géométrique sont distinguées de celles qui en ont un. C'est aussi ce contenu qui est impliqué dans la plupart des théorèmes et rares sont les démonstrations où il n'intervient pas. Il peut intervenir seul et à l'exclusion de tout autre plan de contenu dans de longs et nombreux segments de texte.

Le plan de contenu arithmétique peut aussi intervenir dans des paragraphes indépendants et à l'exclusion de tout autre plan de contenu. Les signes ayant uniquement un contenu arithmétique apparaissent ainsi à la fois complets et semblent constituer une sorte d'unité sémiotique minimale. C'est une caractéristique que ce plan partage avec le plan géométrique mais qui les distingue, dans ces mémoires, du plan de contenu algébrique. Les manifestations de ce dernier sont au contraire accompagnées de nombreuses remarques qui indiquent un statut bien à part : les signes rapportés à leur contenu algébrique n'ont ainsi "qu'une valeur symbolique", ils n'ont pas de "sens", et leurs propriétés sont présentées comme n'étant que de simples "conventions". Contrairement aux plans de contenu géométrique et arithmétique, il n'existe pas de paragraphe ou même de segment de texte qui dépasse une simple phrase dans lequel ce plan intervient seul. Aucune définition, aucun théorème n'est uniquement relatif à ce plan et quand Poincaré introduit pour la première fois les combinaisons linéaires entières de variétés qui en relèvent, il le fait sous couvert d'une signification géométrique qui ne réapparaîtra plus dans la suite. Mais surtout, les manifestations de ce plan sont toujours subreptices et mêlées à celles des deux autres plans de contenu. Quant aux démonstrations des théorèmes ou des propositions qui impliquent des combinaisons linéaires entières, nous avons montré qu'elles relevaient du plan de contenu géométrique et qu'elles ne prenaient en considération que les combinaisons à coefficients 1, leur résultat étant ensuite étendu aux combinaisons entières. Aucune remarque, aucune définition, aucune note n'accompagne cette extension qui est soit omise soit présentée comme une déduction. Cette extension, si remarquable, accompagnée de cette déduction, si particulière, interviennent notamment dans le théorème qui fait le lien entre les homologies et les nombres d'intersection (sur lequel repose la première preuve du théorème de dualité des nombres de Betti), la détermination de la frontière d'une combinaison linéaire de variétés, la proposition selon laquelle toutes les homologies entre les variétés qui composent le polyèdre s'obtiennent par combinaison des homologies déduites des congruences donnant la frontière de ces variétés, et encore le théorème selon lequel à toute homologie entre les variétés d'un polyèdre correspond une homologie entre les variétés du polyèdre réciproque. Autant dire que cette déduction est impliquée dans quasiment tous les théorèmes fondamentaux de ces mémoires.

Le plan de contenu algébrique ne paraît pas jouir aux yeux de Poincaré de la même dignité que les autres : un signe ne semble pas complet quand il n'a qu'un contenu algébrique. On voit l'intérêt, historique et épistémologique, qu'il y a à distinguer dans un texte les plans de contenu qui, associés à une expression, peuvent constituer un signe complet, comme c'est le cas ici des plans de contenu géométrique et arithmétique, de ceux qui n'interviennent pas seuls et qui sont toujours couplés avec un autre plan de contenu : c'est le cas ici du plan de contenu algébrique. Cette distinction faite, il importe néanmoins de souligner que ce plan est bien présent dans ces mémoires. C'est même certainement cette association d'un contenu algébrique et d'un contenu géométrique au sein du signe *variété* qui constitue l'un de leurs traits les plus remarquables. C'est aussi le statut de ces raisonnements qui mêlent et qui jouent sur les deux contenus d'un même signe qui nous semble le plus intéressant d'un point de vue épistémologique.

Il importe aussi de distinguer les plans de contenu qui sont tout simplement absents, comme c'est le cas ici du plan de contenu ensembliste. La présence des trois autres plans de contenu ne fait que mieux ressortir cette absence. Plus qu'une absence, nous avons montré que de nombreuses relations à l'œuvre dans ces mémoires étaient soit inconcevables soit contradictoires si elles étaient rapportées à ce plan. Nous avons en particulier montré qu'on ne pouvait rendre compte des propriétés des frontières prises conjointement ou séparément en termes de relations entre ensembles.

Si nous avons, au cours de cette analyse, autant insisté sur l'absence du plan de contenu ensembliste, c'est qu'elle nous semble avoir des conséquences historiographiques et épistémologiques importantes. On sait, en effet, que Poincaré a été l'un des premiers mathématiciens à avoir considéré des ensembles dérivés et parfaits dans des démonstrations[1] et qu'il a participé à la traduction en français des mémoires de Cantor publiés dans les *Acta mathematica*. Il n'est donc pas difficile de conclure à partir de là à une connaissance et à une assimilation des travaux de Cantor. Et pourtant, il n'y a pas une seule manifestation du plan de contenu ensembliste dans ces mémoires consacrés à l'*Analysis Situs*...

[1] Voir Poincaré 1883, *Mémoire sur les groupes kleiniens*, p. 285.

Bien sûr, notre définition du contenu d'un signe n'épuise pas, loin s'en faut, toutes les formes de signification et certainement y a-t-il des manifestations que l'on pourrait rattacher au développement de la théorie des ensembles qui échappent à cette définition et à celle du plan de contenu ensembliste que nous avons adoptées. Il est néanmoins incontestable qu'elles retiennent bien quelque chose de la théorie des ensembles, qu'elles prennent en compte l'usage qui est effectivement fait des signes et qu'elles vont au delà des déclarations et des opinions des auteurs. Ce contraste entre ces données biographiques et autres, et nos analyses tient évidemment à la diversité des approches que l'historien peut avoir de la "théorie des ensembles". Ces approches peuvent bien être toutes aussi légitimes, mais elles ne peuvent pas être, pour autant, mêlées sans discernement. Ce contraste montre la nécessité qu'il y a à bien les distinguer : Poincaré connaissait les travaux de cette époque sur ce sujet, mais cette connaissance n'a pas pénétré le contenu de ses signes, c'est-à-dire les relations qu'ils entretiennent entre eux, et elle n'a eu dans cette mesure aucun effet sur ses mémoires d'*Analysis Situs*, alors même que la topologie est certainement l'un des domaines où cette théorie en eût, ou en aura, le plus. Nous verrons aussi, avec la prochaine analyse du livre de Veblen, une influence évidente de cette théorie sur la mise en définition, sans que le plan de contenu ensembliste n'intervienne pour autant. Le livre de Lefschetz fera découvrir encore d'autres formes d'influence, mais toujours sans intervention du plan de contenu ensembliste. L'analyse de Vietoris 1927, pour s'en tenir à des textes concernant directement l'homologie, donnerait un exemple de manifestations de ce plan de contenu et nous en avons vu, rapidement, quelques-unes dans le livre d'Alexandroff & Hopf de 1935. En définissant le plan de contenu ensembliste, en distinguant ses manifestations de l'analyse du conditionnement sémiotique ou encore de la mise en définition, nous avons voulu introduire quelques distinctions permettant d'apprécier, de situer, de relativiser l'impact de la théorie des ensembles sur les mathématiques.

Il importe de remarquer que les signes de Poincaré, c'est-à-dire, encore une fois, l'usage qu'il en fait effectivement, contredisent l'axiome d'extensionnalité de la théorie des ensembles. C'est bien, en effet, ce qui ressort du fait que *variété* a un contenu géométrique, dans la mesure où nous avons montré que les variétés étaient à la fois des ensembles de points et de cellules. Il en résulte qu'une lecture ensembliste de ces mémoires n'est rigoureusement pas possible. Quoiqu'il en soit de la possibilité de reformuler les mathématiques à l'intérieur de "la" théorie des ensembles, il appartient à l'épistémologue et à l'historien d'apprécier les transformations que cette lecture fait subir aux textes ou aux concepts auxquels elle est appliquée : il ne va pas de soi que les signes soient pourvus d'un contenu ensembliste.

Nous avons pris le parti d'étudier comme un seul texte l'ensemble de ces mémoires. Il y a pourtant des évolutions incontestables : l'introduction de l'expression /≡/ pour la relation de bord, la définition des coefficients de torsion, la distinction entre les homologies sans et avec division, la distinction entre la définition "de Betti" des "nombres de Betti" et celle de Poincaré, la comparaison de l'aptitude du groupe fondamental à celle des nombres de Betti et des coefficients de torsion à distinguer des variétés qui ne sont pas homéomorphes, la reprise de certaines démonstrations... Ces évolutions sont en partie dues aux critiques de Heegaard et à la réflexion que Poincaré pouvait lui-même poursuivre sur ce sujet. Mais elles s'inscrivent dans des systèmes sémiotiques stables : les signes sont les mêmes, les plans de contenu aussi et ils gardent le même statut dans les différents *Compléments*. Les manifestations qui fondent nos analyses le montrent, mais la permanence de ces systèmes sémiotiques, comme la plupart de nos conclusions, pourra être d'autant mieux appréciée que nous disposerons d'autres analyses auxquelles les comparer. Nous verrons alors des exemples de systèmes sémiotiques véritablement différents et l'homogénéité de ces mémoires n'en sera que plus évidente.

Avoir établi cette permanence nous conduit, en particulier, à relativiser la rupture que les mathématiciens, et à leur suite certains historiens, ont souvent soulignée entre le mémoire de 1895 et les premiers *Compléments* dans lesquels Poincaré aurait, selon eux, changé pour une conception "combinatoire". Certains la font remonter au mémoire de 1899, d'autres à celui de 1900, mais ils s'accordent pour y trouver la naissance de la "topologie algébrique" ou de la "topologie combinatoire" :

- "la topologie algébrique, en tant que discipline mathématique, a une date de naissance précise: 1900, et est sortie du cerveau d'un seul homme, Henri Poincaré, dans un mémoire publié aux *Rendiconti del Circolo matematico di Palermo*." Dieudonné 1985, "Les débuts de la topologie algébrique", p. 347.
- "a completely new conception of homology; he developed it in the first two *Compléments* published in 1899 and 1900, and it became the

backbone of "combinatorial topology" ever after." Dieudonné 1989, p. 29.
• "The upshot was that he introduced an entirely new approach to algebraic topology: the concept of complex and the highly elastic algebra going so naturally with it." Lefschetz 1970, p. 23.
• "Diese Arbeit ist als die erste systematische Darstellung der kombinatorischen Topologie zu betrachten" Alexandroff 1932, note 12, p. 11.
• "Mit der Einführung der Inzidenzmatrizen hat Poincaré (insbesondere in [Poincaré 1900] den entscheindenden Schritt zur Arithmetisierung der Topologie getan." Seifert & Threlfall 1934, p. 317, note 14.
• "Die Methode bei diesen Untersuchungen ist algebraisch: man arbeitet systematisch mit Hilfsmitteln wie Linearformen, Matrizen, Gruppen, und es entsteht eine in sich geschlossene Theorie - die "*kombinatorische Topologie*" oder auch "*Topologie der Komplexe*" -, die man geradezu als Zweig der reinen Algebra ansehen kann. Nach Poincaré hat diese Disziplin eine neue Blütte besonders dank den Arbeiten von Veblen, Alexander, Lefschetz (hauptsächlich in dem Jahrzehnt 1920 bis 1930 erlebt." Alexandroff & Hopf 1935, p. 8.
• "Für die Ausführungen im 1. und 2. Complément bilden nun die Polyeder die Grundlage. Damit wird 1899 der entscheidende Schritt zur Algebraisierung der Topologie möglich." Bollinger 1972, p. 133.

Ces interprétations se fondent notamment sur la définition des nombres de Betti réduits, l'introduction des tableaux de nombres et la mise en rapport de leurs invariants avec ceux du polyèdre. Pourtant, Poincaré ne fait lui-même aucune remarque relative à une telle rupture et il n'y a dans ces mémoires, ou même dans l'analyse de ses travaux scientifiques qu'il a lui-même proposée (Poincaré 1921), aucun passage indiquant la distinction d'une discipline correspondant à la "combinatoire". De nombreux indices indiquent au contraire la continuité de ces mémoires : d'abord leurs titres (*Complément à l'Analysis situs*, *Second Complément à l'Analysis situs*, etc.), leurs introductions[1], les rappels des mémoires précédents au début des *Compléments*, les nombreux renvois aux définitions d'un mémoire antérieur[2], la reprise des

[1] "Pour cette fois je me bornerai à certaines considérations qui sont de nature à simplifier, à éclairer et à compléter les résultats précédemment acquis." Poincaré 1900, p. 338.

[2] Dans l'introduction de Poincaré 1899, Poincaré rappelle la définition de l'homologie et conclut "Telles sont les conventions que j'ai adoptées dans l'*Analysis situs*",

problèmes[1] abordés ou des exemples[2] traités. Ce ne sont là encore que des indications qui pourraient servir à reconstruire la lecture ou la pensée de Poincaré, et ce ne sont pas elles qui nous intéressent ici. D'ailleurs, celles-ci n'ont pas, pour autant que l'on puisse y avoir accès, à être privilégiées sur celles de Lefschetz, d'Alexandroff, de Dieudonné, de Seifert et Threlfall exprimées dans les citations précédentes. Il nous importe davantage de souligner que les tableaux de nombres, la définition des nombres de Betti réduits, etc., sont introduits sans aucune rupture dans le contenu des signes considérés. Nous l'avons déjà constaté pour le contenu géométrique du signe *variété* : les exemples ont montré que ce contenu géométrique intervenait dans tous ces mémoires et notamment dans les démonstrations des théorèmes que Poincaré et ses lecteurs s'accorderaient certainement à compter parmi les plus importants. Même si le point de vue combinatoire reste une notion vague sur laquelle ceux qui l'utilisent ne semblent d'ailleurs pas toujours s'entendre, nous montrerons que les textes qui le revendiquent (nous le verrons notamment avec l'analyse d'Alexander 1926 ou de Lefschetz 1930, mais cette approche est bien antérieure, voir Tietze 1908, Dehn & Heegaard 1907 ou même Dyck 1888 et Dyck 1890) présentent d'importantes différences sémiotiques avec les mémoires de Poincaré. Inversement, l'unanimité de l'interprétation donnée de ces mémoires ne saurait non plus être négligée, mais elle nous semble surtout relever d'un changement dans la *lecture* même de ces mémoires plutôt que d'un changement qui aurait été opéré au cours de ceux-ci. Les distinctions et les nuances à apporter à ces interprétations sont du même ordre que celles touchant à la "théorie des ensembles". Certains mathématiciens revendiqueront plus tard une approche combinatoire de l'*Analysis Situs*,

---

Poincaré 1899, p. 291. Concernant les polyèdres : "j'envisage donc, dans la suite, une variété V fermée, mais pour calculer ses nombres de Betti, je la suppose divisée en variétés plus petites, de façon à former un polyèdre, au sens donné à ce mot à la page 171 [sic] de l'*Analysis situs*" Poincaré 1899, p. 294. Et juste après encore : "Considérons donc, comme à la page 171 [sic] de l'*Analysis situs*, un polyèdre à p dimensions" Poincaré 1899, p. 294. De même, pour la définition d'un "polyèdre dérivé" : "On aura ainsi un nouveau polyèdre V', qui sera dérivé du polyèdre V, au sens que j'ai attaché à ce mot à la page 271 de l'*Analysis situs*." Poincaré 1899, p. 303. A propos de "l'annexion" définie dans Poincaré 1895, on peut lire dans Poincaré 1900 : "Nous avons vu [sic] dans un des Mémoires antérieurs (§16) définir l'opération que nous avons appelée l'annexion", p. 364.

[1] "Je voudrais revenir sur l'une des questions traitées dans un des mémoires antérieurs" Poincaré 1900, p. 357.

[2] "Désireux d'appliquer ce qui précède aux exemples signalés dans l'*Analysis situs*" Poincaré 1900, p. 351.

comme d'autres revendiqueront une approche ensembliste. Cette opposition est elle-même explicitement et très tôt soulignée par Weyl :

> "L'analysis situs étudie les propriétés dont jouissent les variétés continues indépendamment de toute considération de mesure. On y distingue actuellement deux manières de voir, l'une se rattache à la Théorie des ensembles (voir les travaux de Brouwer), l'autre à l'Analyse combinatoire (voir l'article Dehn et Heegaard dans l'Encyclopédie)." Weyl 1917.

La rupture sur laquelle ces mathématiciens et ces historiens mettent l'accent est le résultat d'une lecture récurrente qui néglige les différences sémiotiques qui existent entre ces mémoires et ceux à travers lesquels se fait cette lecture. Aussi, ces jugements sont-ils certainement plus pertinents pour une histoire de la lecture des textes que pour l'histoire de ces textes mêmes, pour autant que les deux doivent être distingués[1]. Quoiqu'il en soit, cette distinction n'est pas de Poincaré ni à l'œuvre dans ses mémoires et l'admettre ou l'introduire, n'est en soi peut-être pas négligeable : elle revient à reconnaître plusieurs "manières de voir", c'est-à-dire qu'elle reflète un renoncement à une conception unitaire des mathématiques qui est peut-être elle-même attachée à l'évolution des mathématiques en ce début du XXe siècle. Reprendre ainsi, sans critique, la lecture que font ces mathématiciens conduit nécessairement à manquer l'évolution dont elle pourrait procéder.

Les analyses qui vont suivre vont nous permettre d'introduire des éléments de comparaison et ainsi d'apprécier les différences et les similarités entre les signes de Poincaré et les signes de ceux qui ont repris ses mémoires. Mais cette analyse a déjà montré qu'il était possible de considérer, pour elle-même, la nature de ces signes et elle a notamment permis de mettre en évidence le jeu entre les plans de contenu géométrique et algébrique.

[1] Pour une analyse fondée sur la nécessaire intrication de ces deux lectures : Catherine Goldstein, *Un théorème de Fermat et ses lecteurs*, Presses Universitaires de Vincennes, Saint-Denis, 1995.

CHAPITRE III

LE LIVRE *ANALYSIS SITUS* DE O. VEBLEN

Introduction

Ce chapitre va être consacré à l'analyse du livre de Veblen, *Analysis Situs*, publié en 1922[1]. C'est le premier livre entièrement consacré à l'*Analysis Situs* qui ait été publié. L'auteur le présente comme étant "something like a systematic treatise on the elements of Analysis Situs" (Veblen 1922, p. iii) et il y est essentiellement question d'homologie, puisque celle-ci occupe cent vingt cinq de ses cent cinquante pages. Sur les cinq chapitres qu'il comprend, quatre sont consacrés à un exposé détaillé des fondements de l'homologie essentiellement centré sur la notion de "complex" au cours desquels sont abordées : la dualité des nombres de connexion[2] et des coefficients de torsion ainsi que les preuves de leurs diverses invariances. Le livre progresse en suivant l'ordre des dimensions (1, 2 puis *n*) et en distinguant les complexes non orientés des complexes orientés. Le dernier chapitre regroupe des questions variées : homotopie et groupe fondamental, diagramme de Heegaard, problèmes des nœuds, etc. Nous ne l'avons pas inclus dans notre analyse.
Ce livre a été un texte de référence ; il est rare qu'il ne soit pas cité dans les articles sur le sujet publiés dans les quinze années qui suivent sa parution[3]. Lefschetz en particulier inscrit ses travaux dans son

---

[1] Il s'agit de Veblen 1922b dans la bibliographie.

[2] Il s'agit des nombres analogues aux nombres de Betti, mais définis dans le cas où les complexes ne sont pas orientés.

[3] Par exemple : Kerekjarto 1923 ; Lefschetz 1925a, Lefschetz 1926b ; Kneser 1926b ; Alexander 1926 ; Alexandroff 1927b ; Vietoris 1928 ; Tietze & Vietoris 1929 ; Alexandroff 1929a ; van der Waerden 1930 ; Hopf 1930b ; Lefschetz 1930 ; de Rham 1931 ; Tucker 1933 ; Lefschetz 1933a.

prolongement jusqu'à la publication de son livre en 1930 :

- "The notations, terminology and the like are essentially as in Veblen's *Colloquium Lectures on Analysis Situs*." Lefschetz 1925 "Intersections of complexes on Manifolds", note p. 289.
- "In notation and terminology, we shall follow essentially Veblen's Colloquium Lectures on Analysis Situs. We shall assume the reader fairly familiar with this fundamental work" Lefschetz 1926b, p. 3.

A l'inverse, ce livre reprend en le développant l'article que Veblen a publié avec Alexander dans les *Annals of Mathematics* en 1913. Il reprend aussi largement l'article d'Alexander de 1915, souvent cité par les mathématiciens et les historiens comme étant le premier à démontrer l'invariance topologique des nombres de Betti ; nous ne les analyserons donc pas isolément pour éviter de trop nombreuses redites.
Mais il faut signaler encore deux textes importants et antérieurs à celui-ci dont nous n'avons pas présenté l'analyse et qui font une large place à l'homologie : l'article de Dehn & Heegaard publié en 1907 dans l'*Encyklopädie der Mathematischen Wissenschaften* sous le titre "Analysis Situs" et le long article de Tietze de 1908, publié dans les *Monatshefte für Math. u. Physik* et intitulé "Über die topologischen Invarianten mehrdimensionaler Mannigfaltigkeiten". L'intérêt pour nous du livre de Veblen par rapport à ces deux textes est de vouloir dépasser une approche "purement combinatoire" et de proposer des définitions devant permettre de traiter l'invariance topologique.

Les pages qui vont suivre seront donc consacrées à l'analyse de ce livre menée selon les mêmes principes que ceux adoptés pour l'analyse des mémoires de Poincaré. Mais celle-ci ayant maintenant été faite nous disposons d'un élément de comparaison et nous pourrons ainsi ajouter cette dimension qui manquait nécessairement au début de ce travail. L'expression /variété/ servait dans les mémoires de Poincaré à désigner aussi bien l'espace étudié, les variétés tracées sur celui-ci, leurs frontières, les termes dans les relations d'homologie, etc. ; c'est l'expression /complex/ qui concentre ici toutes ces fonctions. C'est en conséquence le signe *complex* que nous allons décrire. Nous commencerons par établir qu'il a un contenu géométrique et nous préciserons ensuite son rapport au plan de contenu arithmétique ; nous verrons ainsi comment l'addition des complexes et des homologies se fait dans ce texte. Après avoir montré que ces caractéristiques se retrouvent pour les complexes orientés, nous préciserons le statut des différents plans de contenu, d'une part dans les définitions, et d'autre part dans l'ensemble du texte. Nous pourrons ainsi apprécier l'influence de la théorie des ensemble sur ce livre et le souci de l'auteur de garantir à ses signes une signification géométrique.

Le contenu géométrique du signe *complex*

Pour établir que *complex* a un contenu géométrique nous devons montrer, conformément à la définition qui en a maintenant été donnée, que cette expression a pour contenu à la fois [ensemble de cellules[1]]$_{ens}$ et [ensemble de points]$_{ens}$. Ces deux contenus interviennent séparément tout au long du livre ; nous en donnerons des exemples nombreux et variés afin de bien se rendre compte de leur importance dans ce livre. Mais ces deux contenus interviennent aussi conjointement dans des opérations aussi importantes que la subdivision d'une cellule, la construction du complexe dual ou la démonstration de l'invariance par subdivision des nombres de connexion. Outre la coexistence de ces deux contenus, nous retrouverons aussi d'autres propriétés qui étaient associées au plan de contenu géométrique dans les mémoires de Poincaré.

Commençons par montrer que *complex* a le contenu [ensemble de cellules]$_{ens}$. Voici une liste d'exemples dans lesquels un complexe est présenté comme étant "composé" de cellules :

- "Since C_1 is <u>composed</u> of a finite number of sub-complexes 0-cells and 1-cells altogether" Veblen 1922, p. 7.
- "by the *boundary* of any oriented one-dimensional complex is meant the sum of the boundaries of the oriented 1-cells <u>composing</u> it." Veblen 1922, p. 30.
- "*a necessary and sufficient condition that a set of 1-circuits composed of cells of* C_2 shall bound a complex <u>composed</u> of cells of C_2 is that, etc." Veblen 1922, p. 49.
- "The complex <u>composed</u> of the 2-cells b_i^2 and their boundaries is called B_2." Veblen 1922, p. 58.
- "K_2' is <u>composed</u> entirely of cells of $\overline{C}_2$." Veblen 1922, p. 60. "complex <u>composed</u> of cells" Veblen 1922, p. 82.
- "no combination of these k-circuits bounds any complex <u>composed</u>

[1] On rappelle qu'une cellule ("cell") est un ensemble en correspondance bijective avec un "simplexe" (c'est-à-dire un "tétraèdre généralisé" suivant la terminologie de Poincaré).

of cells of C_n." Veblen 1922, p. 82.
• "The $(i+1)$ dimensional complex composed of the cells b_j^{i+1} and their boundaries" Veblen 1922, p. 95.
• "To bring complexes on C_n which are not composed of cells of C_n into consideration it will be necessary to, etc." Veblen 1922, p. 82.
" K_i' is composed of cells of $\overline{C}_n$" Veblen 1922, p. 96.
• "a complex K_{i+1}' composed of certain cells of $\overline{C}_n$." Veblen 1922, p. 97.
• "there is no $(k+1)$-dimensional complex composed of cells coincident with cells of the complex C_n which can be, etc." Veblen 1922, p. 112.

La relation "être composé" entre *complex* et *cell* qui intervient ainsi tout au long du livre montre que *complex* a bien [ensemble de cellules]$_{ens}$ pour contenu. En voici maintenant des manifestations variées :

• "Let us denote the 0-cells of a one-dimensional complex C_1, etc." Veblen 1922, p. 9.
• "let the notation be so assigned that $a_1^1, \ldots, a_{m_1}^1$ are the 1-cells in C_1^1; $a_{m_1+1}^1, \ldots, a_{m_2}^1$ the 1-cells in C_1^2; and so on." Veblen 1922, p. 13.
• "If $R_0 = 2$ any two 0-cells are both in C_1^1, or both in C_1^2; or one in C_1^1 and the other in C_1^2." Veblen 1922, p. 15.
• "The incidence relations between the 1-cells and 2-cells of a two-dimensional complex C_2, etc." Veblen 1922, p. 35.
• "There is no great difficulty in making the definition of straightness and distance for all the cells of a complex C_2, etc." Veblen 1922, p. 38.
• "the 2-cells thus obtained are the 2-cells of $\overline{C}_2$." Veblen 1922, p. 42.
• "The boundary of any of the 2-cells a_i^2 which enter into the definition of a complex C_2, etc." Veblen 1922, p. 49.
• "into a complex $\overline{K}$ such that for each 1-cell or 2-cell of $\overline{K}$ there is, etc." Veblen 1922, p. 57.

Tous ces exemples établissent que la relation "être composé de cellules" entre dans la détermination du contenu de *complex* et que celui-ci est en particulier un [ensemble de cellules]$_{ens}$. Nous en verrons encore d'autres manifestations avec la définition de l'addition et celle des "symbols" sur lesquels nous reviendrons. Vérifions maintenant qu'un complexe n'est pas seulement composé de cellules, mais qu'il est aussi un ensemble de points. En voici quelques exemples :

- "This set of points will contain all points of a certain set of 0-cells and 1-cells of C_1 (a subcomplex of C_1) which we may call C_1'." Veblen 1922, p. 7.
- "any two complexes have the same connectivity if they are identical as sets of points and the cells of each are non-singular on the other." Veblen 1922, p. 62.
- "(...) such that every point of $\tilde{C}_2$ is interior to at least one of these neighborhoods[1]" Veblen 1922, p. 57.
- "any point of $\overline{C}_2$ is either interior to one such triangle star or on the boundaries of 2-cells from, etc." Veblen 1922, p. 57.
- "the set of all cells of $\overline{C}_n$ incident with it [un sommet] form a simply connected star, and the set of points on this star form an n-cell."[2] Veblen 1922, p. 89.
- "Hence the process of regular sub-division gives an explicit method of determining whether the set of points on C_n is or is not a manifold." Veblen 1922, p. 88.
- "any 1-cell of K_2 may intersect any number of 1-cells of C_2 in an infinite set of points, and any 2-cell of K_2 may have an infinite set of regions in common with any 2-cell of C_2." Veblen 1922, p. 62.

Le contenu [ensemble de points]$_{\text{ens}}$ intervient en particulier dans de nombreuses définitions, comme par exemple celle d'un complexe de dimension n :

> "An *n-dimensional complex* C_n consists of an $(n-1)$-dimensional complex C_{n-1} together with a number, α_n, of n-cells whose boundaries are circuits of C_{n-1}, such that no n-cell has a point in common with another n-cell or with C_{n-1} and such that each $(n-1)$-cell of C_{n-1} is on the boundary of at least one n-cell." Veblen 1922, p. 73.

La condition "such that no n-cell has a point in common with another n-cell or with C_{n-1}" est bien une manifestation du fait que [ensemble de points]$_{\text{ens}}$ intervient dans le contenu de *complex* puisqu'elle implique qu'une n-cellule pourrait avoir une intersection avec le complexe C_{n-1},

---

[1] Les voisinages sont composés de cellules et les points en question ne sont pas nécessairement des sommets.

[2] Puisque "simplement connexe" s'applique à un ensemble de points, l'ensemble de cellules est considéré comme un ensemble de points.

ce qui n'est envisageable que si C_{n-1} est composé de points et non seulement de cellules[1].

Le contenu [ensemble de points]$_{ens}$ intervient aussi dans la subdivision d'un complexe. En effet, pour effectuer cette opération Veblen introduit de nouveaux sommets qui sont des points distincts des sommets initiaux et qui sont puisés dans l'ensemble des points du complexe dont ils sont ainsi une manifestation :

> "Hence by simple continuity considerations (Heine-Borel theorem) K can be subdivided, by introducing new vertices if it is of one dimension, or by the process of regular subdivision if it is of two dimensions, etc." Veblen 1922, p. 57.

(à ce moment du texte, les complexes de dimension n n'ont pas encore été introduits)

Nous verrons aussi que l'addition des complexes implique le contenu [ensemble de points]$_{ens}$.

Ces exemples sont bien suffisants pour établir l'importance du contenu [ensemble de points]$_{ens}$, mais il est aussi intéressant de noter son intervention dans de nombreuses définitions. Il intervient notamment dans la définition de la transformation continue d'un complexe :

> "A transformation F of a set of points $[X]$ of a complex C_1 into a set of points $[X']$ of the same or another complex is said to be *continuous* if and only if, etc." Veblen 1922, p. 3.

(il n'est ici question que de cellules de dimension 1, car à ce moment du texte les complexes de dimension 2 et n n'ont pas encore été introduits).

Ce contenu intervient aussi dans la définition des "homéomorphismes" :

> "two complexes are said to be *homeomorphic* if there exits a $(1-1)$ continuous correspondence between them; and any such correspondence is called a *homeomorphism*. (...) if the two complexes

---

[1] L'intersection d'une cellule (ou plutôt de l'ensemble composé de cette unique cellule...) et d'un ensemble de cellules ne peut être que vide ou réduit à cette cellule, mais ce n'est en aucun cas un ensemble de points.

are homeomorphic there is a $(1-1)$ continuous correspondence between them as sets of points." Veblen 1922, p. 35.

L'intervention de ce contenu dans cette définition est bien sûr particulièrement intéressante puisque c'est la notion d'homéomorphisme qui permet de définir l'invariance au sens de l'*Analysis situs* : une propriété relative à un complexe est en effet invariante en ce sens si elle est conservée quand le complexe est déformé par un homéomorphisme quelconque :

- "One of the first objects of Analysis Situs is to find the numerical invariants of complexes under the group of homeomorphisms. By an invariant under this group we mean a number $I(C)$ determined by a complex C in such a way that if C' be any complex homeomorphic with C, the number $I(C')$ determined in the same way for C' is the same as $I(C)$." Veblen 1922, p. 7.
- "*any theorem about an n-dimensional complex which remains valid if the complex is subjected to any* $(1-1)$ *continuous transformation is a theorem of Analysis Situs.*" Veblen 1922, p. 74.

La définition d'un "voisinage" est encore un exemple de définition qui implique le contenu $[\text{ensemble de points}]_{\text{ens}}$ de *complex* :

"By a *neighborhood* of a point P of a complex C_2 is meant any set S of 0-cells, 1-cells and 2-cells composed of points of C_2 and such that any set of points of C_2 having P as a limit point contains points on the cells of S." Veblen 1922, p. 44.

C'est aussi le cas de la définition d'une "variété" :

"If C_2 is a 2-circuit of which every point has a neighborhood which is a 2-cell, then the set of all points on C_2 is called a *closed two-dimensional manifold*" Veblen 1922, p. 44-45.

Les définitions de "singular complex" et de "complex *on*"[1], deux notions importantes sur lesquelles nous reviendrons, requièrent, elles aussi, que les complexes soient des ensembles de points. En voici les définitions pour les complexes de dimension deux (celles pour la dimension n en sont des "généralisation[s] directe[s]"[2]) :

---

[1] Nous écrirons complexe *sur*.

[2] Veblen 1922, p. 74.

"Let C_2 be a two dimensional complex, C' a generalized complex [i.e. un sous ensemble arbitraire de cellules de C_2] of zero, one or two dimensions, and F a correspondence in which each point of C' corresponds to one point of a set of points $[P]$ of C_2 while each P is the correspondent of one or more points of C'. If C' is of one or two dimensions we require F to be continuous. Under these conditions, any point X of C' associated with the P to which it corresponds under F is called a *point on* C_2; it is referred to as the *image* of X under F and is uniquely denoted by $F(X)$; it is said to *coincide* with it. The set of all points $F(X)$ on C is in a $(1-1)$ continuous correspondence with the points of C' and thus constitutes a complex C'' identical in structure with C'. The complex C'' is said to be *on* C_2. If any of the points P is the correspondent under F of more than one point of C', C'' is called a *singular complex on* C_2 and the point P in question is called a *singular point*." Veblen 1922, p. 53.

Le contenu [ensemble de points]$_{ens}$ n'intervient pas seulement dans la définition d'un complexe *sur* ; il intervient à chaque fois qu'un tel complexe est considéré puisque la relation entre le complexe *sur* et le complexe sur lequel il est tracé implique une relation entre deux ensembles de points et non seulement entre deux ensembles de cellules.

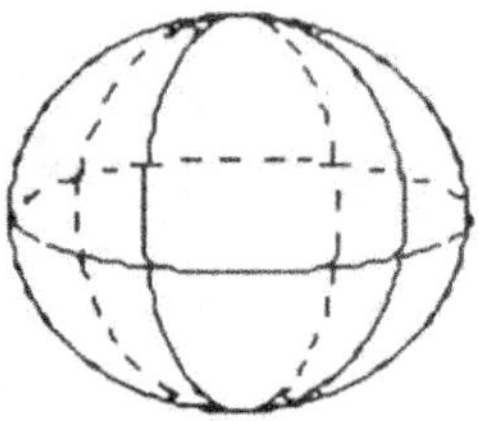

Complex C_2

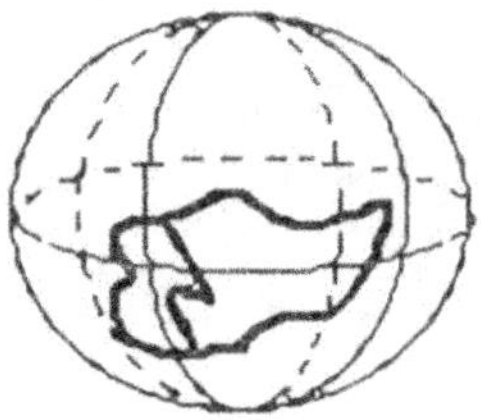

Complex *on* C_2

Ces exemples montrent que le contenu du signe *complex* est souvent [ensemble de cellules]$_{ens}$ et [ensemble de points]$_{ens}$, ce dernier contenu intervenant en particulier dans de nombreuses définitions essentielles (homéomorphisme, subdivision, complexe singulier, complexe *sur*...). Ainsi, comme le signe *variété* dans les mémoires de Poincaré, *complex* a un contenu géométrique, suivant exactement la même acception. Il en résulte, comme précédemment, que son contenu n'est pas ensembliste. Nous allons montrer maintenant que l'identification de ces deux contenus intervient dans la subdivision d'une cellule et dans la construction du polyèdre dual.

L'identification des contenus [ensemble de cellules]$_{ens}$ et [ensemble de points]$_{ens}$ se manifeste dans le fait qu'une cellule est la "somme" des cellules qui la subdivisent :

> "Each n-cell of C_n (...) is the sum (mod 2) of all n-cells (...) of $\overline{C}_n$ [subdivision régulière de C_n] having P_i^n as a vertex." Veblen 1922, p. 86.

C'est l'identification des ensembles de points de la cellule et de l'ensemble des cellules qui la subdivisent qui intervient ici : il y a deux ensembles de cellules distincts (d'une part la cellule, d'autre part l'ensemble des cellules qui la subdivisent) mais un seul et même ensemble de points sous-jacent. C'est donc exactement la caractéristique du contenu géométrique qui fonde cette égalité et par conséquent le passage d'une subdivision à une autre. Bien qu'il soit fait référence à la notion de "somme", nous verrons que la définition qui a été donnée de cette opération ne s'applique pas ici. Cette "somme" est plus généralement impliquée dans le passage d'un complexe à une subdivision de celui-ci :

> "Hence the complex $\overline{C}_2$ may be converted into C_2 by a series of steps of two sorts; (1) combine two 2-cells whose boundaries have one and only one 1-cell in common into a new 2-cell, suppressing the common 1-cell and (2) combine two 1-cells both incident with a 0-cell which is not incident with any other 1-cell into a new 1-cell, suppressing the common 0-cell." Veblen 1922, p. 43.

La propriété caractéristique du contenu géométrique intervient par conséquent dans la démonstration de l'invariance par subdivision des nombres de connexion dans laquelle le passage d'une subdivision à une autre est évidemment essentielle. C'est aussi elle qui permet de définir les cellules du complexe dual C_n' à partir des cellules du complexe d'origine C_n subdivisé en un complexe $\overline{C}_n$:

> "The construction for C_n' may be stated a little more explicitly in terms of our notations (cf. §22) as follows:
> (1) Each 0-cell of C_n' is the 0-cell P_i^n.

.

(n-k) Each $(n-k)$-cell of C'_n, b_i^{n-k}, is the sum (mod. 2) of all $(n-k)$-cells, $P_i^k P_j^{k+1} \dots P_p^n$ of $\overline{C}_n$ which have P_i^n as a vertex.

.

.

.

(n) Each n-cell of C'_n, b_i^n, is the sum (mod. 2) of all n-cells $P_i^0 P_j^1 \dots P_t^n$ of $\overline{C}_n$ which have P_i^0 as a vertex." Veblen 1922, p. 89.

Chaque cellule de C_n est la "somme" des cellules qui la subdivisent et chaque cellule de C'_n est aussi la "somme" de ces cellules, mais combinées différemment. Comme c'était le cas dans les mémoires de Poincaré, les complexes C_n et C'_n sont différents en tant qu'ensembles de cellules, mais identiques en tant qu'ensembles de points. Cette propriété va donc intervenir dans la démonstration du théorème de dualité pour les nombres de connexion puisque c'est pour celle-ci que le complexe dual est défini. On voit que le contenu géométrique de *complexe* est impliqué dans des opérations fondamentales et dans la démonstration des principaux théorèmes de ce livre.

Dans les mémoires de Poincaré le contenu géométrique du signe *variété* se distinguait aussi par la diversité des relations dans lesquelles il pouvait s'inscrire : outre le fait de contenir des variétés et des points, une variété avait une dimension, elle pouvait avoir une intersection avec une autre, avoir ou être une frontière, être peu différente d'une autre, être contiguë à une autre, être déformée, parcourue, etc. Qu'en est-il de cette diversité ici?

On retrouve la dimension : les complexes ont une dimension, de même que les simplexes et les cellules. La dimension est définie indirectement à partir de la définition des "n-dimensional cells" :

"Consider any set of objects in (1-1) correspondence with the points of an n-dimensional simplex ($n > 0$) and its boundary. The objects corresponding to the points of the simplex constitute what is called an *n-dimensional cell* or *n-cell*." Veblen 1922, p. 73.

Suivant cette définition, la dimension des cellules est relative à celle des simplexes dont elles sont l'image. Mais au cours du livre la dimension n'est pas rapportée à cette définition mais intervient comme une propriété intrinsèque à l'ensemble de points des cellules ou des complexes. Or, une cellule peut par exemple avoir été définie d'une certaine manière et ensuite apparaître comme étant sur le bord d'une autre cellule ; il peut y avoir ainsi plusieurs manières de lui attribuer une dimension dont on peut se demander si elles coïncident. Sans s'arrêter ici sur ces questions, l'absence de toute considération les concernant suggère que la dimension est considérée comme une propriété intrinsèque des complexes. De plus, c'est bien une propriété relative à leur contenu géométrique puisqu'elle s'applique aux ensembles de points ou de cellules.

Nous ne nous attarderons pas sur le fait que les variétés peuvent avoir des intersections entre elles pour considérer tout de suite sur la possibilité pour elles d'être des frontières. Dans les mémoires de Poincaré une frontière pouvait séparer, être traversée, être un bord et deux variétés ayant une frontière commune étaient "contiguës", "juxtaposées" ou encore "limitrophes". On retrouve ici les notions d'"incidence" et de "boundary". L'"incidence" est une relation entre deux cellules ; deux cellules sont incidentes quand l'une est sur le "boundary" de l'autre :

> "The $(n-k)$-cells $(k=1,2,\ldots,n)$ on the boundary of an n-cell of C_n are said to be *incident* with it and it is said to be *incident* with them." Veblen 1922, p. 74.

Le bord d'une cellule est, par définition, composé des cellules du bord du simplexe à partir duquel a été définie la cellule :

> "Consider any set of objects in (1-1) correspondence with the points of an n-dimensional simplex $(n>0)$ and its boundary. The objects corresponding to the points of the simplex constitute what is called an *n-dimensional cell* or *n-cell*, and those corresponding to the boundary of the simplex what is called the *boundary of the cell*." Veblen 1922, p. 73.

Mais c'est là un nouvel exemple de définition qui n'est pas appliquée : cette relation n'est, en effet, jamais rapportée à sa définition bien qu'elle soit l'une des relations qui interviennent le plus fréquemment dans ce livre :

- "The incidence relations between the 1-cells b_i^1 and the 2-cells b_i^2 of B_2 are the same as the incidence relations between the 0-cells and 1-cells of $\overline{K}$." Veblen 1922, p. 58-59.
- "The incidence relations between the $(k-1)$-cells and the k-cells are represented by a matrix, etc." Veblen 1922, p. 75.

• "The i-cells of K_i which are incident with P_j^n and with $(i-2)$-cells of the boundary of a_j^n are incident each with an even number of i-cells of K_i." Veblen 1922, p. 87.
• "The $(i+1)$ dimensional complex composed of the cells b_j^{i+1} and their boundaries is denoted by B_{i+1}. It is such that the incidence relations of b_p^{r+1} and b_q^r are the same as those of k_p^r and k_q^{r-1}." Veblen 1922, p. 95.
• "A 0-cell is said to be *incident* with a 1-cell if and only if it is an end of the 1-cell; and under the same conditions the 1-cell is said to be incident with the 0-cell." Veblen 1922, p. 4.
• "any 1-cell incident with one of the 0-cells corresponding to this rows would also be incident with another such 0-cell." Veblen 1922, p. 14.
• "Let us denote by $2n_i$ the number of edges incident with each vertex a_i^0." Veblen 1922, p. 16.
• "Hence there are as many non-zero terms in the sum as there are 1-cells represented by $(x_1, x_2, \ldots, x_{\alpha_1})$ which are incident with a_i^0." Veblen 1922, p. 17.
• "The 0-cells and 1-cells on the boundary of a 2-cell are said to be *incident* with the 2-cell and the 2-cell to be *incident* with the 0-cells and 1-cells of its boundary." Veblen 1922, p. 35.
• "in such a way that the distance between any two points of a 1-cell is the same with respect to every 2-cell incident with the 1-cell." Veblen 1922, p. 38.
• "Conversely, if $a_1^1, a_2^1, \ldots, a_n^1$ and $a_1^2, a_2^2, \ldots, a_n^2$ are 1-cells and 2-cells all incident with the same point a^0" Veblen 1922, p. 39.
• "suppressing the common 1-cell and (2) combine two 1-cells both incident with a 0-cell which is not incident with any other 1-cell into a new 1-cell, suppressing common 0-cell." Veblen 1922, p. 43.
• "Thus any 2-dimensional complex in which each 1-cell is incident with an even number of 2-cells is evidently a 2-circuit or, etc." Veblen 1922, p. 44.
• "The incidence relations between the 1-cells b_j^1 and the 2-cells b_i^2 of B_2 are the same as the incidence relations between the 0-cells and 1-cells of $\overline{K}$." Veblen 1922, p. 58-59.
• "The *boundary* of a k-dimensional complex C_k is the $(k-1)$-dimensional complex consisting of the $(k-1)$-cells of the complex C_n which are incident each with an odd number of k-cells of C_k, and the boundary of these $(k-1)$-cells." Veblen 1922, p. 76.
• "The $(i-1)$-cells of K_i which are incident with P_j^n are incident with

$(i-1)$-cells of the boundary of the cell a_j^n of C_n." Veblen 1922, p. 87.

• "each n-cell of $\overline{C}_n$ is incident with at least one vertex of C_n" Veblen 1922, p. 90.

Comme pour la dimension, un tel rapport à la définition indique que la notion de frontière serait intrinsèque au contenu géométrique des cellules. Examinons maintenant ce qu'il en est du bord d'un complexe.

Veblen définit le bord d'un complexe C_k de C_n par le complexe composé des faces des k-cellules de C_k incidentes à un nombre impair de k-cellules de C_k. Une $(k-1)$-cellule de C_n appartient donc au bord de C_k si et seulement si elle est incidente à un nombre impair de k-cellules de C_k :

> "The *boundary* of k-dimensional complex C_k is the $(k-1)$-dimensional complex consisting of the $(k-1)$-cells of the complex C_n which are incident each with an odd number of k-cells of C_k, and the boundary of these $(k-1)$-cells." Veblen 1922, p. 76.

Il reprend la notation de Poincaré[1] pour exprimer le fait que C_{k-1} est le bord de C_k :

$$C_k \equiv C_{k-1} \quad (\text{mod. } 2)$$

Avant d'analyser cette définition précisons qu'elle est bien cette fois appliquée. C'est elle, en effet, qui permet de montrer qu'un complexe est un circuit (nous reviendrons sur cette notion) s'il n'a pas de bord :

> "The *boundary* of a k-dimensional complex C_k is the $(k-1)$-dimensional complex consisting of the $(k-1)$-cells of the complex C_n which are incident each with an odd number of k-cells of C_k and the boundaries of these $(k-1)$-cells. Thus a k-dimensional complex is a k-circuit if and only if it has no boundary." Veblen 1922, p. 76.

Veblen se réfère aussi à cette définition du bord dans le passage suivant :

> "As in the 0-, 1-, 2-dimensional cases (...),
>
> $$\eta_{i1}^k x_1 + \eta_{i2}^k x_2 + \ldots + \eta_{i\alpha_k}^k x_{\alpha_k}$$

[1] "We shall say that a complex C_n ($n = 1,2$) is congruent (mod 2) to a set of $(n-1)$-circuits C_{n-1} if and only if C_{n-1} is the boundary of C_n. This is represented by the notation $C_n \equiv C_{n-1}$ (mod 2)." Veblen 1922, p. 55.

is 1 or 0 according as there are an odd or an even number of k-cells incident with the $(k-1)$-cell a_i^{k-1}. Hence if

$$(1) \qquad H_k \cdot \begin{Vmatrix} x_1 \\ x_2 \\ \vdots \\ x_{\alpha_k} \end{Vmatrix} = \begin{Vmatrix} y_1 \\ y_2 \\ \vdots \\ y_{\alpha_{k-1}} \end{Vmatrix},$$

$(y_1, y_2, \ldots, y_{\alpha_{k-1}})$ represents the boundary of $(x_1, x_2, \ldots, x_{\alpha_k})$." Veblen 1922, p. 77.

Nous verrons que c'est elle qui permet en définitive tout le traitement arithmétique de l'homologie dans ce livre.

Cette définition du bord d'un complexe a une interprétation géométrique évidente : si deux cellules sont collées par l'une de leurs faces, la cellule commune ne fait pas partie du bord du complexe ainsi obtenu. Elle exprime donc une relation géométrique et elle retient une propriété très spécifique du bord des complexes et même, plus exactement, du bord de la "somme" de deux complexes.
Mais en distinguant ainsi les nombres pairs et impairs, cette définition introduit aussi une opposition arithmétique. Il ne s'agit pas là d'une occurrence isolée, mais bien, comme nous l'avons dit, d'une opposition qui interviendra systématiquement dans le traitement de l'homologie des complexes et qui doit être rapportée au plan de contenu arithmétique.
L'introduction de cette opposition arithmétique est d'autant plus manifeste qu'elle a des conséquences qui n'apparaîtraient probablement pas avec une définition qui ne se rapporterait qu'au plan de contenu géométrique. Ainsi, le complexe de dimension 1 représenté ci-dessous a selon cette définition un bord composé des sommets 2 et 4 ; ce qui ne semble pas s'imposer du point de vue de la géométrie[1].

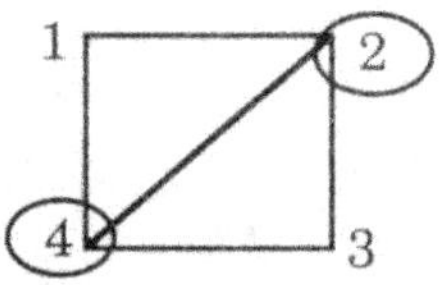

1-complexe ayant pour bord les sommets 2 et 4.

[1] C'est nous qui introduisons cet exemple qui n'est pas dans le texte de Veblen.

En dépit de ce recours à l'arithmétique sur lequel nous allons tout de suite revenir, le bord conserve donc une signification géométrique. Si l'introduction du plan de contenu arithmétique modifie, dans quelques cas, le bord, ces modifications restent néanmoins compatibles avec une interprétation géométrique.

Bien qu'elle soit effectivement appliquée, cette définition du bord, la seule qui soit donnée, ne rend néanmoins pas compte de tous les bords considérés dans ce livre. Elle ne rend en particulier pas compte du bord d'un complexe singulier :

> "Let us now take the problem: Given a k-circuit, C_k on a complexe C_n, to determine whether or not there exists a (k+1)-dimensional complex, <u>singular or not</u>, <u>on</u> C_n which is <u>bounded</u> by C_k." Veblen 1922, p. 94.

La définition donnée ne s'applique pourtant pas puisqu'il n'est pas possible de définir la relation d'incidence ni moins encore de compter le nombre de cellules auxquelles une cellule singulière serait incidente. Les complexes singuliers ont ainsi un bord qui ne saurait leur être attribué à partir de la définition. Là encore, ce doit être une propriété intrinsèque au contenu géométrique des complexes.

Bien que la relation de bord ne se réduise pas à sa définition et qu'elle présente une certaine diversité, on ne retrouve pas la diversité qui était à l'œuvre dans les mémoires de Poincaré : jamais, par exemple, le bord d'une cellule ou d'un complexe ne "sépare" ou n'est "traversé". De toutes les propriétés que le signe *frontière* concentrait, la relation de bord a été la seule retenue, de surcroît à travers une propriété particulière. L'expression /incidence/ est ici employée uniquement et systématiquement pour les cellules (voir la liste donnée ci-dessus) et /boundary/ est réservé aux complexes, ce qui contraste avec la diversité des expressions /contiguë/, /juxtaposé/, /limitrophe/, etc., employées par Poincaré.
Il en est de même du contenu géométrique des complexes. Nous avons montré que l'on retrouvait dans ce mémoire la propriété caractéristique de ce contenu, c'est-à-dire la coexistence de [ensemble de cellules]$_{ens}$ et [ensemble de points]$_{ens}$. Il est ainsi incontestable que le signe *complex* a un contenu géométrique et l'on a ainsi un début de caractérisation de ce signe que l'on peut représenter par la figure suivante :

Expression	*/complex/*
Notat. Naturelle	$/C_n/, /\overline{C}_n/, /K_i/$
Contenu géométrique	$[complex]_g$

Mais il est non moins incontestable qu'on ne retrouve pas ici autant de manifestations de ce plan que dans les mémoires de Poincaré, ni la diversité qui leur était attachée. Il faut à la fois noter la permanence de ce plan de contenu, en même temps qu'il faut reconnaître cette restriction qu'il nous faudra analyser. Nous devons avant cela poursuivre notre analyse du signe *complex* et déterminer son rapport au plan de contenu arithmétique.

Le signe *complex* et le plan de contenu arithmétique

Étant donné un complexe C_n composé de α_k cellules de dimension k (ordonnées de manière arbitraire), tout complexe de dimension k formé de ces cellules peut être "dénoté" par un α_k-uplet $(x_1, x_2, \dots, x_{\alpha_i})$ dans lequel x_i vaut 1 ou 0 suivant que la $i^{\text{ième}}$ k-cellule de C_n appartient ou non à ce complexe. Veblen appelle les $(x_1, x_2, \dots, x_{\alpha_i})$ des "symbols"[1] et ceux-ci caractérisent de manière univoque tous les complexes de dimension k que l'on peut former à partir des k-cellules du complexe C_n :

> "Any set of the k-cells, $a_1^k, a_2^k, \dots, a_{\alpha_k}^k$, and also the k-dimensional complex consisting of a set of k-cells and their boundaries, may be denoted by a symbol $(x_1, x_2, \dots, x_{\alpha_k})$, in which $x_i = 1$ if a_i^k is in the set and $x_i = 0$ if a_i^k is not in the set." Veblen 1922, p. 76.

Ces symbols vont permettre de définir la somme de deux complexes C_k et C'_k. L'addition *modulo* 2, composante par composante, des deux

[1] Nos écrirons dorénavant symbol au lieu de "symbol".

symbols $(x_1, x_2, \ldots, x_{\alpha_i})$ et $(x'_1, x'_2, \ldots, x'_{\alpha_k})$ qui les dénotent va être $(x_1 + x'_1, x_2 + x'_2, \ldots, x_{\alpha_k} + x'_{\alpha_k})$. D'après les règles de l'addition modulo 2 $(1 + 1 = 0 (\mathrm{mod}\, 2))$, ce symbol dénote un k-complexe composé des cellules qui appartiennent à l'un et l'un seulement des complexes C_k et C'_k ; en effet, une cellule qui appartient aux deux complexes ne fera pas partie de leur somme comme c'était le cas dans la définition du bord d'un complexe :

> "Under this convention the *sum* $(\mathrm{mod}\, 2)$ of two symbols, or of the two sets of points which correspond to the symbols $(x_1, x_2, \ldots, x_{\alpha_0}) = X$ and $(y_1, y_2, \ldots, y_{\alpha_0}) = Y$, may be defined as $(x_1 + y_1, x_2 + y_2, \ldots, x_{\alpha_0} + y_{\alpha_0}) = X + Y$. Geometrically, $X + Y$ is the set of all points which are in X or in Y but not in both [en note : "In other words, $X + Y$ is the difference between the logical sum and the logical product of the two sets of points. In terms of the logical operations, if S and S' are the given sets, this one is $S + S' - SS'$."]" Veblen 1922, p. 9.

Cette définition et cette citation montrent que l'addition est appliquée à la fois aux symbols, qui ont un contenu arithmétique, et au contenu géométrique des complexes. Voici un exemple dans lequel la définition précédente est appliquée au contenu [ensemble de points]$_{\text{ens}}$[1] :

> "From the definition (§14) [il s'agit de la citation précédente] of addition $(\mathrm{mod}.\, 2)$ of sets of points it is clear that, etc." Veblen 1922, p. 20.

Comme pour la définition du bord d'un complexe, l'arithmétique des entiers modulo 2 permet une définition arithmétique de l'addition qui reste conforme à une opération sur le plan du contenu géométrique : non seulement le résultat de l'addition est toujours un complexe, c'est-à-dire qu'il a un contenu géométrique, mais l'addition, en tant qu'opération,

---

[1] On peut aussi citer l'article de 1913 dans lequel Veblen introduit déjà ces symbols : "This symbol may be used to denote the totality of points in the set of a's and on their boundaries." Veblen 1913, p. 68

Et cet autre passage où [ensemble de points]$_{\text{ens}}$ se manifeste aussi avec l'addition : "The symbol,

$$x + y = (x_1 + y_1, x_2 + y_2, \ldots, x_M + y_M)$$

(read, the *sum* of x and y) will then stand for the set of points within and on the boundaries of the a's obtained by combining the a's (represented by $x = (x_1, x_2, \ldots, x_M)$ with those represented by $y = (y_1, y_2, \ldots, y_M)$ and suppressing those which appear in both sets)." Veblen 1913, p. 69 .

relève elle-même du plan de contenu géométrique.

On se souvient que dans les mémoires de Poincaré le rapport entre *variété* et le plan de contenu arithmétique était indirect. Il passait par une relation entre signes établie par une "correspondance" qui était à double sens. La relation du signe *complex* au plan de contenu arithmétique est ici tout à fait différente.
Les symbols $(x_1, x_2, \ldots, x_{\alpha_i})$ ont bien sûr un contenu arithmétique, mais ils ont aussi un contenu géométrique qui n'est autre que [complex]$_g$. La relation entre les expressions /symbol/ ou $/(x_1, x_2, \ldots, x_{\alpha_i})/$ et [complex]$_g$ est instaurée par les verbes "to denote" et "to represent", nous y reviendrons au cours de l'étude du conditionnement sémiotique, mais en voici déjà des exemples :

- "the two oriented complexes may be denoted by $(x_1, x_2, \ldots, x_{\alpha_k})$ and $(y_1, y_2, \ldots, y_{\alpha_k})$ respectively" Veblen 1922, p. 105.
- "the first ρ_k columns represent k-dimensional complexes, etc." Veblen 1922, p. 81.

Les expressions $/(x_1, x_2, \ldots, x_{\alpha_i})/$ ne sont nullement indépendantes de leurs contenus ; au contraire, la valeur des x_i détermine aussi bien le contenu arithmétique que géométrique de cette expression, la dépendance à chacun des contenus n'étant d'ailleurs pas la même. C'est là une particularité très remarquable de ces expressions et c'est ainsi par le biais du signe *symbol* avec lequel il partage son contenu géométrique que le signe *complex* est en relation avec le plan de contenu arithmétique. *Complex* n'a donc pas directement de contenu sur le plan de contenu arithmétique : il partage son contenu géométrique avec un signe qui a deux contenus, arithmétique et géométrique. On peut représenter la relation entre ces deux signes par la figure suivante :

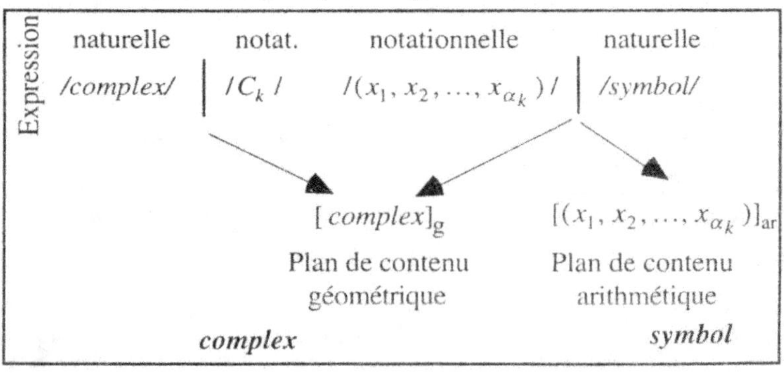

Dans les mémoires de Poincaré, la correspondance entre *variété* et les signes pourvus d'un contenu arithmétique faisait intervenir le plan de contenu algébrique. Or, *complex* n'a pas de contenu algébrique et d'ailleurs le plan de contenu algébrique n'intervient pas dans ce livre. C'est cette relation particulière entre $/(x_1, x_2, \ldots, x_{\alpha_i})/$ et son contenu géométrique qui se substitue à l'intervention du plan de contenu algébrique. Il est aussi intéressant de noter à cet égard que l'expression /symbol/ est associée ici à un contenu arithmétique et non à un contenu algébrique. On voit ici de plusieurs manières différentes que les plans de contenu arithmétique et algébrique peuvent avoir des fonctions semblables, ce que nous n'imaginons pas rencontrer avec le plan de contenu géométrique. Ce sont là des comparaisons qui mériteraient d'être étudiées précisément sur un plus vaste corpus et qui devraient permettre de préciser l'évolution du rapport des mathématiques à l'écrit.

Dans ce qui précède, seuls les complexes composés de cellules de C_n ont été en fait pris en compte. Or, il convient de remarquer que les complexes *sur* C_n ne peuvent être dénotés par des symbols et la définition de l'addition ne peut par conséquent leur être appliquée. Comme pour la définition du bord, cette restriction n'est signalée d'aucune façon. Au contraire, l'addition mod. 2 est même appliquée à ces complexes. En voici un exemple, d'autres seront donnés avec les relations d'homologie :

> "the sum (mod. 2) of the 2-circuits K_2^i [où K_2^i est un ensemble de 2-circuits *sur* C_2]." Veblen 1922, p. 63.

Nous pouvons maintenant aussi revenir sur l'addition qui intervenait dans la subdivision d'une cellule. La représentation par des symbols implique en effet une décomposition fixée ; il n'est donc pas possible en additionnant deux cellules d'une subdivision d'obtenir une cellule d'une autre subdivision. C'est pourtant bien en termes de "sum" que la relation entre une cellule et les cellules qui la subdivisent est présentée :

> "Each n-cell of C_n (...) is the sum (mod 2) of all n-cells (...) of $\overline{C}_n$ having P_i^n as a vertex." Veblen 1922, p. 86.

Cette "sum" relève du plan de contenu géométrique et il n'est pas possible de la rapporter au plan de contenu arithmétique ni à la définition qui a été donnée de cette opération. Veblen recourt donc ici à une addition qui n'est pas conforme à sa définition et c'est précisément à cette

occasion que le contenu géométrique se manifeste.
C'est encore cette même addition qui permet aussi d'identifier le bord d'une cellule et le bord de l'ensemble des cellules qui la subdivise. En voici un exemple[1] :

> "If two n-cells a_1^n, a_2^n are incident with an $(n-1)$-cell a^{n-1} and have no common point they and a^{n-1} constitute an n-cell b^n. If their boundaries have nothing in common except a^{n-1} and its boundary the boundary of b^n is the sum (mod. 2) of their boundaries." Veblen 1922, p. 84.

Cette identification relève du plan de contenu géométrique et ni la définition de la somme ni celle du bord ne peut en rendre compte. Or, cette relation est cruciale pour mettre en rapport l'homologie d'un complexe et l'homologie d'une subdivision de celui-ci, c'est-à-dire pour l'invariance par subdivision des nombres de connexion.

Ce double contenu devient une ambivalence arithmo-géométrique quand un complexe est rapporté à ses cellules. Cette ambivalence est alors respectée aussi bien quand le bord ou l'addition sont considérés dans les conditions de leurs définitions. La relation $[C_k + C'_k] = [C_k]] +][C'_k]$ peut alors être considérée sur le plan de contenu arithmétique aussi bien que sur le plan de contenu géométrique. Il importe de souligner que cette structure particulière du signe est celle qui est instaurée par ces définitions et qu'elle est due à l'introduction de l'arithmétique des entiers modulo 2, absente des mémoires de Poincaré.
Néanmoins, cette ambivalence n'est pas conservée si l'on ne considère plus seulement les définitions et les énoncés qui peuvent s'y rapporter mais, comme nous le devons, tous les énoncés dans lesquels des complexes, des bords et des sommes interviennent. Alors il ne reste plus que le contenu géométrique qui intervient d'une manière dont ne peut rendre compte leur contenu arithmétique. C'est ainsi que la propriété caractéristique du contenu géométrique d'être à fois [ensemble de cellules]$_{ens}$ et [ensemble de points]$_{ens}$ est à chaque fois requise pour le passage d'une subdivision à une autre ou quand des complexes *sur* sont considérés.
Si, d'ailleurs, l'ambivalence avait été totale, il est probable que nous n'aurions plus été en mesure de découvrir de manifestations du plan de

---

[1] On a ici, en même temps, une autre manifestation du contenu géométrique de *boundary*.

contenu géométrique : leur rareté dans ce livre, en comparaison des mémoires de Poincaré, tient justement à cette ambivalence et le plan de contenu géométrique se manifeste dans les énoncés où elle est prise en défaut.

Les relations d'homologie

La description du signe *complex* maintenant achevée, nous allons pouvoir étudier les relations d'homologie. Nous allons retrouver à cette occasion les oppositions qui sont déjà apparues et nous verrons que l'addition et le bord sont effectivement appliqués aux complexes *sur*.

Commençons par considérer la définition d'une homologie. Pour un complexe C_{n-1} du complexe C, la relation d'homologie

$$C_{n-1} \sim 0 \quad (\text{mod. } 2)$$

est définie par l'existence d'un complex C_n *sur* C dont le bord est C_{n-1} :

> "With respect to a complex C a complex C_{n-1} is said to be *homologous* to zero (mod. 2) if and only if it is the right-hand member of a congruence such as [$C_n \equiv C_{n-1}$ (mod. 2)] in which C_n represents a complex on C." Veblen 1922, p. 56.

A quels complexes cette définition s'applique-t-elle?
La nature de C_{n-1} n'est pas très explicite : rien n'est dit dans ces définitions. Une phrase, juste après le texte de la définition de l'homologie pour les complexes de dimension 1, dit cependant :

> "Thus
>
> $$C_1 \sim 0 \text{ (mod. 2)}$$
>
> means that C_1 represents a set of 1-circuits <u>on</u> C which bound a two-dimensional complex <u>on</u> C." Veblen 1922, p. 56.

Il est en revanche explicite dans la définition que C_n, le complexe dont C_{n-1} est le bord, est un complexe *sur* C. Cela est d'ailleurs confirmé lors de la définition de l'homologie de deux complexes :

> "The homology [$C_{n-1} \sim C'_{n-1}$ (mod. 2)] evidently means that there exists a complex C_n <u>on</u> C which is bounded by C_{n-1} and C'_{n-1}." Veblen 1922, p. 56.

La relation de bord $C_n \equiv C_{n-1}$ (mod. 2) s'applique donc à un complexe C_n *sur* C, ce qui n'est pas conforme à la définition qui a été donnée du bord d'un complexe. Cela ressort d'ailleurs d'une déclaration explicite de la préface dans laquelle Veblen souligne la généralité de la démonstration qui sera donnée de l'invariance des nombres de connexion :

> "The continuous transformations and the singularities (in the way of overlapping, etc.) which are allowed in this proof [il s'agit de la démonstration de l'invariance au sens de l'*Analysis situs* des nombres de connexion] are completely general, so that we are able to avoid the difficulties, foreign to Analysis Situs, which beset those treatments of the subject which restrict attention to analytic transformations or singularities." Veblen 1922, p. iv.

La formulation qu'il donne de ce problème au cours du livre, et plus encore la résolution qu'il en propose, font clairement apparaître que les relations de congruence et d'homologie sont appliquées aux complexes *sur* :

> "Given any set of 1-circuits K_1 on a complex C_2, does there exist a two-dimensional complex K_2 on C_2 which is bounded by K_1?" Veblen 1922, p. 54.

Le flottement entre les conditions imposées par ces définitions sur le type des complexes et ceux auxquels elles sont effectivement appliquées intervient notamment dans la démonstration de la possibilité de combiner les homologies :

> "any linear combination (mod 2) of a set of valid homologies (mod 2) is a valid homology (mod 2)." Veblen 1922, p. 56.

La définition de l'addition n'autorise pas cette affirmation. En effet, comme l'homologie $C_{k-1} \sim 0$ (mod. 2) équivaut à l'existence d'un complexe C_k *sur* C_n ayant C_{k-1} pour bord, l'addition de deux homologies nécessite d'effectuer l'addition de deux complexes *sur* C_n. Quand tous les complexes considérés sont composés de cellules de C_n, il est possible d'additionner les relations :

$$C_k \equiv C_{k-1} \quad (\text{mod. } 2)$$
$$C'_k \equiv C'_{k-1} \quad (\text{mod. } 2)$$

et de déduire :

$$C_k + C'_k \equiv C_{k-1} + C'_{k-1} \quad (\text{mod. } 2).$$

Ce qui permet dans ce cas d'affirmer :

> "any linear combination (mod 2) of a number of valide congruences (mod 2) of the same dimensionality is a valid congruence (mod 2)." Veblen 1922, p. 56.

Mais l'addition des homologies ne se réduit pas à l'addition de relations de bord entre ces complexes et il n'est donc pas possible de déduire, comme le fait Veblen, la proposition sur les homologies de celle sur les congruences :

> "From the corresponding proposition in the last section [celle que nous venons de citer] it follows at once that *any linear combination (mod. 2) of a set of valid homology (mod. 2) is a valid homology (mod. 2).*" Veblen 1922, p. 56.

Alors que la définition de l'homologie est explicitement donnée pour des complexes *sur* C_n et que ce sont même les seuls complexes dont le type est précisé, l'addition des homologies requiert de ne considérer que des complexes composés de cellules de C_n, ce qui n'est pas le cas dans ce livre[1]. L'addition des homologies sort du cadre des définitions du bord et de la somme (mod. 2), c'est-à-dire de l'ambivalence arithmo-géométrique. On retrouve donc avec les relations d'homologie les mêmes

---

[1] Dieudonné remarque cette difficulté, mais seulement à propos de la démonstration de l'invariance au sens de l'Analysis Situs, sans signaler que le problème se pose bien avant avec l'addition des homologies :
"Veblen's proof [of the Invariance Problem, p. 102 sq] is very obscure and he does not seem to have distinguished, for cycles of T, between the concepts of "topologically homologous to 0" (i.e., being boundary of a singular chain) and "homologous to 0 in T" (i.e., being boundary of a chain of T)."Dieudonné 1989, p. 47.
Concernant la fiabilité des analyses historiques fondées uniquement sur les commentaires que font les mathématiciens de leurs propres textes, signalons que nous n'avons trouvé dans tous les articles consultés aucune remarque explicite relative à cette difficulté. Ce texte a pourtant été relu par Alexander si l'on en juge par ce que Veblen écrit dans la préface : "I take pleasure in acknowledging my indebtedness to Professor J.W. Alexander, who has read the manuscript and made many valuable suggestions" Veblen 1922, p. iv. Il fera l'objet d'une seconde édition en 1931 et sera le texte de référence de tous les articles que Lefschetz publiera à partir de 1923 jusqu'à la publication en 1930 de son livre dans lequel, d'ailleurs, la démonstration de Veblen 1922 de l'invariance topologique des nombres de Betti fait toujours autorité : "The theorem which we have in view [The Fundamental Deformation Theorem for Complexes] forms the connecting link between the combinatorial and topological number of a complex. It was first proved for manifold by Alexander [TAMS, 1915], then extend to complexes by Veblen [Analysis Situs, 1922]." Lefschetz, 1930, p. 84.

aléas que ceux rencontrés lors de l'analyse du signe *complex*.
Le problème du passage d'une subdivision à une autre et l'intervention du plan de contenu géométrique qui l'accompagne se retrouvent aussi, comme cela ressort de l'argument que donne Veblen pour justifier qu'un complexe est homologue à ses subdivisions[1] :

> "If $\overline{C}_1$ is a 1-circuit obtained by introducing new vertices in a 1-circuit C_1, it is evident that
> $$C_1 \sim \overline{C}_1 \pmod 2$$
> because C_1 and $\overline{C}_1$ bound a singular two-dimensional complex coincident with them both." Veblen 1922, p. 56-7.

L'analyse des relations d'homologie confirme ce qui était apparu lors de l'analyse du signe *complex* et l'opposition entre les complexes composés de cellules du complexe étudié et les autres. Ajoutons que Veblen ne recourt ni à la simple connexité ni aux intégrales pour établir une relation d'homologie ; là non plus, on ne retrouve pas la diversité des manifestations du contenu géométrique à l'œuvre dans les mémoires de Poincaré.

L'homologie des complexes orientés

Nous allons étudier les signes impliqués dans l'homologie des complexes orientés auxquels le chapitre IV du livre de Veblen est consacré. Cette étude va corroborer les analyses précédentes et les notions introduites seront utiles pour l'étude du statut des différents plans de contenu qui sera abordée ensuite. Elle va aussi nous permettre de considérer les symbols d'entiers qui correspondent dans ce texte aux combinaisons linéaires entières de variétés dans les mémoires de Poincaré et par lesquelles le plan de contenu algébrique intervenait.

La définition des n-complexes orientés repose sur celle des n-cellules orientées. Pour orienter une 0-cellule (c'est-à-dire un point) Veblen lui "associe" le nombre $+1$ ou -1. Pour orienter une 1-cellule (c'est-à-dire un segment), il assigne arbitrairement $+1$ ou -1 à chacune des deux 0-cellules à ses extrémités, mais de manière à ce que la somme de ces deux nombres fasse 0. Ce procédé est ensuite étendu aux autres dimensions par induction[2] :

---

[1] Cet argument est repris dans la seconde édition.
[2] Ce procédé se retrouve dans Weyl 1923b.

"An *oriented n-cell* of a complex C_n is the object obtained by associating a cell a_i^n $(i = 1, 2, \ldots, \alpha_n)$ of C_n with one of the oriented $(n-1)$-circuits which can be formed from its boundary" Veblen 1922, p. 100.

Un "oriented n-complex" est alors par définition un ensemble de cellules orientées :

"Any set of oriented n-cells of C_n is called *an oriented n-dimensional complex*" Veblen 1922, p. 101.

Tout ensemble de cellules orientées d'un complexe C_n peut dès lors être dénoté par un symbol $(x_1, x_2, \ldots, x_{\alpha_k})$ où les x_i valent 0, $+1$ ou -1 (dans le cas non orienté, seules les valeurs 0, $+1$ étaient admises) : 0 si la cellule correspondante ne fait pas partie de l'ensemble, $+1$ si elle en fait partie avec la même orientation et -1 dans le cas contraire. Quant aux symbols $(x_1, x_2, \ldots, x_{\alpha_k})$ dont les x_i sont des entiers naturels quelconques, et non plus seulement 0, $+1$ ou -1, ils dénoteront un complexe orienté C_k dont les cellules peuvent recouvrir plusieurs fois une même cellule de C_n : ce complexe sera composé de $|x_i|$ (valeur absolue de x_i) cellules orientées "coïncidant" avec la $i^{\text{ième}}$ cellule orientée de C_n prise dans son sens positif ou négatif suivant le signe de x_i.

C_k est un complexe orienté singulier dans la mesure où plusieurs de ses cellules recouvrent une même cellule de C_n à la manière d'une surface de Riemann. Tous les complexes orientés ne peuvent être cependant représentés par un symbol. Cela n'est possible que pour certains d'entre eux que Veblen décrit par une périphrase comme "formed from complexes whose cells have no common points unless they coincide" (Veblen 1922, p. 105) sans qu'ils aient de désignation lexicale propre.

Le signe *oriented complex* est alors semblable au signe *complex* : il a un contenu géométrique, il est en relation avec le plan de contenu arithmétique par l'intermédiaire de symbols qui ont un contenu arithmétique et géométrique, et il n'a pas de contenu algébrique.

La définition de l'addition établit la même ambivalence arithmo-géométrique :

"If two oriented complexes C_k and C_k' are formed from complexes whose cells have no common points unless they coincide, the two complexes can be regarded as on a third complex, and the two oriented complexes may be denoted by $(x_1, x_2, \ldots, x_{\alpha_k})$ and $(y_1, y_2, \ldots, y_{\alpha_k})$ respectively, the x's and y's being positive or negative integers or zero. An oriented complex which can be denoted by $(x_1 + y_1, x_2 + y_2, \ldots, x_{\alpha_k} + y_{\alpha_k})$ is called the *sum* of C_k and C'_k and is denoted by $C_k + C'_k$." Veblen 1922, p. 105.

Et il en est de même de la définition du bord :

"By the *boundary* of an oriented i-cell $\sigma^i_{p_i}$ is meant the set of oriented $(i-1)$-cells σ^{i-1}_q positively related to σ^i_p. (...)
By the *boundary* of any oriented i-dimensional complex we mean the sum of the boundaries of the oriented i-cells which composed it." Veblen 1922, p. 105-106.

Comme pour les complexes non orientés, toutes les définitions ménagent la même ambivalence. Néanmoins, le bord d'une cellule n'ayant été défini que pour des cellules non singulières et l'addition ne l'ayant été que pour les complexes orientés correspondant à des symbols, cette définition du bord d'un complexe orienté ne peut pas s'appliquer à tous les complexes orientés mais seulement à ceux auxquels correspondent des symbols. Les définitions du bord et de l'addition s'appliquent donc aux complexes orientés composés de cellules de C_n, celles-ci pouvant être comptées plusieurs fois, mais pas aux complexes orientés *sur* C_n auxquels ne correspondent pas de symbols. La théorie des complexes orientés présente donc les mêmes caractéristiques et les mêmes limites que celle des complexes non orientés. Comme dans le cas non orienté, Veblen entend considérer[1], et considère effectivement des homologies, des bords et des additions de complexes orientés *sur* C_n, des homologies entre des complexes composés de cellules de subdivisions différentes de C_n ; le plan de contenu géométrique intervient alors subrepticement sans avoir d'équivalent sur le plan de contenu arithmétique.

Outre l'accent mis sur les complexes orientés et leur traitement séparé, l'introduction d'une généralisation des surfaces de Riemann à la dimension n constitue une différence bien marquée avec les mémoires de Poincaré. Elle semble n'avoir d'autre fonction que de garantir une

[1] "*Given a set of oriented* i*-circuits* Γ_i *on* C_n, *does there exist on* C_n *an oriented* $(i+1)$*-dimensional complex of which* Γ_i *is the boundary?* It is of course understood that Γ_i may have any singularities compatible with its being on C_n." Veblen 1922, p. 118.

signification géométrique aux combinaisons linéaires entières de cellules, car celle-ci n'est jamais prise en compte autrement et elle n'intervient dans aucun raisonnement.

Les plans de contenu et le conditionnement des fonctions sémiotiques

Les analyses précédentes ont permis de décrire le signe *complex* et les homologies et d'étudier leurs relations aux plans de contenu géométrique et arithmétique. Nous allons maintenant préciser le statut de ces plans de contenu en étudiant leur intervention dans les définitions et leur influence sur la mise en définition. L'étude du conditionnement des fonctions sémiotiques permettra de préciser le statut de ces différents plans de contenu au delà des seules définitions.

Les plans de contenu dans les définitions

Chacun des signes que nous avons analysés a une définition qui lui correspond et aucune expression naturelle n'est introduite sans l'avoir été préalablement dans une définition. En conséquence, il n'y a pas ici une multiplicité d'expressions naturelles attachées au même contenu ou à la même relation, comme dans les mémoires de Poincaré où diverses expressions telles que /contiguë/, /limitrophe/, /juxtaposé/, etc., servaient à désigner une même relation. De même, nous avons vu que les signes ont un contenu dont les manifestations sont peu variées. Ce sont là quelques-unes des caractéristiques des définitions dans la présentation axiomatique d'une théorie dont l'influence est manifeste dans ce livre et dont on ne trouve au contraire aucune trace dans les mémoires de Poincaré. De nombreux éléments de la biographie de Veblen pourraient venir étayer ce rapport privilégié à l'axiomatique : sa thèse et d'autres travaux ont été consacrés à l'axiomatisation[1] et il a été l'élève d'E.H. Moore. Cela veut-il pour autant dire que les signes sont déterminés par leur définition? Nullement.

---

[1] Sa thèse s'intitule : "A system of Axioms for Geometry", *Transactions of the American Mathematical Society*, 5, p. 343-384, 1904.

Ainsi, bien que l'invariance au sens de l'*Analysis situs* soit définie par le "groupe des homéomorphismes", Veblen démontre que certaines propriétés sont invariantes en ce sens sans que la notion de groupe n'intervienne autrement que comme une manière de formuler la conclusion :

> "It is a simple corollary of this that any complex C_n homeomorphic with a manifold C_n defines a manifold. In other words the definition of a manifold is invariant under the group of homeomorphisms." Veblen 1922, p. 99.

L'intervention du plan de contenu ensembliste dans les définitions est encore plus significative. Nous avons déjà vu qu'il intervenait dans la définition d'un homéomorphisme, d'une cellule de dimension n et de celle de son bord ; la définition d'une "continuous transformation" en est encore un exemple :

> "A *continous transformation* of a cell and its boundary into itself or into another cell and its boundary is now defined as a transformation of the cell and its boundary which if it carries a set $[X]$ to a set $[X']$ carries every limit point of $[X]$ to a limit point of $[X']$." Veblen 1922, p. 2.

Il intervient aussi dans la définition d'un "generalized n-dimensional complex" :

> "An arbitrary subset of the cells of an n-dimensional complex is sometimes referred to as a *generalized n-dimensional complex*, provided it contains at least one n-cell." Veblen 1922, p. 74.

Suivant cette définition, l'opposition entre un complexe et un complexe généralisé est strictement ensembliste puisqu'elle se réduit à la relation "arbitrary subset" (cela demande tout de même que l'on fasse abstraction de la prise en compte de "dimension" dont on a vu qu'elle relevait du plan de contenu géométrique). *Generalized complex* serait donc un excellent exemple de signe au contenu ensembliste... mais c'est là sa seule occurrence!

La formulation ensembliste de toutes ces définitions est bien trop systématique pour ne pas être significative. Elle est, en effet, la marque évidente de ce souci explicite des fondements des mathématiques en ce début du XXe siècle. Elle est donc le fait d'un phénomène historique et social dont les historiens se sont déjà fait largement l'écho. Mais il importe de noter à quel point ce phénomène si visible dans les définitions de ce livre n'a, en définitive, strictement aucune incidence sur le contenu des signes. Il y a un contraste entre l'impact de ces considérations fondationnelles sur la mise en définition et le contenu géométrique de *complex* dont la caractérisation est, rappelons-le, incompatible avec des principes ensemblistes.

Les définitions qui font intervenir le plan de contenu ensembliste ne représentent néanmoins qu'une partie des définitions. Un groupe distinct est constitué des définitions qui instaurent l'ambivalence arithmo-géométrique : celle du bord et de "sum mod. 2" des complexes non orientés et orientés. Nous avons vu que cette ambivalence est en effet instaurée au cours de définitions et que celles-ci ont un caractère *ad hoc* bien marqué ; elles semblent avoir pour fonction d'expliciter toutes les propriétés nécessaires dans la suite du livre, celles-ci devant par conséquent être réduites au minimum. C'est ainsi que la définition du bord d'un complexe ne peut prétendre rendre compte de toutes les propriétés concevable des bords mais seulement de celles nécessaires à la théorie développée. Ce sont là des exigences qui sont absentes des mémoires de Poincaré et qui sont aussi caractéristiques du système de définitions d'une théorie axiomatique. Quoi qu'il en soit, ces définitions introduisent des considérations arithmétiques qui donnent lieu à des manifestations du plan de contenu arithmétique. Elles diffèrent en cela nettement et systématiquement des définitions dans lesquelles le plan de contenu ensembliste intervient. Il y a là deux types bien distincts de définitions qui correspondent à deux plans de contenu.

Mais si ces dernières définitions introduisent des propriétés qui interviendront effectivement, nous avons vu qu'elles ne permettent pas pour autant une description complète du contenu des signes : le contenu géométrique n'y apparaît jamais. Alors que nous avons vu des exemples de l'identification des contenus [ensemble de points]$_{\text{ens}}$ et [ensemble de cellules]$_{\text{ens}}$ avec les bords, cette relation ne ressort nullement de leur définition[1]. Il en est de même des complexes qui ont une définition par induction relativement élaborée mais à laquelle ils sont ensuite rarement rapportés ; quand, par exemple, Veblen construit le dual d'un complexe,

[1] "The *boundary* of a k-dimensional complex C_k is the $(k-1)$-dimensional complex consisting of the $(k-1)$-cells of the complex C_n which are incident each with an odd number of k-cells of C_k, and the boundary of these $(k-1)$-cells." Veblen 1922, p. 76.

il démontre que les cellules satisfont les relations d'incidence duales requises, mais il ne vérifie pas que c'est un complexe au sens de sa définition.

Le rapport des définitions aux plans de contenu géométrique et ensembliste est en quelque sorte inverse : le plan de contenu ensembliste est présent dans des définitions mais jamais dans l'énoncé d'un théorème ou dans une démonstration, et inversement, le plan de contenu géométrique est absent des définitions mais intervient dans les raisonnements. Le plan de contenu arithmétique a lui une position intermédiaire : il est à la fois présent dans les définitions et dans les démonstrations. Chaque plan de contenu intervient donc de manière caractéristique dans les définitions.

Si le statut du plan de contenu ensembliste dans les définitions doit être rapporté au développement et au rôle de la théorie des ensembles dans les fondements des mathématiques, il faut aussi souligner la moindre diversité des manifestations du plan de contenu géométrique comparée à celle observée dans les mémoires de Poincaré. L'absence du plan de contenu géométrique des définitions semble résulter de l'influence de l'axiomatique et de la théorie des ensembles sur celles-ci. Cela ne veut pas dire pour autant que le souci d'assurer aux signes une signification géométrique ait disparu ; il est au contraire manifeste dans l'ambivalence arithmo-géométrique ménagée par les définitions (notamment par la restriction de l'arithmétique à l'arithmétique mod. 2 ou la définition *ad hoc* du bord d'un complexe). La section suivante va donner d'autres manifestations de ce souci.

Le plan de contenu géométrique et la mise en définition

La mise en définition de la somme de deux symbols indique bien l'attention accordée à la signification géométrique dans ce livre. En effet, bien que l'addition de n-uplets d'entiers soit une opération arithmétique élémentaire, Veblen ne considère d'abord cette opération que dans les cas où les symbols additionnés mais aussi ceux obtenus par l'addition sont composés exclusivement de 0, $+1$ ou -1 :

> "Any set of oriented n-cells of C_n is called *an oriented n-dimensional complex* and may be denoted by a symbol $(x_1, x_2, \ldots, x_{\alpha_n})$ in which $x_i = +1$ $(i = 1, 2, \ldots, \alpha_n)$ if σ_i^n is in the

set. The *sum* of two such symbols is defined as in § 45, Chap. 1; and if the sum of the symbols for two oriented complexes, Γ_n', Γ_n'' is the symbol for an oriented complex Γ_n''', the complex Γ_n''' is called the *sum* of Γ_n' and Γ_n'' and denoted by $\Gamma_n' + \Gamma_n''$" Veblen 1922, p. 101.

Il faut savoir qu'à cet endroit du texte les complexes orientés et les surfaces de Riemann généralisées n'ont pas encore été introduits et par conséquent, les symbols formés de 0, +1 ou −1 sont les seuls a avoir une signification géométrique. Ainsi, il pourrait résulter de l'addition de deux symbols composés uniquement de 0, +1 ou −1 un symbol d'un autre type et donc dépourvu de signification géométrique. Ce n'est que dans un second temps, quatre pages plus loin et après que ces surfaces de Riemann généralisées aient été introduites, que l'addition de deux symbols composés d'entiers quelconques est finalement définie :

"If two oriented complexes C_k and C_k' are formed from complexes whose cells have no common points unless they coincide, the two complexes can be regarded as on a third complex; and the two oriented complexes may be denoted by $(x_1, x_2, \ldots, x_{\alpha_k})$ and $(y_1, y_2, \ldots, y_{\alpha_k})$ respectively, the x's and the y's being positive or negative integers or zero. An oriented complex which can be denoted by $(x_1 + y_1, x_2 + y_2, \ldots, x_{\alpha_k} + y_{\alpha_k})$ is called the *sum* of C_k and C_k' and is denoted by $C_k + C_k'$." Veblen 1922, p. 105.

Ce n'est donc qu'après qu'une signification géométrique ait été assurée à tous les n-uplets d'entiers que l'addition de deux symbols est envisagée. Cette mise en définition contournée, si on la rapporte au plan de contenu arithmétique sur lequel cette addition va de soi, montre que des contraintes d'ordre sémiotique sont prises en compte dans le déroulement du texte.

Le souci de la signification géométrique ressort aussi du passage suivant dans lequel l'introduction des surfaces de Riemann recouvrant les complexes permet encore de donner une signification ("meaning") au produit d'un complexe par un entier. :

"Moreover if both members of a congruence are multiplied by an integer, m, the resulting congruence,

$$m\Gamma_m \equiv m\Gamma_{m-1}$$

has a <u>meaning</u> (...) if we understand that $m\Gamma_m$ is an oriented complex which covers Γ_m m times." Veblen 1922, p. 114.

La remarque qui sert à introduire la définition de l'orientation d'un complexe est aussi intéressante à cet égard :

> "We turn now to the notion of "orientation" or "sense of description" of a complex. The definitions adopted will doubtless seem very artificial, but this is bound to be the case in defining any idea so intuitionally elementar as that of "sense"." Veblen 1922, p. 23.

On se souvient que l'orientation est définie au moyen de nombres entiers affectés aux cellules de manière à orienter le cycle qui forme leur bord. Or, Veblen juge cette définition "very artificial" par comparaison à l'idée "so intuitionally elementar" de "sense" à l'œuvre dans l'orientation. Cette référence à l'intuition revient à plusieurs reprises à ce propos :

> "Intuitionally this discussion means that if the oriented 1-cells of an oriented 1-circuit are marked by arrows as in §34, the arrows must all be pointed in the same direction." Veblen 1922, p. 24-25
> "We shall give a definition here [celle que nous avons citée] which suffices for the elementary part of the matrix theory and shall postpone to the next chapter the theorems on deformation which give the full intuitional content of the notion of orientation" Veblen 1922, p. 100.

Comme nous l'avons fait lors de l'analyse des mémoires de Poincaré, il importe de commencer par simplement remarquer que l'opposition "artificiel" *vs* "intuitif" est pertinente pour l'auteur. Certaines définitions sont donc "artificielles". Ce n'est par conséquent pas le cas de toutes ; les définitions n'ont donc pas toutes le même statut. Cette distinction est en elle-même remarquable et nous semble significative d'un point de vue historique : peut-on en effet imaginer une distinction semblable dans les œuvres d'Archimède ou les *Éléments* d'Euclide? C'est là une de ces distinctions d'ordre sémiotique qu'il conviendrait d'étudier sur un vaste corpus s'étendant à d'autres époques et à d'autres aires géographiques.
Mais voyons plutôt à quoi se rapporte ici l'opposition artificiel *vs* intuitif. L'intuitif renvoie à une signification ("this discussion means that...") géométrique, et plus précisément graphique : "the oriented 1-cells of an oriented 1-circuit are marked by arrows". Ou encore :

> "In diagrams it is convenient to denote an oriented 1-cell by marking

> it with an arrow pointing from the initial point to the terminal point." Veblen 1922, p. 24.

Quant à "artificiel" il renvoie à une définition qui recourt aux nombres entiers et qui fait donc intervenir le plan de contenu arithmétique. Cette opposition est donc corrélée à une opposition entre les plans de contenu géométrique et arithmétique. De plus, elle indique bien que l'auteur recourt à l'arithmétique, mais que ce dont il veut parler ici est d'un autre ordre. Cette remarque de Veblen contraste avec sa présentation axiomatique et le recours à la théorie des ensembles, très marqués au début de ce texte, comme par exemple, le fait de commencer par appeler "objects" les points qui composent les cellules pour très vite ajouter :

> "The objects which constitute a cell and its boundary will always be referred to as "points" in the following pages." Veblen 1922, p. 1.

Il est aussi intéressant que cette définition soit jugée "très artificielle" mais qu'aucune des définitions formulées dans le style ensembliste ne le soit.

Le livre de Veblen peut sur ce point être comparé avec un article contemporain de Weyl (Weyl 1923b) dans lequel une définition arithmétique de l'orientation tout à fait semblable est donnée au sein d'une présentation elle aussi résolument axiomatique. Mais alors que Veblen juge sa définition "artificielle", Weyl trouve la sienne particulièrement "claire" :

> "Habiendo definido arithméticamente los conceptos con tal claridad, las expresiones formales no presentarán dificultad." Weyl 1923b, p. 403.

Cela suggère un rapport différent à l'axiomatique dans ces deux textes, mais il faudrait là aussi une étude détaillée pour mieux l'établir.

La définition de bord d'un complexe orienté est aussi intéressante :

> "By the *boundary* of an oriented i-cell σ_p^i is meant the set of oriented $(i-1)$-cells σ_q^{i-1} positively related to σ_p^i. (...)
> By the *boundary* of any oriented i-dimensional complex we mean the

> sum of the boundaries of the oriented i-cells which composed it." Veblen 1922, p. 105-106.

La mise en définition comprend deux moments bien distincts et séparés par plusieurs lignes.
Le bord d'une cellule est d'abord défini ; c'est la définition d'un signe au contenu géométrique : un ensemble de cellules.
Puis, le bord d'un complexe orienté est défini comme la somme des bords de ses cellules. Si l'on se rapporte à la définition de la somme, il doit s'agir d'une opération arithmétique portant sur les symbols, ce que confirme le texte entourant ces deux extraits qui traite principalement de symbols. Cette deuxième phrase doit donc être rapportée au plan de contenu arithmétique. On remarque aussi que dans la première phrase "set" est utilisé pour constituer le bord ("the set of oriented $(i-1)$-cells"), alors que c'est "sum" qui l'est dans la seconde ("the sum of the boundaries of the oriented i-cells").
Cette définition se compose de deux phrases distribuées très exactement suivant les deux plans de contenu en présence. En passant d'une phrase à l'autre, on passe de signes rapportés à leur contenu géométrique à des signes rapportés à leur contenu arithmétique.

L'analyse du signe *circuit* va aussi nous permettre de préciser ces remarques sur le statut du plan de contenu géométrique obtenues à partir de l'étude de la mise en définition. Commençons par donner la définition d'un circuit :

> "An n*-dimensional circuit* or n*-circuit* or generalized n-dimensional polyhedron is an n-dimensional complex C_n such that (1) each $(n-1)$-cell of C_n is incident with an even number of n-cells and (2) no subset of the cells which constitute C_n satisfies (1)." Veblen 1922, p. 74.[1]

[1] L'expression /generalized n-dimensional polyhedron/ introduite ici est un hapax. C'était l'expression principale dans Veblen 1913 (aussi utilisée dans Alexander 1915), ce qui peut expliquer son occurrence ici. C'est de plus la même définition :
"An n*-dimensional polyhedron* is the set of points in the interiors and boundaries of a finite set of n-dimensional polyhedral regions $F_1, F_2, \ldots, F_k$ no two of which have point in common but such that (1) every $(n-1)$-dimensional polyhedral region on the boundary of one n-dimensional region F is on the boundary of an even number of n-dimensional polyhedral regions F and (2) there is no subset of the points constituting the polyhedron which can be arranged in n-dimensional polyhedral regions so as to have the property (1)." Veblen 1913, p. 66-67.

D'après cette définition et celle du bord d'un complexe un circuit est sans bord, mais la réciproque n'est pas vraie : les circuits ne sont pas les seuls complexes qui soient sans bord. En effet, le résultat de l'addition de deux circuits est un complexe qui est aussi sans bord mais qui peut être un "set of circuits" plutôt qu'un circuit. Nous donnerons plus bas une liste montrant que c'est bien une expression qui intervient fréquemment dans ce livre.

1-circuit

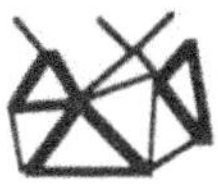

Set of 1-circuits

Si l'on considère l'opposition *circuit vs set of circuits* sur le plan de contenu géométrique, il apparaît que [set of circuits]$_g$ se décompose bien en [circuits]$_g$. C'est ce que l'expression /set of circuits/ dit littéralement. C'est donc sur le plan de contenu géométrique que cette expression a son sens littéral et c'est aussi à ce plan que cette opposition peut être rapportée.

Inversement, il n'est pas possible de la rapporter au plan de contenu arithmétique. Car s'il est possible de caractériser sur le plan arithmétique les *sets of circuits* (c'est ce que fait la condition (1) de la définition prise seule), il n'est pas possible d'en isoler arithmétiquement les circuits, c'est-à-dire de caractériser les solutions du système homogène à coefficients entiers auxquelles ils correspondent. L'opposition *circuit vs set of circuits* ne peut donc venir du plan de contenu arithmétique ; elle est une manifestation de l'intervention du plan de contenu géométrique.

Cela ressort d'ailleurs aussi de la mise en définition de *circuit*[1]. Celle-ci comporte donc deux conditions (numérotées (1) et (2)). La première, prise seule, présente une ambivalence arithmo-géométrique semblable à celle des définitions du bord d'un complexe et de la somme de deux complexes. Cette condition définit exactement les "sets of circuits". La seconde condition fait perdre à cette définition son ambivalence mais permet de caractériser les circuits. La mise en définition comporte deux conditions, la fonction de la deuxième paraissant être d'aller chercher les

[1] Dans une note à la définition d'un polyèdre de dimension n donnée dans l'article de 1913, Veblen signale que cette définition, dont celle des circuits est une généralisation, est elle-même une généralisation de celle de Lennes, *American Journal of Mathematics*, 33, p. 37-62, 1911.

circuits parmi les "sets of circuits" par une condition de minimalité ("no subset of the cells which constitute C_n satisfies (1)").
Or, cette minimalité est géométrique et plus précisément, elle semble être *visible*. De la même manière, un "set of circuits" est *visiblement* un ensemble de circuits. Nous avons d'ailleurs pu faire une figure qui rend compte de l'opposition *circuit vs set of circuits*!

L'intérêt particulier accordé aux circuits ressort aussi de l'énoncé suivant :

> "every bounding $(k-1)$-circuit is a sum $(\bmod 2)$ of a set of $(k-1)$-circuits which bound k-cells, i.e., which are represented by columns of H_k." Veblen 1922, p. 77.

Alors que l'existence d'un "ensemble complet"[1] est établie à partir de la représentation matricielle des complexes et donc selon des considérations arithmétiques, c'est néanmoins en termes de *circuits* (et non de "set of circuits") que ce résultat est énoncé. C'est en effet, d'une part, un "bounding $(k-1)$-circuit" et non un "set of bounding $(k-1)$-circuits" que l'auteur veut exprimer comme une somme. D'autre part, "a sum $(\bmod 2)$ of a set of $(k-1)$-circuits" signifie *la somme d'un ensemble de* $(k-1)$*-circuits*, c'est-à-dire *la somme de* $(k-1)$*-circuits*, et non *la somme d'ensembles de* $(k-1)$*-circuits* qui se dirait : "a sum $(\bmod 2)$ of ø sets of $(k-1)$-circuits" ou plutôt "a sum $(\bmod 2)$ of a set of sets of $(k-1)$-circuits"[2]. Nous avons déjà rencontré dans la définition du bord d'un complexe orienté cette ambiguïté tout à fait fondamentale entre *sommation* (*sum*) et *ensemble* (*set*). Nous la retrouverons dans Lefschetz 1930 et nous l'étudierons plus précisément à cette occasion.
Ainsi, au sein même de ce traitement matriciel purement arithmétique et dans lequel les circuits ne peuvent être distingués des ensembles de circuits, les résultats sont néanmoins rapportés à cette unité de contenu géométrique[3]. Une opposition qui n'existe que sur le plan du contenu géométrique se répend au sein de ces considérations arithmétiques.
Signalons en passant que les "sets of circuits" intervenaient déjà dans l'article écrit avec Alexander où ils sont explicitement rapportés à la

[1] "complet set" désigne une base des complexes sans bord et de la dimension considérée.
[2] Qui est attesté par l'exemple : "the last $\alpha_k - \rho_k$ columns of B_k are a complete set of k-circuits or sets of circuits." Veblen 1922, p. 80 ou "the last $\alpha_k - r_k$ of D_k represent a complete set of k-circuits or sets of k-circuits." Veblen 1922, p. 108.
[3] Rappelons qu'une colonne d'une matrice d'incidence exprime les relations d'incidence d'une k-cellule avec les $(k-1)$-cellules du complexe.

géométrie :

> "If two solutions s_1 and s_2 be added, their sum is a solution s_3 which is linearly dependent upon s_1 and s_2. Geometrically, s_2 will be represented by the set of circuits which one obtains by superimposing the circuits s_1 upon the circuits s_2 and leaving off the i-cells which are common to the two systems." Veblen & Alexander 1913, p. 169.

Un autre phénomène doit être mentionné dans l'analyse de cette opposition, car il est aussi significatif pour le statut du plan de contenu géométrique dans ce livre. Considérons l'énoncé suivant :

> "Hence any 1-circuit or set of 1-circuits determines a linear relation, modulo 2, among the bounding 0-circuits." Veblen 1922, p. 16.

Pourquoi écrire "1-circuit or set of 1-circuits" quand "set of 1-circuits" semblerait suffire? L'occurrence conjointe de /1-circuit/ et de /set of 1-circuits/ introduit dans cet énoncé une inclusion logique : un circuit étant un "set of 1-circuits" particulier, son occurrence semble logiquement superflue. Et cette inclusion logique n'est pas exceptionnelle, elle est même fréquente[1] :

- "Conversely, any linear relation among the 0-circuit which bound 1-cells of a complex determines a 1-circuit or set of 1-circuits." Veblen 1922, p. 16.
- "Thus any 2-dimensional complex in which each 1-cell is incident with an even number of 2-cells is evidently a 2-circuit or a set of 2-circuits" Veblen 1922, p. 44.
- "Hence there exist $R_1 - 1$ 1-circuits or sets of 1-circuits (...)" Veblen 1922, p. 50.
- "The tree T_1 and the $R_1 - 1$ 1-cells a_p^1 (...) constitute a one-dimensional complex U_1 which is such that none of circuits or sets of circuits bounds." Veblen 1922, p. 70-71.
- "$C_n' + C_n'' \pmod 2$ is also an n-circuit or a set of n-circuits." Veblen 1922, p. 76.
- "the boundary of a C_k is a $(k-1)$-dimensional circuit or a set of $(k-1)$-dimensional circuits (...)" Veblen 1922, p. 77.
- "Each of the remaining $\alpha_k - \rho_k$ columns of B_k represents a k-dimensional complex which has no boundary, i.e., a

[1] Elle est aussi présente dans l'article écrit avec Alexander : "every solution (...) defines an i-circuit or a system of i-circuits" Veblen & Alexander 1913, p. 168.

k-dimensional circuit or set of circuits." Veblen 1922, p. 79.
• "the last $\alpha_k - \rho_k$ columns of B_k are a complete set of k-circuits or sets of circuits." Veblen 1922, p. 80.
• "Each of the first ρ_k columns of A_{k-1} represents a bounding $(k-1)$-circuit or set of circuits and is therefore, etc." Veblen 1922, p. 80.
• "These two complexes constitute an i-circuit, or set of i-circuits, etc." Veblen 1922, p. 87.
• "the last $\alpha_k - r_k$ of D_k represent a complete set of k-circuits or sets of k-circuits." Veblen 1922, p. 108.

La récurrence de cette inclusion est remarquable. Or, il nous semble qu'elle est encore une manifestation du caractère géométrique de cette opposition et en particulier de son caractère non ensembliste. Une acception ensembliste de "set" ne conduirait pas à distinguer ainsi les circuits, c'est-à-dire à distinguer des autres les ensembles réduits à un unique élément.

Alors que le plan de contenu géométrique est absent de la plupart des définitions, ces exemples montrent que le souci d'assurer une signification géométrique n'est pas pour autant absent. Ils sont autant de déviations de la trajectoire que l'on pouvait s'attendre à voir suivie par le texte à partir de l'étude de ses définitions et ces déviations indiquent le poids de l'exigence d'une signification géométrique.

Le conditionnement des fonctions sémiotiques

Ce qui précède a mis en évidence l'instauration d'une certaine ambivalence arithmo-géométrique et les limites de celle-ci. L'étude du conditionnement sémiotique et de la mise en définition a permis de préciser le statut des deux plans de contenu géométrique et arithmétique. Nous allons maintenant étudier plus particulièrement le conditionnement sémiotique des fonctions sémiotiques.

Quelques verbes se distinguent par leur usage systématique tout au long de ce livre, il s'agit de : "to denote", "to determine", "to represent", "to compose" et "to convert". Parmi eux, "to denote" et "to represent" se distinguent très nettement par leur grand nombre d'occurrences. Comme leur analyse sera d'autant mieux fondée qu'elle reposera sur des occurrences suffisamment nombreuses et systématiquement relevées, nous n'avons pas hésité à donner pour chacun d'eux une longue liste

d'exemples.
Voici donc pour commencer un ensemble de citations faisant intervenir le verbe "to denote" :

- "Any set of the k-cells, $a_1^k, a_2^k, \ldots, a_{\alpha_i}^k$, and also the k-dimensional complex consisting of a set of k-cells and their boundaries, may be denoted by a symbol $(x_1, x_2, \ldots, x_{\alpha_i})$" Veblen 1922, p. 76.
- "Any set of oriented n-cells of C_n is called *an oriented n-dimensional complex* and may be denoted by a symbol $(x_1, x_2, \ldots, x_{\alpha_n})$" Veblen 1922, p. 101.
- "The symbol $(x_1, x_2, \ldots, x_{\alpha_k})$ in which the x's are positive or negative integers will be used to denote a set of oriented k-cells, etc." Veblen 1922, p. 105.
- "Let the latter set of 1-circuits be denoted by K_1'." Veblen 1922, p. 59.
- "The n-dimensional cells of this star are all n-cells of $\overline{C}_n$ which can be denoted by $\underline{P_a^0 P_b^1} \ldots P_i^k P_j^{k+1} \ldots P_p^n$, etc." Veblen 1922, p. 90.
- "Let the r-cells of $\overline{C}_n$ be denoted by c_j^r, etc." Veblen 1922, p. 95.
- "The $(i+1)$ dimensional complex composed of the cells b_j^{i+1} and their boundaries is denoted by B_{i+1}." Veblen 1922, p. 95.
- "Letting K_{i+1} denote the complex bounded by K_i'' etc." Veblen 1922, p. 96.
- "The *sum*, modulo 2, of two n-dimensional complexes C_n' and C_n'' (...) is denoted by $C_n' + C_n''$ (mod. 2)." Veblen 1922, p. 76.
- "the complex Γ_n''' is called the *sum* of Γ_n' and Γ_n'' and denoted by $\Gamma_n' + \Gamma_n''$." Veblen 1922, p. 101.
- "Le the rank of E_k $(k = 0, 1, \ldots, n)$ be denoted by r_k." Veblen 1922, p. 108.
- "We shall denote the elements of the main diagonal of E_k^* by d_j^k." Veblen 1922, p. 108.
- "the number of oriented k-circuits in such a set will be denoted by $P_k - 1$." Veblen 1922, p. 110.

En reprenant les conventions introduites dans notre analyse des mémoires de Poincaré, nous pouvons représenter chaque occurrence par une flèche allant de ce qui dénote vers ce qui est dénoté.
La citation :

> "The symbol $(x_1, x_2, \ldots, x_{\alpha_k})$ (...) will be used to denote a set of oriented k-cells, etc."

peut être ainsi schématisée (le sens de la flèche est donné par la grammaire : la pointe indique le complément du verbe) :

$$(x_1, x_2, \ldots, x_{\alpha_\cdot}) \xrightarrow{\text{"to denote"}} \text{set of k-cells}$$

Et en ne retenant que le plan auquel appartient chaque extrémité de la flèche, il est possible de donner une seule représentation pour toutes les citations de la liste :

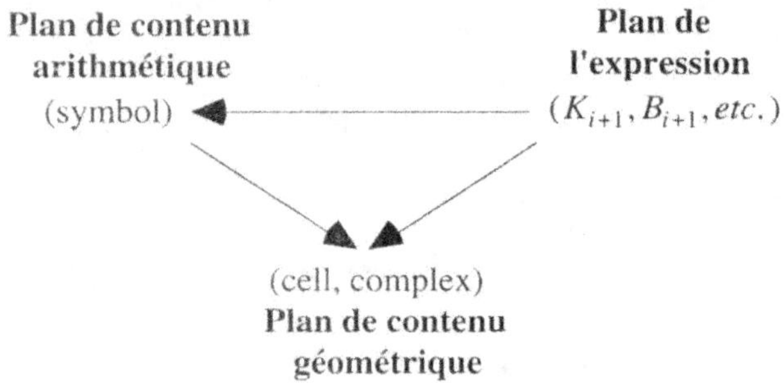

"To DENOTE"

Certaines caractéristiques se dégagent de cette représentation.
- Aucune flèche n'aboutit au plan de l'expression ; c'est-à-dire qu'aucun signe pourvu d'un contenu ne "dénote" une expression.
- Les signes pourvus d'un contenu géométrique sont "dénotés", mais ils ne "dénotent" eux-mêmes aucun signe.
- En revanche, les signes au contenu arithmétique peuvent être "dénotés" par une expression, mais aussi "dénoter" un signe ayant un contenu géométrique.
- Aucune flèche ne va dans les deux sens.

Il résulte de ce qui précède que chacun des plans à une position propre dans ce schéma ; aucun ne peut être substitué à un autre.

Le plan de l'expression et celui du contenu géométrique ont une position symétrique dans la mesure où l'un n'apparaît qu'en position de source, l'autre qu'en position de but. Par cette position, le plan de l'expression s'oppose aux deux plans de contenu (arithmétique et géométrique) qu'il peut "dénoter". Symétriquement, le plan de contenu géométrique s'oppose au plan de l'expression et au plan de contenu arithmétique qui peuvent chacun le "dénoter".
Le plan de contenu arithmétique se distingue par sa position mixte : il est le seul qui puisse aussi bien "dénoter" qu'être "dénoté". Il apparaît ainsi dans une position intermédiaire entre ce qui n'est qu'expression et ce qui a un contenu géométrique. Cette particularité sémiotique, qu'une étude plus générale de ce plan de contenu se devrait d'approfondir, est tout à fait représentative de son rôle à ce moment du développement de l'homologie et plus généralement de la topologie algébrique depuis son introduction dans le *second complément* de Poincaré. On retrouve aussi une position intermédiaire du plan de contenu arithmétique qui ressortait déjà de l'analyse du statut des définitions (il apparaissait alors "entre" les plans de contenu ensembliste et géométrique).
L'asymétrie complète de ce schéma fait clairement ressortir le statut particulier de chacun des plans de contenu.

Considérons maintenant les occurrences du verbe "to represent" qui sont certainement les plus nombreuses. En voici la plupart :

- "Hence there are as many non-zero terms in the sum as there are 1-cells represented by $(x_1, x_2, \ldots, x_{\alpha_1})$ which are incident with a_i^0." Veblen 1922, p. 17.
- "A symbol $(x_1, x_2, \ldots, x_{\alpha_i})$ in which the x's are positive or negative integers or 0 will be taken to represent a set of oriented i-cells ($i = 0$ or 1) on C_1 in which, etc." Veblen 1922, p. 29.
- "If $(x_1, x_2, \ldots, x_{\alpha_i})$ and $(y_1, y_2, \ldots, y_{\alpha_i})$ are symbols for two sets of oriented i-cells $(i = 0,1)$, the symbol $(x_1 + y_1, x_2 + y_2, \ldots, x_{\alpha_i} + y_{\alpha_i})$ is called the *sum* of the two symbols and the set of oriented i-cells which it represents is called the *sum* of two sets of oriented i-cells." Veblen 1922, p 29.
- "the columns of E_2 represent a set of oriented 1-circuits" Veblen 1922, p. 66
- "The columns of E_2 then represent a set of oriented 1-circuits" Veblen 1922, p. 66.
- "every bounding $(k-1)$-circuit is a sum $(\bmod 2)$ of a set of $(k-1)$-circuits which bound k-cells, i.e., which are represented by

columns of H_k." Veblen 1922, p. 77.
• "each of the first ρ_k columns of B_k represents a k-dimensional complex bounded by the $(k-1)$-dimensional complex represented by the corresponding column of A_{k-1}." Veblen 1922, p. 79.
• "This enables us to modify B_k so that each of its last $\alpha_k - \rho_k$ columns represents a *single* k-circuit." Veblen 1922, p. 80.
• "the sets of k-circuits represented by the rest of the last $\alpha_k - \rho_k$ columns" Veblen 1922, p. 80.
• " B_k may be so chosen that each of these columns represents a single k-circuit." Veblen 1922, p. 80.
• "Each of the first ρ_k columns of A_{k-1} represents a bounding $(k-1)$-circuit or set of circuits and is therefore, etc." Veblen 1922, p. 80.
• "The last ρ_k columns of B_{k-1} then represent bounding sets of $(k-1)$-circuits and the $P_{k-1}-1$ columns preceding these represent non-bounding $(k-1)$-circuits." Veblen 1922, p. 80.
• "The first ρ_k columns represent k-dimensional complexes bounded by sets of $(k-1)$-circuits. Each of the next $R_k - 1$ columns represents a non-bounding k-circuit. The last ρ_{k-1} columns represent sets of bounding k-circuits." Veblen 1922, p. 81.
• "If C_k is the complex represented by $(x_1, x_2, \ldots, x_{\alpha_i})$ and C_{k-1} the set of $(k-1)$-circuits represented by $(y_1, y_2, \ldots, y_{\alpha_{i-1}})$" Veblen 1922, p. 82.
• " K_i' bounds a complex composed of cells of $\overline{C}_n$ if and only if it is represented by a symbol $(x_1, x_2, \ldots, x_{\alpha_i})$, etc." Veblen 1922, p. 96.
• "$(x_1, x_2, \ldots, x_{\alpha_i})$ represents any i-dimensional complex" Veblen 1922, p. 106.
• "any solution of these equations in integers represents a set of oriented k-circuits of C_n." Veblen 1922, p. 106.
• "the jth column of D_k represents an oriented complex" Veblen 1922, p. 108.
• "each column represents a single k-circuit." Veblen 1922, p. 108
"every column of E_{k+1} represents a solution of (E_k) since it represents an oriented k-circuit bounding a k-cell." Veblen 1922, p. 110•
• "a definite column of C_k which represents a set of oriented k-circuits" Veblen 1922, p. 112.
• " Γ_{k-1}^i is the oriented k-dimensional complex represented by the ith column of D_k, Γ_{k-1}^i the oriented $(k-1)$-circuit represented by the ith column of C_{k-1}." Veblen 1922, p. 116.
• "For if we let a_j^k (...) represent the cell a_j^k and its boundary, instead

of the cell alone as in the notation heretofore used, etc." Veblen 1922, p. 81.
• "We shall say that a complex C_n (...) is *congruent* (...) This is represented by the notation ..." Veblen 1922, p. 55.
• "C_n represents a complex on C." Veblen 1922, p. 56.
• "K_1' represents a set of 1-circuits composed of cells of $\overline{C}_2$." Veblen 1922, p. 57.
• "For if we let a_j^k ($j = 1,2,\ldots,\alpha_k$; $k = 1,2,\ldots,n$) represent the cell a_j^k and its boundary" Veblen 1922, p. 81.

Cette longue liste se réduit au schéma suivant :

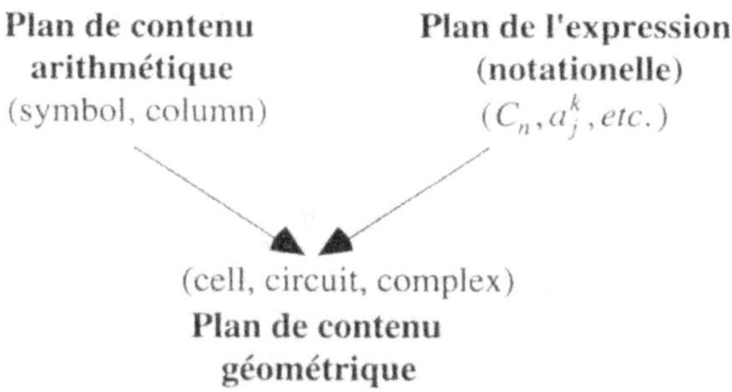

"To REPRESENT"

Soulignons que seules les cinq dernières citations attestent que "to represent" peut s'appliquer à des expressions notationnelles et que toutes les autres se rapportent au plan de contenu arithmétique. Quoiqu'il en soit, la simplicité de ce schéma, mise en regard du nombre des occurrences, nous permet de conclure à un usage très systématique de ce verbe du point de vue des plans de contenu auxquels il se rapporte.
Comme pour le verbe précédent, c'est une expression notationnelle ou un signe pourvu d'un contenu arithmétique qui "représente" un signe pourvu d'un contenu géométrique. On retrouve ainsi cet aspect par lequel le plan de contenu arithmétique s'apparente au plan de l'expression : ils partagent la possibilité de "représenter" comme ils partageaient celle de "dénoter". Ces deux plans sont même ici indiscernables.

Quant au plan de contenu géométrique, il a toujours sa position caractéristique : les flèches y aboutissent mais n'en partent jamais...

On notera encore que les deux verbes sont communs aux cas orienté et non orienté, ce qui confirme l'homogénéité sémiotique du texte à l'égard de cette distinction pourtant saillante dans l'organisation du livre.

Si l'on reporte ces verbes sur la représentation du signe *complex* on obtient :

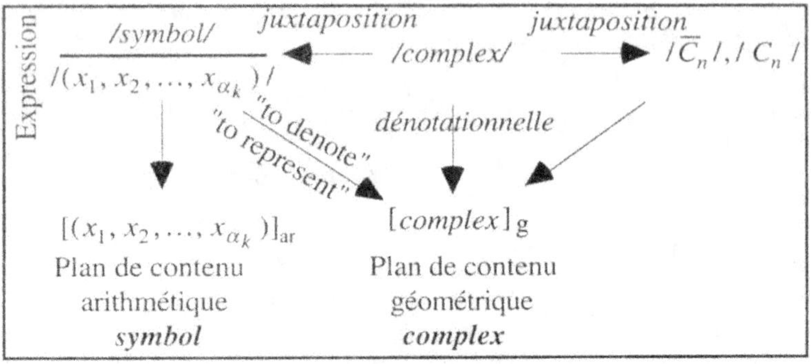

La flèche qui associe les symbols et les complexes a une orientation bien déterminée ; elle pointe vers le signe qui a un contenu géométrique. A l'inverse, aucune flèche partant de l'expression naturelle ou notationnelle d'un complexe n'aboutit au plan de contenu arithmétique. L'ambivalence arithmo-géométrique de *complex* se retrouve d'une part dans le fait que les fonctions sémiotiques partant des expressions notationnelles des complexes et de celles des symbols sont associées aux deux mêmes verbes et d'autre part que l'expression naturelle /complex/ peut être juxtaposée à une expression notationnelle telle que $/C_k/$ aussi bien qu'à $/(x_1, x_2, \dots, x_{\alpha_i})/$[1].
La fonction associant une expression arithmétique à son contenu arithmétique n'a pas changé de même que l'on retrouve la fonction dénotationnelle qui associe l'expression /complex/ à son contenu géométrique. Il importe de rappeler ici un trait caractéristique du système sémiotique de ce livre qui n'apparaît pas sur cette représentation ; nous voulons parler du recul du contenu géométrique, et corrélativement de la fonction dénotationnelle, par lequel ce livre diffère des mémoires de Poincaré.

---

[1] Par exemple : "The oriented complex $(x_1, x_2, \dots, x_{\alpha_i})$ is said to *cover* the oriented complex $(z_1, z_2, \dots, z_{\alpha_i})$ *d times*." Veblen 1922, p.29. Il n'y a néanmoins que quelques occurrences de cette juxtaposition.

Il n'y a pas lieu, ici non plus, de distinguer entre les complexes orientés et non orientés. Le statut des plans de contenu et les fonctions sémiotiques qui s'y rapportent sont les mêmes dans les deux cas.

Conclusion

En ayant l'objectif d'être un "systematic treatise on the elements of Analysis situs", ce livre relève d'un genre bien différent des mémoires de Poincaré. Non que le souci de rigueur soit absent de ceux-ci, mais Veblen adopte ici un mode de rédaction et d'organisation qui sont typiques d'un courant caractérisé par un souci des fondements des mathématiques et particulièrement de l'axiomatisation de la géométrie. C'est ainsi que ce livre est principalement composé d'un enchaînement de définitions, quand les mémoires de Poincaré le sont de démonstrations et d'exemples. L'analyse des définitions prend donc ici une importance qu'elle n'avait pas là. Ces définitions forment un véritable système qui est en tant que tel significatif. Mais il convient de distinguer nettement son analyse de celle du système sémiotique, d'une part, et d'autre part de celle du conditionnement sémiotique.

Rapporté à ses définitions, ce livre apparaît développer avant tout des considérations relevant de la théorie des ensembles et de l'arithmétique. C'est, en particulier, en termes ensemblistes que sont formulées les définitions des cellules, de leur bord et des complexes. Toutes ces notions ont néanmoins une signification géométrique certaine. Ces définitions, notamment celles du bord d'un complexe, de l'addition de deux complexes et de l'homologie, ont en commun de ménager une ambivalence arithmo-géométrique dont on peut dire qu'elle est la solution adoptée dans ce livre pour répondre au problème de l'addition des complexes que pose l'introduction des relations d'homologie. Bien que les cas orienté et non orienté soient traités séparément, cette solution leur est commune : Veblen introduit pour ce dernier des surfaces de Riemann généralisées qui garantissent une signification géométrique aux symbols d'entiers. C'est ainsi que fonder le calcul homologique semble, pour Veblen, impliquer de garantir en permanence une signification géométrique aux termes et aux opérations. La question générale de la signification et celle du fondement d'une théorie mathématique paraissent en l'occurrence indissociables. Mais ce sont là en quelque sorte les intentions de l'auteur, non pas celles qu'il aurait déclarées, mais celles qui ressortent de ses définitions. Cette manière de fonder l'homologie au moyen d'une ambivalence arithmo-géométrique systématique atteint néanmoins ses limites dès qu'il s'agit de considérer le passage d'une subdivision à une autre. Elle n'est pas non plus adaptée au traitement des complexes singuliers qui interviennent dans l'énoncé et la démonstration de l'invariance au sens de l'*Analysis situs* des nombres de connexion et de Betti.

L'étude du système sémiotique conduit à des résultats un peu différents… D'abord, malgré des définitions au style ensembliste bien marqué, le plan de contenu ensembliste n'intervient dans le contenu d'aucun signe. Le signe *complex* a au contraire un contenu géométrique, c'est-à-dire qu'il peut être en même temps [ensemble de cellules]$_{ens}$ et [ensemble de points]$_{ens}$. Cette caractéristique intervient notamment dans le passage d'une subdivision à une autre et en particulier dans les théorèmes de dualité et les théorèmes d'invariance par subdivision aussi bien que d'invariance au sens de l'*Analysis Situs*. C'est-à-dire qu'elle se manifeste précisément là où l'ambivalence arithmo-géométrique est défectueuse, c'est-à-dire dans ces déductions et ces relations dont ne rend pas compte le système des définitions. On retrouve ainsi cette propriété caractéristique des contenus géométriques qui était déjà à l'œuvre dans les mémoires de Poincaré et, de surcroît, avec des fonctions analogues. Les signes *complex* et *variété* ont donc chacun un contenu géométrique, suivant une acception qui est rigoureusement la même, et le plan de contenu géométrique joue ainsi, pour une part essentielle, le même rôle dans les mémoires de Poincaré et le livre de Veblen. Mais il convient néanmoins de remarquer qu'on ne retrouve pas attachée au signe *complex*, et plus généralement dans le livre, la diversité des manifestations du contenu géométrique du signe *variété* et notamment pas celle liée aux frontières. C'est là, probablement, une conséquence de la présentation axiomatique qui s'oppose ainsi directement à la diversité caractéristique des manifestations d'un contenu géométrique.

Autre différence importante, l'absence du plan de contenu algébrique et, corrélativement, la manière dont le signe *complex* est mis en relation avec le plan de contenu arithmétique. Nous avons vu que cette relation se faisait par l'intermédiaire du signe *symbol* qui a la particularité d'avoir un contenu arithmétique et géométrique.

L'absence de tout contenu algébrique est d'une certaine manière la trace dans le système sémiotique de l'ambivalence arithmo-géométrique instaurée par les définitions. Elle montre à partir du système sémiotique

que l'exigence de pourvoir les signes d'une signification a, elle, été totalement satisfaite. C'est peut-être là une des caractéristiques qui distingue le plus nettement ce texte de tous les autres de notre corpus. La conclusion peut sembler paradoxale, mais c'est bien dans ce livre qui s'inscrit résolument dans le courant axiomatique que les signes ont toujours un, voire deux contenus.

Cette permanence d'un contenu, et particulièrement d'un contenu géométrique, ressort aussi du conditionnement sémiotique. C'est ainsi que la mise en définition de la somme de deux complexes orientés et celle du produit d'un complexe par un entier trahissent cette exigence. De même, le fait de qualifier de "very artificial" la définition arithmétique de l'orientation montre que Veblen ne réduit pas toujours une notion mathématique à ses caractéristiques opératoires, celle-ci pouvant avoir une signification, en l'occurrence géométrique, propre et distincte de sa définition qui est dès lors qualifiée d'"artificielle". Le conditionnement sémiotique a aussi montré que les deux plans de contenu géométrique et arithmétique ont chacun une position caractéristique dans le système sémiotique. Le plan de contenu arithmétique a la particularité d'être aussi bien le point de départ que d'arrivée de fonctions sémiotiques puisque les symbols peuvent aussi bien "dénoter" qu'être "dénotés". Le plan de contenu géométrique est, lui, toujours et uniquement le point d'arrivée des flèches. On retrouve ici des caractéristiques déjà apparues avec les mémoires de Poincaré.

Le contraste entre l'analyse du système sémiotique et l'analyse des définitions est extrême. Certaines définitions sont en effet typiquement ensemblistes alors que le plan de contenu ensembliste ne joue aucun rôle dans le système sémiotique. Corrélativement à ces définitions ensemblistes, la géométrie apparaît peu dans les définitions, alors que le plan de contenu géométrique intervient dans le contenu des signes, et nous avons vu de quelle manière essentielle. La prise en compte d'autres phénomènes, comme la mise en définition et d'autres éléments relevant du conditionnement sémiotique, viennent nuancer ce contraste et permettent de comprendre comment ce livre peut avoir, avec ces définitions, le système sémiotique qu'il a. Mais le contraste demeure, et avec lui toute sa signification. C'est ainsi que la réduction des manifestations du plan de contenu géométrique relève d'un mouvement général qui est lié à cet intérêt pour les fondements des mathématiques alors partagé par de nombreux mathématiciens. Les principes mêmes de l'axiomatique, en particulier, apparaissent nécessairement limiter la diversité des manifestations qui caractérisent le plan de contenu géométrique. Néanmoins, une autre caractéristique de ce plan de contenu demeure qui se dérobe au système des définitions proposées. Mais le plus remarquable est le contraste entre l'influence manifeste du développement de la "théorie des ensembles" sur les définitions et l'absence de toute conséquence au delà. Ceci montre bien à quel point il importe de distinguer les analyses entre elles et à quel point il importe, en particulier, de ne pas prendre les définitions comme seul moyen d'apprécier les conséquences du développement de cette "théorie".

CHAPITRE IV

L'ARTICLE "COMBINATORIAL ANALYSIS SITUS" DE J.W. ALEXANDER

Introduction

Ce chapitre est consacré à l'analyse d'un article d'Alexander publié en 1926 et intitulé : "Combinatorial Analysis situs". Avant ce texte, Alexander a fait paraître plus d'une dizaine de notes et d'articles sur la topologie et l'homologie. Nous avons déjà eu l'occasion de mentionner celui qu'il a publié avec Veblen en 1913, mais il faut surtout signaler l'article "A proof and extension of the Jordan-Brouwer separation theorem" publié en 1922 et dans lequel il énonce et démontre le théorème qui sera très vite appelé le "théorème de dualité d'Alexander"[1]. Ce théorème énonce une relation d'une grande simplicité entre les nombres de connexion (c'est-à-dire les nombres de Betti définis à partir d'homologies réduites modulo 2) d'une "figure" et ceux de l'espace complémentaire :

---

[1] Voir par exemple : Alexandroff 1927 "Sur la décomposition de l'espace par des ensembles fermés" et "Über die Dualität zwischen den Zusammenhangszahlen einer abgeschlossenen Menge und des zu ihr Komplementären Raumes", Lefschetz 1927 "The residual set of a complex on a manifold and related questions", Frankl 1927 "Topologische Beziehungen in sich kompakter Teilmengen euklidischer Räume zu ihren Komplementen sowie Anwendung auf die Primendentheorie", Pontrjagin 1927 "Zum Alexanderschen Dualitätssatz", van Kampen 1928 "Eine Verallgemeinerung des Alexanderschen Dualitätssatzes", Brown 1930 "An extension of the Alexander duality theorem", etc.

"Given a figure C of known connectivity immersed in an n-space H, what can be said about the connectivity of the domain $H-C$ residual to C?" Alexander 1922, p. 333

"Let C be any chain immersed in an n-sphere H^n. Then, between the invariants R^i of C and the invariants $\overline{R}^i$ of $H^n - C$ there exists the following duality relation :

$$R^i = \overline{R}^{n-i-1} \qquad (0 \leq i \leq n-1)\text{"}$$

Alexander 1922, p. 343

Comme l'indique le titre de l'article, ce théorème étend celui de Jordan, qui avait déjà été généralisé dix ans auparavant par Brouwer[1], à la séparation d'une sphère de dimension n par une variété de dimension $n-1$. Mais le théorème d'Alexander est relatif aux nombres de connexion, c'est-à-dire qu'il fait intervenir l'homologie, alors que le théorème de Jordan et sa généralisation par Brouwer n'impliquaient que le nombre de composantes connexes. Cet article est aussi remarquable parce qu'il introduit pour la première fois un résultat qui n'a pas été énoncé par Poincaré, tout en s'inscrivant dans le champ ouvert par ses travaux sur l'homologie et avec un énoncé très semblable à celui qu'il a donné de la dualité (resp. $R^i = \overline{R}^{n-i-1}$ et $P^i = P^{n-i}$).

En plus du théorème de Jordan-Brouwer, le théorème de dualité d'Alexander présente comme des corollaires immédiats le théorème d'accessibilité de Schönflies, l'invariance des dimensions et l'invariance des domaines, liste impressionnante de théorèmes pour la démonstration desquels jamais non plus l'homologie n'avait auparavant été appliquée et qui sont ici énoncés et prouvés en moins d'une page... Ces théorèmes ont aussi en commun, comme le théorème de Jordan, de n'avoir jamais été considérés dans les mémoires de Poincaré et d'être, en revanche, au centre des préoccupations de la plupart des mathématiciens qui ont au début du XXe siècle contribué au développement de l'*Analysis Situs* mais sans recourir aux relations d'homologie : Schönflies, Bliss, H. Hahn, Lennes, Brouwer, Lebesgue, Kerekjarto... Veblen en 1905[2] et Alexander aussi, dans un article publié en 1920[3], ont consacré chacun des travaux au théorème de Jordan dans lesquels ils ne recouraient pas non plus aux

---

[1] "Beweis des Jordanschen Satzes für n-dimensionalen Raum", *Math. Annalen*, 71, p. 314-319, 1912.

[2] "Theory of plane curves in non-metrical analysis situs", *Transactions of the American Mathematical Society*, 6, p. 83-98, 1905.

[3] "A proof of Jordan's theorem about a simple closed curve", *Annals of Mathematics*, 21, p. 180-4, 1920.

relations d'homologie. Ainsi, en énonçant un théorème sur l'homologie, le théorème de dualité d'Alexander s'inscrit dans le prolongement des mémoires de Poincaré en même temps qu'il inscrit dans un espace de déduction commun, en tant qu'ils sont ses corollaires, les principaux théorèmes de la topologie de ce début du XXe siècle que Poincaré n'a pas abordés[1].

Sans être un article mathématiquement aussi important, celui que nous allons analyser a néanmoins aussi été fréquemment cité, principalement pour le théorème de caractérisation des homéomorphismes qu'il présente[2]. Le projet explicite de cet article, qui lui donne son titre, est de faire un exposé combinatoire de l'*Analysis Situs*. L'approche combinatoire proposée ne vise pas, comme c'est le cas dans les articles de Weyl, de Dehn & Heegaard ou même de Tietze, à limiter les opérations et les objets à des combinaisons d'éléments, simplexes ou cellules, en nombre fini. Alexander propose au contraire une caractérisation combinatoire (avec recours à un passage à la limite) de l'homéomorphie de deux complexes, où l'homéomorphie est bien l'existence d'une application continue et bijective entre deux complexes, et grâce à laquelle il donne une nouvelle démonstration de l'invariance topologique des nombres de connexion. La combinatoire n'est donc pas ici un point de vue alternatif qui romprait avec la topologie générale pour en éviter les difficultés liées à l'infini et aux pathologies qui en résultent ; elle n'est pas une autre branche de l'*Analysis Situs* mais, comme dans les travaux de Brouwer, une technique au service de l'étude de celle-ci.

L'article comprend une trentaine de pages ; il est donc bien plus court que les deux textes précédemment analysés. Il se compose de trois parties. La première, qui a pour titre "Combinatorial formulation", est consacrée au théorème sur les homéomorphismes et à sa démonstration. Dans la deuxième, "Connectivity", les notions d'homologie, de nombres de connexion, de coefficients de torsion, etc., sont introduites. La troisième et dernière partie, "Invariance of the topological constants", fait la synthèse des deux premières : elle est consacrée à la démonstration de l'invariance topologique des nombres de connexion et des coefficients de torsion.

---

[1] Une analyse partielle de cet article a été donnée dans Herreman 1997.

[2] Il est par exemple cité dans : Lefschetz 1927b ; Alexandroff, CRAS 1927; Alexandroff 1927c ; Lefschetz 1928 ; Hopf 1928c ; van Kampen 1929 ; Alexandroff 1929 ; Lefschetz 1930 ; Hopf 1930b ; de Rham 1931 ; Tucker 1933 ; Lefschetz 1937.

Dans les mémoires de Poincaré et le livre de Veblen, un même signe, *variété* pour l'un et *complex* pour l'autre, servait à la fois à désigner l'espace étudié, les variétés tracées sur celui-ci, leurs frontières, les termes dans les relations d'homologie, etc. Certaines de ces fonctions sont ici réparties dans des signes distincts. Nous montrerons qu'il y a essentiellement deux types de signes dans ce texte : ceux qui ont un contenu géométrique et ceux qui ont un contenu algébrique et nous décrirons le rapport entre ces deux types de signes. Cela nous conduira à donner une caractérisation de la notion d'"interprétation" qui sert à désigner ce rapport dans ce texte. Mais nous verrons que les sommets (*vertex*) ont en fait deux contenus, géométrique et algébrique, et nous mettrons en évidence leur rôle dans le passage d'un plan à l'autre dans l'ensemble du texte. Nous montrerons ainsi que ces deux plans de contenu sont moins systématiquement distingués que ne le laisse penser la notion d'"interprétation".

Les signes ayant un contenu géométrique : *cell*, *complex*

Nous allons commencer par décrire les signes *cell* et *complex* qui ont un contenu géométrique. Les cellules sont définies à partir des k-simplexes, eux-mêmes définis par analogie avec les tétraèdres :

> "A k-*simplex* is the k-dimensional analogue of a tetrahedral region." Alexander 1926, p. 301.

Les k-simplexes sont situés dans l'espace euclidien, ils ont une dimension et un bord formé des simplexes de dimensions inférieures. "Cell" n'est que le nom donné à un simplexe qui compose un complexe :

> "The k-simplexes of a complex ($k = 0, 1, 2, \ldots$) will be called the *cells* of the complex." Alexander 1926, p. 302.

L'expression /cell/ se substitue ainsi à /simplex/, qui disparaît alors rapidement de la suite de l'article dans laquelle /cell/ revient en revanche fréquemment. Les cellules ont aussi une dimension, un bord, elles ont un diamètre, elles sont déformables et elles sont composées de points :

• "We notice that the maximum diameter of the cells of Φ_i approaches zero as i increases without bound." Alexander 1926, p. 303.
• "we are led to a complex Ψ_j' similar to Ψ_j in cellular structure and deformable into Ψ_j by merely shifting the vertices W_s back to the centers of the respective cells of Ψ_{j-1} on which they lie." Alexander 1926, p. 304.
• "the interior and boundary of each cell" Alexander 1926, p. 306.
• "the maximum diameter of a cell" Alexander 1926, p. 307.
• "a pseudo-identical transformation of Ψ carrying a point Q of a cell C of Δ_{i+1} into a point, or boundary point, of the same cell C." Alexander 1926, p. 304.

Une cellule peut être aussi subdivisée en d'autres cellules par l'introduction, en son centre de gravité, d'un nouveau sommet :

• "introducing a new vertice W at the center of some i-cell" Alexander 1926, p. 324.
• "subdividing each k-cell" Alexander 1926, p. 325.
• "the center of mass of the ith cell of Φ" Alexander 1926, p. 303.
• "we must introduce a new vertex W_s at the center of each cell of Ψ_{j-1}." Alexander 1926, p. 304.

Ces citations donnent des manifestations diverses du contenu géométrique du signe *cell* ; nous montrerons un peu plus loin, en même temps que pour *complex*, que ce signe vérifie bien la propriété caractéristique de ce contenu.

Le signe *cell* a bien sûr une expression notationnelle qui peut être du type /C/ (comme le montrent les exemples précédents), mais qui peut être aussi /$|V_0V_1 \ldots V_k|$/, où les V_i dénotent les sommets de la cellule ou du simplexe[1] :

"A *k-simplex* is completely determined by its vertices. If we denote the latter by the marks $V_0, V_1, \ldots, V_k$ respectively, we may conveniently denote the simplex itself by the symbol

$$|V_0V_1 \ldots V_k|$$

where the order of appearance of the marks V_i is immaterial." Alexander 1926, p 301.

---

[1] Ces expressions, sans les barres de "valeur absolue", interviennent déjà dans les travaux de Brouwer, ainsi que dans Veblen & Alexander 1913. La suite fera comprendre le rapport avec la notion de valeur absolue.

Ce type d'expression, introduit pour les simplexes, est aussi utilisé pour les cellules, conformément à l'identification déjà signalée :

- "it shall carry the interior and boundary of each cell $|V_0V_1 \ldots V_i|$" Alexander 1926, p. 306.
- "the corresponding cell $|W_0W_1 \ldots W_i|$" Alexander 1926, p. 306.
- "Now, there are two distinct *orientations* of an i-cell $|V_0V_1 \ldots V_i|$" Alexander 1926, p. 310.
- "subdividing each k-cell $|V_0V_1 \ldots V_iV_{i+1} \ldots V_k|$" Alexander 1926, p. 325.

L'expression $/|V_0V_1 \ldots V_k|/$ a ceci de remarquable qu'elle n'est pas indécomposable. Ce n'est plus une lettre simple (éventuellement pourvue d'un indice ou d'un exposant) mais une suite (finie) de lettres. Cette expression est complexe dans la mesure où elle est formée d'expressions notationnelles ($/V_0/$, etc.) qui ont elles-mêmes un contenu géométrique. Ces expressions, en tant qu'expressions, entretiennent aussi entre elles certaines relations : Alexander précise que l'ordre des lettres est indifférent ("the order of appearance of the marks V_i is immaterial"), et des remarques explicites sont ainsi consacrées aux règles de transformation des expressions notationnelles.
Mais ces expressions ont surtout la particularité d'avoir une certaine ressemblance avec ce qu'elles désignent. En effet, alors que l'expression $/C/$ a un rapport arbitraire avec la cellule qu'elle désigne, on retrouve dans l'expression $/|V_0V_1 \ldots V_k|/$ certaines caractéristiques de celle-ci : les lettres qui la composent sont les expressions attachées aux sommets. De plus, comme les simplexes et les cellules d'un complexe sont "déterminés"[1] par leurs sommets, ils sont aussi, dans cette mesure, "déterminés" par leurs expressions notationnelles. L'expression $/|V_0V_1 \ldots V_k|/$ présente donc une forte iconicité.

---

[1] "A k-simplex is completely determined by its vertices." Alexander 1926, p. 301.

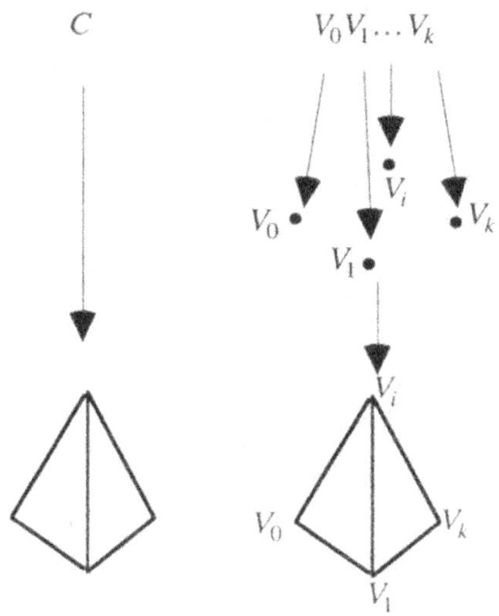

Considérons maintenant le signe *complex*. Comme dans le livre de Veblen, auquel l'auteur fait référence, un complexe est, par définition, un ensemble (fini) de cellules :

> "a *complex* will be any finite set of simplexes such that (1) no two simplexes of the set have a point in common, (2) every face of a simplex of the set is itself a simplex of the set." Alexander 1926, p. 301-302.

Il n'est pas difficile de vérifier que, conformément à cette définition, le signe *complex* a bien [ensemble de cellules]$_{ens}$ pour contenu :

- "A complex is completely determined by those of its cells that are not on the boundaries of other cells" Alexander 1926, p. 302.
- "A complex may be represented schematically by the combined symbols of its determining cells" Alexander 1926, p. 302.
- "we assign an order to the cells of a complex Φ" Alexander 1926, p. 303.
- "Since the maximum diameter of the cells of the derived complexes Ψ_i, etc." Alexander 1926, p. 304.
- "no point of Ψ ever leaves the cell of Ψ_{j-1} on which it lies initially." Alexander 1926, p. 304.
- "the set of all cells of Φ having V as a vertex." Alexander 1926, p. 305.

- "The *boundary* of a star will be the complex composed of the cells of Φ that, etc." Alexander 1926, p. 305.
- "the vertices $V_0, V_1, \ldots, V_i$ of a cell of Φ, etc." Alexander 1926, p. 305.
- "Let $|V_0 \ldots V_k|$ be a k-cell of the complex Φ" Alexander 1926, p. 326.

Mais, outre le contenu [ensemble de cellules]$_{\text{ens}}$, le signe *complex* a aussi pour contenu [ensemble de points]$_{\text{ens}}$, ce qui n'est pas explicite dans la définition qui en est donnée. Ce contenu intervient notamment dans la notion d'homéomorphisme à laquelle une partie de l'article est consacrée. Il est aussi impliqué dans le fait de considérer la densité ou la déformation d'ensembles de points contenus dans un complexe. En voici des exemples :

- "Two complexes are said to be *homeomorphic* provided there exists a one-one continuous correspondence between the points of one and the points of the other." Alexander 1926, p. 303.
- "a one-one continuous correspondence between the derived vertices of Φ and Ψ induces a similar correspondence, by continuity, between all the points of Φ and of Ψ." Alexander 1926, p. 304.
- "we shall assume that there exists a one-one continuous correspondence K between the points of Φ and of Ψ." Alexander 1926, p. 304.
- "let us assume that there exists a one-one continuous correspondence K between the points of Φ and the points of Ψ." Alexander 1926, p. 308.
- "converges uniformly to a definite limiting transformation T of the points of Ψ into points of Φ." Alexander 1926, p. 309.
- "a continuous transformation U of the points of Φ into points of Ψ." Alexander 1926, p. 309.
- "the transformation T determines a one-one continuous correspondence between the points of Φ and the points of Ψ." Alexander 1926, p. 310.
- "They [the vertices of the derived complexes of Φ] and their limit points make up the points of Φ." Alexander 1926, p. 303.
- "we are led to a complex Ψ_j' similar to Ψ_j in cellular structure and deformable into Ψ_j" Alexander 1926, p. 304.
- "no point of Ψ ever leaves the cell of Ψ_{j-1} on which it lies initially." Alexander 1926, p. 304.
- "the number of non-overlapping connected complexes out of which the complex Φ is formed." Alexander 1926, p. 314.

Ces exemples montrent que le signe *complex* a bien un contenu géométrique. Ces deux contenus interviennent aussi parfois conjointement ; c'est notamment le cas dans la subdivision d'un complexe. Cette opération est ramenée à la subdivision des cellules du complexe :

> "Let
>
> (3.1) $|V_0V_1 \dots V_i|$ $(i > 0)$,
>
> be an i-face of a k-simplex
>
> (3.2) $|V_0V_1 \dots V_iV_{i+1} \dots V_k|$ $(k \geq i)$,
>
> and let W be the center of mass of the faces (3.1). We may then subdivide the simplex (3.2) into the $(i+1)$ k-simplexes
>
> $$|WV_1 \dots V_iV_{i+1} \dots V_k|$$
>
> (3.3) $$|V_0W \dots V_iV_{i+1} \dots V_k|$$
>
> ....
>
> $$|V_0V_1 \dots WV_{i+1} \dots V_k|$$
>
> together with certain separating faces of lower dimensionalities which need not be indicated explicitly." Alexander 1926, p. 302-303.

La subdivision d'un complexe implique donc non seulement l'ensemble des cellules, mais aussi de nouveaux points, autres que les sommets des cellules, puisés parmi les points du complexe qui doit dès lors être aussi considéré comme un ensemble de points.

De plus, comme dans les textes précédents, le complexe et ses complexes dérivés (c'est-à-dire des subdivisions de celui-ci) diffèrent en tant qu'ensembles de cellules, mais sont identiques en tant qu'ensembles de points. Cette importante possibilité intervient notamment tout au long de la première partie de l'article consacrée à la caractérisation des homéomorphismes entre deux complexes Φ et Ψ. Nous allons le montrer à partir des "elementary transformations".
Ces transformations font correspondre les sommets d'un complexe avec les sommets d'un autre complexe, en respectant les relations d'incidence entre les cellules déterminées par ces sommets. Elles sont d'abord définies sur les sommets ; puis elles sont étendues à tous les points du complexe :

> "We may, therefore, extend the domain of definition of the transformation Φ to the entire complex Φ by prescribing that it shall carry the interior and boundary of each cell
>
> $$|V_0V_1 \dots V_i|$$

of Φ by an affine transformation into the interior and boundary of the corresponding cell

$|W_0 W_1 \ldots W_i|$" Alexander 1926, p. 306.

C'est cette transformation qu'Alexander appelle une "elementary transformation". On remarquera qu'elle est définie sur l'ensemble des points du complexe. Or, la démonstration du théorème en question consiste à introduire une suite de dérivés des deux complexes considérés et à construire une approximation de l'homéomorphisme par une suite de transformations élémentaires définies sur ces complexes dérivés. Toutes ces transformations élémentaires sont définies sur des complexes dérivés différents. Pour qu'elles puissent être comparées à l'homéomorphisme considéré, il faut qu'elles soient appliquées au même ensemble de points, en l'occurrence celui de Φ, et que leurs ensembles images soient aussi inclus dans le même ensemble de points, celui de Ψ. Dans les deux cas, cela implique qu'un complexe et ses complexes dérivés soient constitués d'un même ensemble de points.
Cela ressort d'ailleurs clairement des deux passages suivants, où les transformations τ_{2i+1} et τ_{2i} sont des transformations élémentaires définies, respectivement, sur des complexes dérivés de Φ et de Ψ :

- "the transformations τ_{2i+1} of odd orders map the points of the complex Ψ upon points of the complex Φ and the transformations τ_{2i} of even orders map the points of the complex Φ upon points of the complex Ψ." Alexander 1926, p. 308.
- "We prove, first of all, that the sequence

$$\tau_1, \tau_3, \tau_5, \ldots$$

consisting of the odd terms of (7.4) [$\tau_1, \tau_2, \tau_3, \ldots$] converges uniformly to a definite limiting transformation T of the points of Ψ into points of Φ." Alexander 1926, p. 309.

Voici pêle-mêle d'autres exemples qui attestent et illustrent l'identification des complexes et de leurs dérivés à partir de leur ensemble de points :

- "The vertices of the derived complexes of Φ will be called the *derived vertices* of Φ. They and their limit points make up the points of Φ." Alexander 1926, p. 303.
- "a one-one continuous correspondence between the derived vertices of Φ and Ψ induces a similar correspondence, by continuity, between all the points of Φ and of Ψ." Alexander 1926, p. 304.

- "we shall first prove that there exists a correspondence K_1 differing from the given correspondence K by as little as we please" Alexander 1926, p. 304.
- "The deformation D undergone by the complex Ψ when Ψ'_{j-1} is transformed into Ψ_j clearly approaches zero as j increases without bound, since no point of Ψ ever leaves the cell of Ψ_{j-1} on which it lies initially." Alexander 1926, p. 304.
- "the transformation τ_{i_n} displaces no point of the complex Φ by more than the maximum diameter of a cell of Φ_{i_n}." Alexander 1926, p. 307.

Les contenus [ensemble de points]$_{\text{ens}}$ et [ensemble de cellules]$_{\text{ens}}$ coexistent et ces exemples montrent que leur identification intervient dans de nombreux arguments de cet article. On obtient en définitive la représentation complète suivante du signe *complex* :

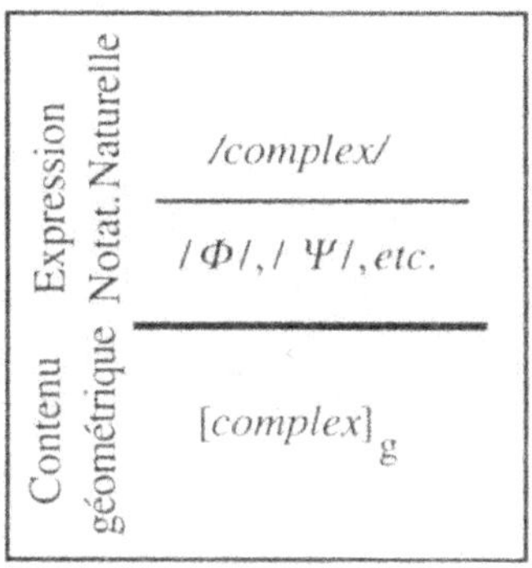

Les signes ayant un contenu algébrique : *elementary chain* et *chain*

Les signes *cell* et *complex* ont donc un contenu géométrique et aucun autre. Mais contrairement aux signes *variété* et *complex* dans les mémoires de Poincaré et le livre de Veblen, *complex* ne désigne que l'espace étudié et ce sont d'autres signes qui interviennent dans les relations d'homologie. Ce sont ces signes que allons maintenant décrire et nous allons montrer qu'ils ont un contenu algébrique.
Commençons par le signe *elementary i-chain* dont voici la définition :

> "An *elementary i-chain* of a complex Φ will be defined as any symbolical expression of the form
> (8.1) $$\pm V_0 V_1 \ldots V_i$$
> where the marks $V_0, V_1, \ldots, V_i$ denote the vertices of an i-cell of Φ." Alexander 1926, p. 310.

Suivant cette définition, une i-chaîne élémentaire est essentiellement une expression notationnelle : une suite de lettres. Sa dimension, en particulier, est donnée par le nombre de lettres (moins une) que cette expression notationnelle comporte. Les syntagmes "symbolical expression" et "marks" qui interviennent dans cette définition font d'ailleurs explicitement référence à ces expressions. Ce sont encore elles qui sont considérées dans la suite du texte qui précise certaines règles de réécriture :

> "In the expression (8.1), we take account of the order in which the marks V_s are written, but make the convention that wherever two marks are permuted, the expression as a whole merely changes in sign." Alexander 1926, p. 310.

Ces règles, selon lesquelles la permutation de deux lettres change le + en −, et inversement, instaurent des relations entre ces expressions notationnelles. Elles n'impliquent que le plan de l'expression ; elles relèvent donc du plan de contenu algébrique.

Nous allons montrer que le signe *elementary i-chain* a effectivement un contenu algébrique. Mais comme toutes les manifestations de ce contenu sont accompagnées de manifestations du contenu algébrique du signe *chain*, nous montrerons simultanément que ces deux signes ont un contenu algébrique.

Une "i-chain" est par définition une combinaison linéaire à coefficients entiers de i-chaînes élémentaires :

> "let the elementary i-chains (8.1) of the complex Φ be denoted by the abridged symbols
> $$\pm E_s^i \qquad (s = 1, 2, \ldots, \alpha^i),$$
> respectively. Then, any linear combination
> (8.3) $$K^i = x^1 E_1^i + x^2 E_2^i + \ldots + x^{\alpha^i} E_{\alpha^i}^i$$
> of elementary i-chains E_s^i with arbitrary integer coefficients x^s will be called an *i-chain* of Φ." Alexander 1926, p. 311.

Une i-chaîne est ainsi une combinaison linéaire d'expressions notationnelles sans contenu géométrique, elle est donc elle-même une pure expression. Remarquons que les règles opératoires régissant les expressions $x^1E_1^i$ ou $x^1E_1^i + x^2E_2^i$ sont tacites : l'appellation "combinaison linéaire" et leur expression notationnelle semblent suffire à les indiquer.

Alexander définit aussi une "chain" (à distinguer des "i-chains"), c'est une combinaison linéaire de i-chaînes, mais les dimensions des i-chaînes élémentaires ne sont cette fois plus nécessairement égales. Il considère ainsi l'addition de deux i-chaînes de dimensions différentes. Cette notion permet de définir la connectivité d'un complexe, sans se restreindre à une dimension donnée.

Voyons maintenant, au delà de ces considérations sur leurs définitions, quelques manifestations du contenu algébrique des signes *elementary i-chain* et *i-chain*.
La définition du bord en est un premier exemple :

- "The *boundary* of an elementary i-chain $V_0V_1\ldots V_i$ will be defined as the $(i-1)$-chain
(9.1) $\sum^{i}(-1)^s V_0\ldots V_{s-1}V_{s+1}\ldots V_i$." Alexander 1926, p. 312.
- "A chain is always expressible as a sum of elementary i-chains, not necessarily of the same dimensionality. We define its *boundary* as the sum of the boundaries of its component elementary chains." Alexander 1926, p. 313.

Signalons au passage qu'Alexander exprime la relation de bord au moyen de l'expression $/\rightarrow/$ à la place de $/\equiv/$. Cette expression avait l'inconvénient d'être symétrique alors que la relation de bord ne l'est pas[1].

La démonstration du fait que le bord d'une i-chaîne élémentaire est fermé relève aussi entièrement du plan de contenu algébrique. Alexander détermine le bord de la $(i-1)$-chaîne qui est le bord de la i-chaîne élémentaire et montre que celui-ci est nul ; le bord d'une i-chaîne élémentaire $V_0V_1\ldots V_i$ étant $\sum_{s=1}^{i}(-1)^s V_0\ldots V_{s-1}V_{s+1}\ldots V_i$, le bord de ce bord est dès lors :

[1] Cette remarque est explicitement faite dans Lefschetz 1924, p. 292 des *Selected papers*, et Kunneth utilise ≡> dans Kunneth 1924.

"(9.9) $\sum_{t<s}\sum(-1)^{s+t} V_0 \dots V_{t-1}V_{t+1}\dots V_{s-1}V_{s+1}\dots V_i +$
$\sum_{t>s}\sum(-1)^{s+t-1} V_0 \dots V_{s-1}V_{s+1}\dots V_{t-1}V_{t+1}\dots V_i$"
Alexander 1926, p. 313.

Ces deux sommes ne différant que par leur signe, leur somme est nulle. Le plan de contenu géométrique n'est ainsi intervenu à aucun moment. Ce résultat ayant été établi pour les i-chaînes élémentaires, il peut être étendu aux i-chaînes puisque le bord de celles-ci est la somme des bords des i-chaînes élémentaires dont elles sont la combinaison[1] :

> "An i-chain K^i is, by definition, a linear combination of the boundaries of the chains E^i_s,
> (9.4) $K^i = x^s E^i_s$;
> we define its *boundary* as the corresponding linear combination of the boundaries of the chains E^i_s:
> (9.5) $K^i \rightarrow x^s [i]^t_s E^{i-1}_t$." Alexander 1926, p. 312.

Cette déduction relève, elle aussi, exclusivement du plan de contenu algébrique.

La relation entre une cellule et les cellules qui la subdivisent, dont nous avons montré qu'elle impliquait le contenu géométrique de *cell*, est transférée aux i-chaînes élémentaires en une relation qui relève, cette fois, du plan de contenu algébrique :

> "let us agree to express each of the elementary chains of Φ corresponding to the cells (14.2) $[|V_0 \dots V_i V_{i+1} \dots V_k|]$ in terms of elementary chains of Φ' corresponding to the cells (14.3) $[|V_0 \dots V_{t-1} W V_{t+1} \dots V_i V_{i+1} \dots V_k|]$, in accordance with the following formulas:
> (14.4) $V_0 \dots V_i V_{i+1} \dots V_k = \sum_{t=0}^{i} V_0 \dots V_{t-1} W V_{t+1} \dots V_i V_{i+1} \dots V_k$
> $= \sum_{t=0}^{i} (-1)^t W V_0 \dots V_{t-1} V_{t+1} \dots V_i V_{i+1} \dots V_k$" Alexander 1926, p. 325.

Cette relation n'est évidemment pas sans rapport avec l'identification des ensembles de cellules à partir de l'unique ensemble de points qui leur correspond ; nous y reviendrons. Quoiqu'il en soit, Alexander démontre que les deux chaînes qui sont ainsi identifiées ont le même bord et sa

[1] Alexander adopte la notation $x^s E^i_s$ pour $\sum_s x^s E^i_s$, la sommation étant sous-entendue pour les indices redoublés.

démonstration relève, elle aussi, exclusivement du plan de contenu algébrique ; en voici le texte intégral :

> "The boundary of the left-hand member of (14.4) is
>
> $$\sum_{t=0}^{k}(-1)^t V_0 \dots V_{t-1}V_{t+1}\dots V_k$$
>
> which may be broken up into the two partial sums
>
> $$(14.5)\quad \sum_{t=0}^{i}(-1)^t V_0 \dots V_{t-1}V_{t+1}\dots V_k + \sum_{s=i+1}^{k}(-1)^s V_0 \dots V_{s-1}V_{s+1}\dots V_k$$
>
> The boundary of the right-hand member is
>
> (14.6)
>
> $$\sum_{t=0}^{i}(-1)^t V_0 \dots V_{t-1}V_{t+1}\dots V_k$$
> $$+ \sum_{s<t}\sum_{t=0}^{i}(-1)^{t+s+1} WV_0 \dots V_{s-1}V_{s+1}\dots V_{t-1}V_{t+1}\dots V_k$$
> $$+ \sum_{t<s}\sum_{s=0}^{i}(-1)^{t+s} WV_0 \dots V_{t-1}V_{t+1}\dots V_{s-1}V_{s+1}\dots V_k$$
> $$+ \sum_{t=0}^{i}\sum_{s=i+1}^{k}(-1)^{t+s} WV_0 \dots V_{t-1}V_{t+1}\dots V_{s-1}V_{s+1}\dots V_k$$
>
> But the second and third sums in (14.6) cancel one another, as may be seen by interchanging the names of the variables s and t in the second. Moreover, the first sum in (14.6) is identical with the first in (14.5) and the fourth sum in (14.6) with the second in (14.5) when this last sum is expressed as a chain of Φ', by means of relations (14.4). Thus, we have identified the boundaries of the left and right-hand members of each relation (14.4)" Alexander 1926, p. 325-326.

La définition de l'"intersection" d'une chaîne et d'un sommet n'implique elle aussi que le plan de contenu algébrique :

> "A chain K will be said to *meet* a vertex V if the symbol $\pm V_0V_1 \dots V_i$ of one of its component elementary chains contains the mark V." Alexander 1926, p. 327.

Ce sont bien les expressions notationnelles elles-mêmes qui sont considérées ici : la chaîne ne rencontre pas V si le sommet est contenu dans un certain ensemble de points mais si la lettre qui lui sert d'expression notationnelle apparaît dans celle de la chaîne. Il s'agit en l'occurrence d'une intersection d'expressions notationnelles et non d'une intersection d'ensembles de points. L'intervention de la notion d'intersection est d'ailleurs tout à fait conforme à sa définition et relève du plan de contenu algébrique ; en voici un exemple :

"We break up the chain K' into a pair of chains J' and L,
(14.9) $K' = J' + L$,
composed respectively of the elementary chains of K' that meet the new vertex and of those that do not. The chain J' is of the form
(14.10) $J' = \sum \pm WV_{s_1} \dots V_{s_q}$ " Alexander 1926, p. 327.

L'examen des manifestations du contenu algébrique des signes *elementary i-chain* et *i-chain* est aussi l'occasion de considérer les relations d'homologie qui relèvent exclusivement de ce plan.
Elles sont définies à partir de la relation de bord, dont nous avons montré qu'elle relevait de ce plan de contenu :

"A closed chain K of a complex ϕ will be said to be *bounding*, or *homologous to zero*,

$$K \sim 0$$

if it is the boundary of some open chain L of ϕ."Alexander 1926, p. 314.

La linéarité étant le principe même qui a servi à définir les i-chaînes et leur bord, la combinaison des homologies est vérifiée par définition :

"Every linear combination of homologies

$$K_s \sim 0 \qquad (s = 1, 2, \dots, \sigma)$$

is an homology:
(9.9) $\lambda^s K_s \sim 0$." Alexander 1926, p. 314.

Là encore, le contenu des relations d'homologie est conforme à leur définition et relève donc exclusivement du plan de contenu algébrique :

- "Moreover, every homology among the closed chains is a linear combination of the homologies
(10.2) $\mu_s^t E_t \sim 0$" Alexander 1926, p. 315.
- "The boundary of (14.14) [$\sum \pm V_0 WV_{s_1} \dots V_{s_q}$] is
(14.15) $\sum \pm WV_{s_1} \dots V_{s_q} - \sum \pm V_0 V_{s_1} \dots V_{s_q}$
$- \sum \sum \pm (-1)^t V_0 WV_{s_1} \dots V_{s_{t-1}} V_{s_{t+1}} V_{s_q} \sim 0$"Alexander 1926, p. 327.
- "Therefore, (14.15) reduces to
(14.16) $J' - M \sim 0 \quad (M = \sum \pm V_0 WV_{s_1} \dots V_{s_q})$."
Alexander 1926, p. 328.

Mais l'article contient en définitive peu de relations d'homologie (onze en tout), car la plupart sont directement déduites de relations de bord.

Signalons qu'Alexander introduit aussi des chaînes "modulo π" : ce sont les combinaisons linéaires de chaînes élémentaires avec des coefficients entiers réduits modulo π, où π est un nombre entier quelconque. Il définit ensuite ce qu'est une chaîne modulo π *fermée*, et une chaîne modulo π *homologue à zéro*, autant de définitions qui vont de soi quand les chaînes n'ont pas de contenu géométrique. La généralisation de la réduction modulo 2, déjà à l'œuvre dans des articles antérieurs de Tietze, Veblen et Alexander, à la réduction modulo π se fait conjointement à l'adoption de *chains* et de relations d'homologie qui n'impliquent que le plan de contenu algébrique. Alexander montre que la définition des nombres de connexion *modulo* π n'introduit aucun invariant topologique nouveau par rapport aux nombres de connexion et aux nombres de torsion[1]. Mais Alexander précise que l'intérêt de considéder des chaînes modulo π apparaîtra avec la théorie de l'intersection qui sera présentée dans un prochain article[2]... qui n'a, à notre connaissance, jamais été publié. Quoiqu'il en soit, ce qu'il nous importe de remarquer c'est que les chaînes modulo π n'ont elles aussi qu'un contenu algébrique.

Ce qui précède montre que les signes *elementary chain* et *chain* correspondent aux termes des relations d'homologie, et qu'ils n'ont qu'un contenu algébrique :

Notat. Naturelle	/*elementary i-chain*/	Notat. Naturelle	/*i-chain*/
Expression algébrique	$/E^i/, / V_0V_1 \dots V_i /$	Expression algébrique	$/x^s E^i_s /$
Contenu algébrique	$[V_0V_1 \dots V_i]_{alg}$	Contenu algébrique	$[\sum_s x^s E^i_s]_{alg}$

[1] "The maximum number of closed i-chains of a complex Φ that are linearly independent with respect to bounding will be called the *ith connectivity number*." Alexander 1926, p. 314.

[2] "Here [dans la théorie de l'intersection des chaînes] the advantage of operating with chains, modulo π, will become more apparent." Alexander 1926, p. 301. "While the theory of modular chains leads us to invariants $P^i(\pi)$ which are new in form only, we shall find it very serviceable in the developments to be treated in the second part of this paper." Alexander 1926, p. 323.

Le système sémiotique de ce texte se distingue par la distinction systématique qui est faite entre les signes qui ont un contenu algébrique et ceux qui ont un contenu géométrique. Ce caractère systématique ressort, par exemple, de l'homogénéité des signes dont les expressions naturelles dérivent de /chain/. Ces expressions sont nombreuses (/elementary i-chain/, /i-chain/, /chain/, /open chain/, /closed chain/, /bounded chain/, /degenerated chain/, /symbolic chain/, /generalized chain/) et les signes correspondant ont en commun d'avoir un contenu exclusivement algébrique. Inversement, les expressions naturelles des signes qui ont un contenu géométrique, *simplex*, *cell* et *complex*, ne dérivent pas de /chain/. Il y a ainsi une corrélation parfaite entre un critère lexical (avoir /chain/ dans son expression naturelle) et un critère sémiotique (avoir un contenu algébrique).
La suite de ce chapitre va être consacrée à l'analyse du rapport entre ces deux types de signes.

L'articulation des plans de contenu géométrique et algébrique

La notion d'interprétation

L'analyse du système sémiotique a mis en évidence une nette opposition entre, d'un côté, les signes *cell* et *complex* qui ont un contenu géométrique et, d'un autre, les signes *elementary i-chain* et *chain* qui ont un contenu algébrique. Nous allons voir maintenant que cette opposition correspond à de nombreuses distinctions explicites de la part de l'auteur et nous allons décrire et caractériser le rapport entre ces deux types de signes.

L'opposition entre les *elementary i-chains* et les *i-cells* est tout au long de l'article remarquablement systématique. Rappelons qu'une i-chaîne élémentaire est une "expression symbolique" $V_0V_1\ldots V_i$ à laquelle correspond une cellule $|V_0V_1\ldots V_i|$. Ces deux signes ont des expressions naturelles et notationnelles différentes. Ils ont aussi été introduits dans des définitions distinctes. Les expressions /$V_0V_1\ldots V_i$/ et /$-V_0V_1\ldots V_i$/ ont été introduites pour elles-mêmes et non seulement en tant qu'expressions notationnelles d'une i-cellule. Alexander va même dans une démonstration jusqu'à noter E^i une i-chaîne élémentaire et C^i la i-cellule qui lui correspond. Nous verrons cet exemple plus loin. Tous ces éléments indiquent bien une distinction systématique des *elementary i-chains* et des *i-cells*.

Mais il y a aussi une similarité évidente entre les deux expressions $/V_0V_1\dots V_i/$ et $/|V_0V_1\dots V_i|/$. Il est d'ailleurs explicite dans la définition d'une i-chaîne élémentaire que les lettres qui composent son expression notationnelle sont les expressions des sommets d'une cellule :

> "the marks $V_0, V_1, \dots, V_i$ denote the vertices of an i-cell of Φ." Alexander 1926, p. 310.

Ainsi, les expressions $/V_0/$, $/V_1/\dots$, $/V_i/$ n'ont pas de contenu géométrique, mais elles proviennent néanmoins de sommets, V_0, $V_1\dots$, V_i, qui en ont un.

La relation entre *elementary i-chain* et *i-cell* est d'ailleurs désignée par deux verbes, "to associate", et surtout "to correspond".

Voici les occurrences du verbe "to associate" :

- "there are two, and only two, essentially distinct elementary i-chains (8.1) associated with each i-cell $|V_0V_1\dots V_i|$ of Φ." Alexander 1926, p. 310.
- "It is therefore feasible to associate the symbol $V_0V_1\dots V_i$ with the cell $|V_0V_1\dots V_i|$, etc." Alexander 1926, p. 310.

Mais le verbe qui opère le passage d'une i-chaîne élémentaire à la i-cellule est le plus souvent "to correspond", comme le montrent ces exemples :

- "two elementary 0-chains E_1^0 and E_2^0 belonging to the same connected portion of Φ are always linearly independant on one another, since the points to which they correspond may be connected by, etc." Alexander 1926, p. 315.
- "let us agree to express each of the elementary chains of Φ corresponding to the cells (14.2) in terms of elementary chains of Φ' corresponding to the cells (14.3), etc." Alexander 1926, p. 325.
- "Let us, therefore, assume that (...) and show, first of all, that it is true for an elementary i-chain E^i corresponding to an i-cell C^i of Φ." Alexander 1926, p. 328.
- "a sum of elementary i-chains corresponding to sub-cells" Alexander 1926, p. 328.

Jamais ces deux signes ne sont mis en relation autrement que par l'un de ces deux verbes. Ainsi sont-ils non seulement systématiquement distingués mais le passage de l'un à l'autre est aussi traité explicitement et très systématiquement par Alexander : le signe *elementary i-chain* n'a pas ici de contenu géométrique, mais il a une "interprétation" géométrique.

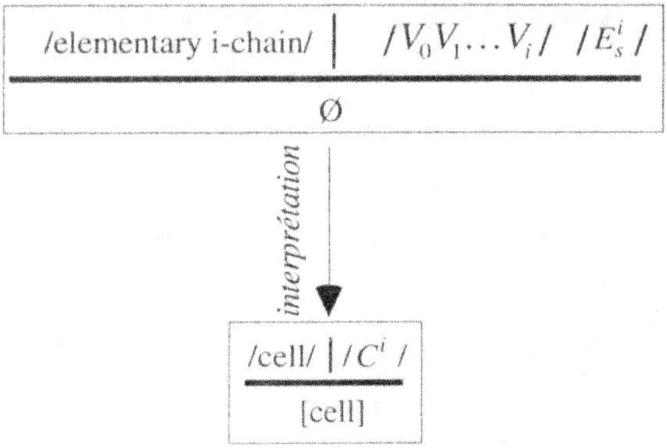

Le traitement de l'orientation dans ce texte illustre bien les ressources de cette dissociation.

Un ensemble de remarques plus ou moins explicites montre que l'orientation est dans la plupart des textes de cette époque une question embarrassante. Ainsi, nous avons vu que l'introduction des homologies modulo 2 permettait de l'éviter et que Veblen était conduit pour la considérer à introduire une définition qu'il jugeait "très artificielle". Chuard, dans une thèse publiée en 1922 et consacrée à l'*Analysis Situs*, recourt à des intuitions mécaniques pour rendre compte des différences d'orientation, et Weyl, dans ses articles de la même époque consacrés à ce sujet, introduit une définition par induction quelque peu contournée[1]. Quant à Alexander, nous avons vu qu'il introduisait dans cet article l'opposition entre les expressions $/+V_0V_1\ldots V_i/$ et $/-V_0V_1\ldots V_i/$. Cette opposition lui permet d'envisager les deux i-chaînes élémentaires, $V_0V_1\ldots V_i$ et $-V_0V_1\ldots V_i$, comme les deux orientations possibles de la i-cellule, $|V_0V_1\ldots V_i|$:

> "It is therefore feasible to associate the symbol $V_0V_1\ldots V_i$ with the cell $|V_0V_1\ldots V_i|$ taken with one orientation and the symbol $-V_0V_1\ldots V_i$ with the same cell taken with the other." Alexander 1926, p. 310-311.

[1] Weyl 1923b.

Mais il est caractéristique de la relation d'interprétation entre les signes *elementary i-chains* et *i-cell* que celle-ci soit à la fois signalée et écartée :

> "We prefer, however, to treat the expressions $\pm V_0V_1 \ldots V_i$ as purely symbolical, so as not to go into the question of just what is meant by an oriented cell." Alexander 1926, p. 311.

Cette remarque est intéressante à plus d'un titre. Elle est d'abord un indice de l'embarras causé par l'orientation. Elle est aussi un exemple d'énoncé qui fait apparaître la notion de signification ("what is meant by") comme une catégorie pertinente pour l'auteur lui-même. Mais elle montre surtout que la dissociation des signes *elementary i-chain* et *i-cell* permet justement d'éviter de considérer "what is meant by an oriented cell". Nous aurons l'occasion de voir les difficultés que pose précisément l'association d'une expression $/\pm V_0V_1 \ldots V_i/$ et d'un contenu géométrique au sein d'un même signe dans le prochain chapitre consacré au livre de Lefschetz.

Nous savons que le signe *elementary chain* a un contenu algébrique et Alexander l'a lui-même introduit en tant que "symbolical expression". Il distingue pourtant parmi les chaînes élémentaires certaines d'entre elles qu'il appelle "symbolic $(i+1)$-chains"[1]. Cet emploi de l'adjectif "symbolic" est remarquable et il est intéressant de préciser quelles sont ces chaînes dont l'expression naturelle fait apparaître cette valeur "symbolic" alors que toutes les chaînes élémentaires sont déjà introduites et considérées comme des "symbolical expressions".
Une "symbolic $(i+1)$-chain" est obtenue à partir d'une i-chaîne élémentaire $V_0V_1 \ldots V_i$ par l'introduction d'une nouvelle lettre W, correspondant au barycentre de la cellule $|V_0V_1 \ldots V_i|$. Son expression est donc $/WV_0V_1 \ldots V_i/$ et, compte tenu de la définition de W, cette $(i+1)$-chaîne correspond à une cellule de dimension i, et non pas $i+1$.
L'adjectif "symbolic" marque la non conformité de la dimension, $i+1$, déterminée à partir de l'expression notationnelle avec la dimension, i, de la cellule qui correspond à celle-ci. Une nouvelle dissociation s'ajoute ici à celle existant entre les signes ayant un contenu algébrique et ceux ayant un contenu géométrique. En effet, la "symbolical expression" qui servait à qualifier la nature d'une *elementary i-chain* dissociait son expression du contenu géométrique des *cells*, mais en en respectant l'interprétation

[1] On retrouve cette discussion in Alexander 1930, p. 298.

géométrique. En revanche, le "symbolic" d'une *symbolic* $(i+1)$*-chain* indique l'inadéquation de cette interprétation. Les "symbolic chains" sont ainsi "symbolic" en deux sens différents : d'une part, la dissociation de l'expression de son contenu géométrique à l'intérieur d'une conformité complète (c'est l'opposition *cell vs elementary* i*-chain*), et d'autre part l'inadéquation de cette interprétation dans le cas de certaines expressions (c'est l'opposition *elementary* i*-chain vs symbolic chain*). Remarquons néanmoins qu'en même temps que cette inadéquation intervient, le lien entre les expressions et leur interprétation reste suffisamment contraignant pour être commenté et marqué lexicalement. De plus cette inadéquation est immédiatement réduite, puisqu'Alexander établit qu'il est possible de négliger dans les homologies ces "symbolic chains" (p. 326-327). Ceci permet de retrouver au niveau calculatoire l'adéquation entre les expressions et leur interprétation, dont "symbolic" indiquait la perte. Quoiqu'il en soit, ces affirmations répétées et variées du caractère "symbolic" sont autant de manifestations de la thématisation de cette question dans ce texte.

Ajoutons à propos de ces "symbolic chains" qu'elles sont introduites par un énoncé qui fait intervenir la notion de "sens propre" :

> "Properly speaking, there exists no elementary $(k+1)$-chain
> (14.7) $WV_0V_1 \ldots V_k$,
> since the points $W, V_0, V_1, \ldots, V_k$ cannot be the vertices of a $(k+1)$-cell. For symmetry of expression, however, we shall speak of (14.7) as a *symbolic* $(k+1)$*-chain*." Alexander 1926, p. 326.

La difficulté qu'il y a à définir l'opposition propre *vs* impropre, et les réserves linguistiques que l'on peut avoir à l'égard de celle-ci, ne sauraient nous empêcher de reconnaître qu'elle est utilisée par un auteur. Nous la retrouverons d'ailleurs lors de l'analyse du livre de Lefschetz. Aussi importe-t-il de remarquer en premier lieu qu'elle est une opposition pertinente pour Alexander. Il convient ensuite de remarquer que le sens propre est ici associé au cas où l'interprétation géométrique est possible et le sens impropre au cas où elle ne l'est pas, c'est-à-dire, justement, aux "symbolic chains". Ces énoncés sémiotiques se retrouvent d'ailleurs quatre années plus tard dans Alexander 1930 dans le passage où ces considérations sont reprises : "properly speaking" y est simplement remplacé par "strictly speaking"... et les chaînes qui ne sont pas "symbolic" sont à cette occasion qualifiées de "ordinary". Cet adjectif indique une certaine permanence de l'interprétation géométrique.

Le rapport des signes *elementary chain* et *cell* peut être encore précisé par la considération des "degenerated elementary i-chains". Une i-chaîne élémentaire est "degenerated" quand elle comporte plusieurs fois l'expression notationnelle d'un même sommet :

> "A *degenerated elementary i-chain* of a complex Φ will be defined as any symbol of the form
> (13.1) $$\pm V_0 V_1 \dots V_i$$
> containing at least one repeated vertex, where the vertices $V_0, V_1, \dots, V_i$ are mutually adjacent vertices of Φ." Alexander 1926, p. 323.

L'épithète "degenerated" est métaphorique : ce n'est pas l'expression notationnelle de la chaîne qui est "degenerated" mais la "cellule" qui lui correspond. Ainsi, dans le syntagme "degenerated elementary i-chains", l'adjectif ne se rapporte pas à "elementary chain" mais à son interprétation géométrique... qui a pourtant été dissociée de celui-ci. On retrouve avec cette métaphore le souci de la conformité à cette interprétation.
Comme pour les "symbolic chains", Alexander précise que les "degenerated chains" peuvent être assimilées à zéro dans les relations d'homologie[1]. Ainsi, ces expressions notationnelles qui sont aussi non conformes à leur interprétation peuvent être négligées dans les calculs :

> "In view of this fact, we may operate with symbolic chains in just the same way as with degenerate chains, by regarding them merely as symbols for zero." Alexander 1926, p. 327.

La notion d'interprétation n'est pas réservée à la relation des *elementary chains* aux *cells*. Le signe *chain* a aussi une interprétation qui relève, cette fois, de la théorie des intégrales multiples :

> • "The i-chain K^i may be pictured as the domain of integration of an i-tuple integral, where the coefficient x^s denote that integration is to be performed $x^1, x^2, \dots$ times over the oriented i-cells $E_1^i, E_2^i, \dots$ respectively." Alexander 1926, p. 311.
> • "This definition [du bord d'une "chain"] is of the sort required for the correct formulation of the generalized Green-Stokes theorem which

---

[1] L'argument est le même : le bord d'une "degenerated chain" est encore une "degenerated chain" et inversement, le bord d'une "chain" qui n'est pas "degenerated" n'est pas non plus "degenerated".

> expresses certain i-tuple integrals over i-chains as $(i-1)$-tuple integrals over the boundaries of the i-chains." Alexander 1926, p. 313.

L'interprétation de *chain* intervient aussi dans une note dans laquelle Alexander fait allusion à l'interprétation géométrique des "chains modulo 2" que nous avons rencontrée lors de l'analyse du livre de Veblen :

> "Chains, modulo 2, were considered by Veblen and Alexander, *n-dimensional manifolds*, Annals of Mathematics, ser. 2, vol. 14 (1912-13), pp. 163-178. <u>These chains have a particularly simple geometric interpretation</u>." Alexander 1926, note p. 318.

Nous avons montré que dans le livre de Veblen il ne s'agissait pas seulement d'une interprétation mais d'un contenu géométrique.

Comme pour les *elementary chains*, cette interprétation est écartée aussitôt qu'elle est introduite :

> "we are not insisting on any specific interpretation of the symbol K^i." Alexander 1926, p. 311.

Elle n'intervient surtout que dans ces remarques (nous les avons toutes citées) et elle n'est donc impliquée dans aucune démonstration. On retrouve ainsi avec *chain* la dissociation des signes ayant un contenu algébrique de leur interprétation, déjà apparue entre les chaînes élémentaires et les cellules qui leur correspondent.

D'un point de vue épistémologique, une des conséquences des plus remarquables de cette dissociation concerne la notion même de démonstration, ou de validité, des assertions. Ainsi, Alexander considère-t-il qu'il est "self-evident geometrically" que le bord d'une chaîne élémentaire coïncide avec celui de la somme des chaînes élémentaires qui la subdivisent :

> "The identification of the boundaries of the two members of (14.4) [$V_0 \ldots V_i V_{i+1} \ldots V_k = \sum_{t=0}^{i} V_0 \ldots V_{t-1} W V_{t+1} \ldots V_i V_{i+1} \ldots V_k$] <u>is self-evident geometrically</u>." Alexander 1926, p. 325.

Il n'en donne donc aucune démonstration. Mais cette évidence ne rend pas pour autant superflue une "formal proof" (p. 325) qui n'implique, elle,

que le plan de contenu algébrique.
Cette distinction entre deux niveaux de démonstration se retrouve très exactement à propos du lemme suivant :

> "LEMMA 2. *Every chain* K' *of* Φ' *such that its boundary does not meet the new vertex* W is homologous with a chain K *of* Φ." Alexander 1926, p. 327.

Là encore, Alexander juge ce résultat géométriquement évident :

> "The proposition is also self-evident geometrically" Alexander 1926, p. 327.

Malgré cela, il en donne aussi une démonstration ("the detailed proof" Alexander 1926, p. 327) qui s'étend sur près d'une page et n'implique, elle aussi, que le plan de contenu algébrique.

Ainsi, deux niveaux de démonstration sont distingués. L'un fait intervenir l'interprétation géométrique ; il est explicitement associé à la géométrie et les propositions sont, en l'occurrence, jugées "evident". L'autre est relatif au plan de contenu algébrique, la démonstration est dans ce cas exposée dans tous ses détails et c'est la notion de "formal" qui lui est associée.
La dissociation des signes ayant un contenu algébrique de ceux ayant un contenu géométrique se répercute ainsi au niveau des démonstrations et de la validité des propositions.

Nous allons voir que cette dissociation s'accompagne d'un conventionnalisme explicite.
Nous avons vu qu'Alexander associait à la relation entre une cellule et les cellules qui la subdivisent une relation analogue entre les chaînes élémentaires correspondantes :

$$V_0 \ldots V_i V_{i+1} \ldots V_k = \sum_{t=0}^{i} V_0 \ldots V_{t-1} W V_{t+1} \ldots V_i V_{i+1} \ldots V_k$$

Cette relation n'implique que le plan de contenu algébrique alors que celle entre les cellules est au contraire caractéristique du plan de contenu géométrique. Mais la relation entre la cellule et les cellules qui la subdivisent n'est pas pour autant le contenu géométrique de la relation entre les chaînes élémentaires ; elle en est l'interprétation. Cela se manifeste par le fait qu'Alexander considère cette égalité comme une convention :

> "Now, let us agree to express each of the elementary chains of Φ, etc." Alexander 1926, p. 325.

Ce statut se retrouve à propos des règles régissant le changement de signe des expressions $/\pm V_0V_1\ldots V_i/$, liées à l'orientation de la cellule $|V_0V_1\ldots V_i|$, et qui sont, elles aussi, présentées comme des conventions :

> "we take account of the order in which the marks V_s are written, but make the convention that wherever two marks are permuted, the expression as a whole merely changes in sign. (...) It follows from this convention that there are two, and only two, essentially distinct elementary i-chains (8.1) associated with each i-cell $|V_0V_1\ldots V_i|$ of Φ." Alexander 1926, p. 310.

Ainsi, la dissociation des *elementary chains* et des *cells* et leur mise en rapport par le biais d'une interprétation conduisent à présenter comme conventionnelles certaines relations considérées sur le plan de contenu algébrique. Ces relations sont introduites avec un statut différent dans les textes où elles sont rapportées à leur contenu géométrique. Une distinction d'ordre sémiotique se trouve ainsi mise en correspondance avec la notion épistémologique de convention.

Les exemples que nous venons de présenter ont montré, aux niveaux les plus divers de l'analyse, des manifestations de la dissociation des signes qui ont un contenu algébrique de ceux qui ont un contenu géométrique. La mise en rapport de ces deux types de signes apparaît organisée de manière systématique et son caractère explicite la distingue d'une fonction dénotationnelle qui associait, dans les textes précédents, les expressions notationnelles ou naturelles à leurs contenus géométriques. En reprenant une expression d'Alexander, nous avons appelé ce rapport une "interprétation". Il est maintenant temps de mettre en évidence quelques-uns de ses traits les plus caractéristiques.

La notion d'interprétation fait intervenir deux systèmes de signes complets et dissociés. Ces signes peuvent se distinguer par leurs expressions (naturelles et notationnelles), mais surtout par leurs plans de contenu. Ils s'inscrivent, en particulier, dans des systèmes distincts de démonstrations et de définitions : les démonstrations et les définitions qui sont relatives à l'un des systèmes n'impliquent pas de signes appartenant à l'autre. Chaque système existe ainsi indépendamment de l'autre mais certaines relations se correspondent d'un système à l'autre.

Ces caractéristiques sont bien à l'œuvre dans cet article. Ainsi, *elementary chain* et *chain* sont des signes complets et distincts de *cell* et de celui qui correspondrait au domaine d'intégration d'une intégrale multiple. Les signes qui dérivent, sur le plan de l'expression, de *chain* ont en commun d'avoir un contenu algébrique, quand ceux qui leur servent d'interprétation ont tous, exclusivement, un contenu géométrique. Nous avons aussi vu que ces signes avaient leurs propres définitions et que les démonstrations impliquaient un type de signe à l'exclusion de l'autre. De plus, certaines relations entre des signes ayant un contenu algébrique (bord, subdivision, orientation d'une chaîne élémentaire, etc.) correspondent à des relations entre signes ayant un contenu géométrique.

Ces caractéristiques sont pertinentes car elles ne sont pas à l'œuvre dans les autres textes que nous avons analysés. Montrons-le sur les mémoires de Poincaré.

Il n'est, en effet, pas possible de considérer que *variété* est, en ce sens, une interprétation de *combinaison linéaire*. Le signe *combinaison linéaire* a bien un contenu algébrique (provenant de l'expression notationnelle $/\sum \lambda_i a_i^q/$) et *variété* a, de son côté, un contenu géométrique. Mais nous avons montré que *combinaison linéaire* n'était pas un signe complet : nous avons vu qu'aucune définition, qu'aucun raisonnement et plus généralement aucun segment de texte de plus d'une phrase n'impliquait exclusivement le plan de contenu algébrique. De plus, nous avons vu que l'expression /variété/ servait aussi à désigner $/\sum \lambda_i a_i^q/$ et qu'il ne s'agissait donc là que d'un seul signe et non de deux signes distincts. Nous avons aussi montré que les démonstrations et les définitions (notamment celle de l'homologie...) mêlaient souvent les deux plans de contenu. Il n'est donc pas possible d'appliquer ici la notion d'interprétation.

Les caractéristiques de la relation de *variété* à au plan de contenu arithmétique sont, en revanche, plus proches de celles d'une interprétation. Le plan de contenu arithmétique est le contenu de signes complets (nombres entiers, colonnes ou lignes de tableaux d'entiers) qui s'inscrivent dans des systèmes de définitions et de démonstrations propres, et des paragraphes entiers peuvent n'impliquer que lui. Les opérations sur les lignes et les colonnes correspondent aussi, généralement, à des opérations sur le plan de contenu géométrique. Mais nous avons néanmoins montré qu'il n'y avait pas dans ces mémoires un traitement de l'homologie sur le plan de contenu arithmétique, comme il y en a un sur le plan de contenu algébrique dans l'article d'Alexander. En effet, une démonstration (notamment celle de la dualité) peut relever pour une part du plan de contenu géométrique et, pour une autre part, du plan de contenu arithmétique ; la démonstration implique ainsi les deux plans et il n'y a pas une dissociation systématique de la notion de validité. Ainsi, les caractéristiques du rapport entre les contenus géométrique et arithmétique du signe *variété* diffèrent de celles de l'interprétation à l'œuvre dans l'article d'Alexander.

Nous avons mis en évidence l'opposition entre, d'une part, les *elementary chains* et les *chains* qui ont un contenu algébrique et, d'autre part, les *cells* qui ont un contenu géométrique. Nous venons de montrer qu'il correspondait à cette opposition un ensemble de distinctions diverses et explicites, et nous avons caractérisé avec la notion d'interprétation le rapport de ces deux signes. Il nous faut maintenant nuancer un peu le caractère strict de cette dissociation…
Nous allons voir qu'il y a, dans une démonstration, une déduction qui implique un rapport entre les signes *elementary chain* et *cell* qui n'est pas conforme à la description que nous en avons faite. Cet exemple, bien qu'unique, ne saurait être écarté car il intervient dans un lemme essentiel à la démonstration de l'invariance topologique des nombres de connexion. Notre description du signe *elementary chain* devra donc être en fait complétée par un contenu géométrique, associé à l'expression notationnelle par une fonction dénotationnelle.

Commençons par l'énoncé du lemme en question :

> "LEMMA. Every i-chains K of the complex Φ, when expressed as a chain of Φ_k and operated on by the pseudo-identical transformation $\tau'\tau$ is left invariant by the transformation $\tau'\tau$." Alexander 1926, p. 328

Précisons un peu les données de cet énoncé. Φ et Ψ sont deux complexes homéomorphes. Φ_k et Ψ_j sont des complexes dérivés respectivement de Φ et de Ψ. τ' est une transformation élémentaire de Φ sur Ψ qui transforme les sommets de Φ_k en des sommets de Ψ_j. τ est une transformation élémentaire de Ψ sur Φ qui transforme les sommets de Ψ_j en des sommets de Φ. Leur composée $\tau'\tau$ est une transformation de Φ sur Φ "pseudo-identical", c'est-à-dire qu'elle transforme les sommets de Φ_k en des sommets de Φ, en laissant invariants les sommets de Φ_k qui sont déjà des sommets de Φ.

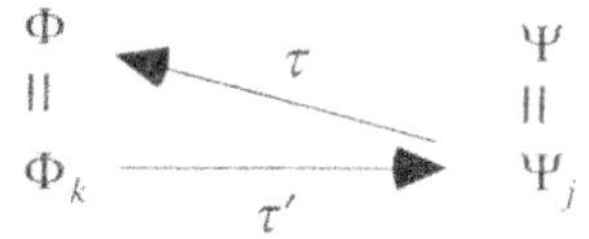

Il s'agit donc de démontrer qu'une i-chaîne K, considérée comme une chaîne de Φ_k, est invariante par $\tau'\tau$. On peut déjà remarquer que cet énoncé implique l'extension aux chaînes, qui ont un contenu algébrique, de la transformation $\tau'\tau$ qui s'applique à des ensembles de points. Mais il ne s'agit pas seulement de cela...
Comme la démonstration est assez courte, autant la citer intégralement :

> "The proof is made by induction with respect to i. If i is zero, the lemma is immediate, since the pseudo-identical transformation $\tau'\tau$ leaves invariant the vertices of Φ. Let us, therefore, assume that the lemma has been proved for all k-chains of dimensionalities k less than i and show, first of all, that it is true for an elementary i-chain E^i corresponding to an i-cell C^i of Φ. We shall denote the boundary of E^i by K^{i-1},
> $$E^i \to K^{i-1}$$
> Now, the chain E^i, when expressed as a chain of Φ_k, consists of a sum of elementary i-chains corresponding to sub-cells of C^i. Moreover, each vertex of each sub-cells is carried by the transformation $\tau'\tau$ into a vertex of C^i; therefore, E^i must be carried into some multiple λE^i of itself, such that
> $$\lambda E^i \to \lambda K^{i-1}.$$
> However, by the hypothesis of the induction, the boundary K^{i-1} of E^i is carried into itself. Therefore, $\lambda = 1$. Therefore, finally, E^i is carried into itself. It follows at once that every chain K of Φ is left invariant by the transformation $\tau'\tau$ since each of the component elementary chains of K is left invariant." Alexander 1926, p. 328.

Alexander raisonne par récurrence sur la dimension de la chaîne, c'est-à-dire qu'il suppose le lemme vrai pour les $(i-1)$-chaînes, et donc, en particulier, pour les bords des i-chaînes. Il considère ensuite une i-chaîne élémentaire, E^i, à laquelle "correspond" une i-cellule C^i de Φ. C'est ici qu'il distingue explicitement la i-chaîne élémentaire E^i de la i-cellule C^i qui lui "correspond". Ensuite, conformément à la convention que nous avons déjà considérée, il exprime E^i comme la somme de i-chaînes élémentaires correspondant aux cellules de Φ_k qui subdivisent C^i. Puis, il considère l'image de ces cellules par la transformation $\tau'\tau$: $\tau'\tau$ étant pseudo-identique, les sommets de ces cellules doivent être transformés en sommets de C^i, c'est-à-dire en ces sommets dont les expressions notationnelles servent à constituer l'expression notationnelle iconique de E^i. Il en déduit que la i-chaîne élémentaire E^i doit être transformée en un multiple d'elle-même, λE^i. C'est cette déduction qui est remarquable et à laquelle nous voulons nous arrêter.

En effet, en considérant que E^i est transformée en λE^i *parce que* chaque cellule qui intervient dans la subdivision de C^i est transformée en C^i, Alexander déduit une relation relative à une chaîne élémentaire d'une relation relative à la cellule qui lui "correspond". Cette relation entre C^i et les images des cellules qui la subdivisent n'est plus seulement une interprétation : elle est la prémisse dont Alexander déduit une relation relative à une chaîne élémentaire. Cette démonstration, relative aux chaînes, ne relève donc pas, comme les autres, exclusivement du plan de contenu algébrique ; elle mêle au contraire les plans de contenu géométrique et algébrique. Cela contredit la caractérisation que nous avons donnée de l'interprétation : ce n'est pas une interprétation géométrique qui intervient ici, mais bien un contenu géométrique. En tenant compte de cette manifestation, la représentation du signe *elementary chain* est maintenant la suivante :

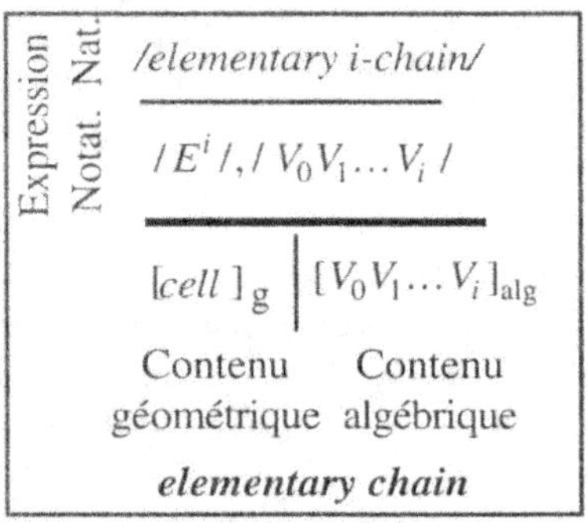

Considérons maintenant la fin de cette démonstration qui est aussi intéressante.

Le début de la démonstration que nous venons de présenter ne prend en compte que les chaînes élémentaires alors que l'énoncé du lemme est relatif aux chaînes. Il en est ainsi dans toute la suite du raisonnement et c'est seulement à la dernière phrase qu'Alexander étend aux chaînes cette démonstration de l'invariance par $\tau'\tau$:

"It follows at once that every chain K of Φ is left invariant by the transformation $\tau'\tau$ since each of the component elementary chains of K is left invariant." Alexander 1926, p. 328.

Cette extension est présentée comme une déduction : si la transformation $\tau'\tau$ laisse invariante les transformations élémentaires, *alors* elle laisse invariante leurs combinaisons linéaires. Par cette déduction, Alexander étend aux chaînes, qui n'ont qu'un contenu algébrique, une invariance dont la démonstration impliquait les cellules, et donc le plan de contenu géométrique.
On retrouve en l'occurrence exactement la situation rencontrée lors de notre analyse des combinaisons linéaires dans les Mémoires de Poincaré : le passage d'un signe ayant un contenu géométrique à un signe ayant un contenu algébrique est présenté sous la forme d'une déduction ("It follows at once that, etc."). Mais c'est une déduction d'un type très particulier puisque dans le passage de E^i à $\sum \lambda_i E^i$, seule l'expression notationnelle / E^i / de la chaînes élémentaire est considérée, alors que la démonstration de l'invariance de E^i par $\tau'\tau$ impliquait son contenu géométrique. Cette déduction par combinaison linéaire intervenait dans le passage du contenu géométrique de *variété*, impliqué dans la plupart des démonstrations, à son contenu algébrique, auquel se rapportait notamment l'addition. Elle est donc aussi à l'œuvre ici en dépit du souci bien marqué de séparer les signes ayant un contenu algébrique de leur interprétation.

Les deux déductions que nous venons d'analyser nuancent la description de la dissociation des deux types de signes. Elles montrent que celle-ci n'est pas aussi stricte que nous l'avions d'abord présentée et que le signe *elementary chain* conserve un "reste" de contenu géométrique. Mais ce surgissement du contenu géométrique n'anéantit pas pour autant l'ensemble des manifestations de la dissociation des deux types de signes que nous avons présentées et l'importance de la notion d'interprétation dans la caractérisation du système sémiotique de ce texte.

Le rôle des sommets

La notion d'interprétation, défectueuse ou non, ne permet cependant pas de rendre entièrement compte du rapport entre les plans de contenu algébrique et géométrique. Le rapport des signes *elementary chain* et *chain* au plan de contenu géométrique ne se réduit pas à celui qu'ils peuvent avoir avec leur interprétation géométrique. Rappelons, en effet, que la première partie de l'article est consacrée à la démonstration du théorème de caractérisation des homéomorphismes entre deux complexes et implique donc le plan de contenu géométrique. Or les deux autres parties, dans lesquelles les signes qui ont un contenu algébrique sont introduits, ne sont pas indépendantes de la première. Au contraire, la démonstration de l'invariance topologique des nombres de connexion qui y est présentée fait intervenir le théorème sur les homéomorphismes. Elle doit donc mêler les signes *elementary chain* et *chain*, qui ont un contenu algébrique, avec un résultat et des opérations qui impliquent le plan de contenu géométrique ; ces deux plans de contenu doivent donc être mis en rapport autrement que par une interprétation. Le contenu géométrique de *elementary chain* et l'extension par combinaison linéaire que nous venons de mettre en évidence rendent compte en partie du passage d'un plan à l'autre. Nous allons montrer maintenant que le signe *vertex* a aussi un rôle dans l'articulation de ces deux plans de contenu.

Le "general program"[1] de cet article est explicitement de restreindre les opérations sur les complexes à des opérations portant sur leurs sommets :

> "We shall so arrange that all operations on complexes are ultimately expressible as combinatorial operations on the <u>symbols</u> associated with the <u>vertices</u> of the given complexes and of complexes derived from the latter by subdivision." Alexander 1926, p. 302.

La définition de la connexité[2] est un parfait exemple de la réalisation de ce programme :

> "A complex will be said to be *connected* provided that if V and V' are any two of its <u>vertices</u> there is always a sequence of <u>vertices</u>
> $$V, V_1, V_2, \dots, V_i, V'$$
> beginning with V and ending with V' such that every pair of consecutive <u>vertices</u> of the sequence is the boundary of an edge of the complex." Alexander 1926, p. 302.

La notion de connexité sera d'ailleurs appliquée conformément à sa définition dans la démonstration de l'égalité du $0^{\text{ième}}$ nombre de connexion et du nombre de composantes connexes d'un complexe

---

[1] Alexander 1926, p. 306.

[2] Cette définition est analogue à celle proposée dans Weyl 1923.

(Alexander 1926, p. 314). De nombreuses autres définitions relèvent aussi de ce programme : la définition de la subdivision d'une cellule, celle d'un complexe dérivé, celle d'une transformation élémentaire, celle des chaînes élémentaires et de leurs bords, etc. Le théorème caractérisant les homéomorphismes entre deux complexes en est aussi un exemple. Nous allons donc décrire le signe *vertex*. Nous allons montrer qu'il a un contenu géométrique et algébrique et mettre en évidence son rôle dans l'articulation de ces deux plans.

Le contenu géométrique de ce signe ressort des nombreuses relations dans lesquelles il s'inscrit :

- "all the vertices of the complex Φ_t are mapped by K_1 upon vertices of some derived complex Ψ_j of Ψ." Alexander 1926, p. 304.
- "we must introduce a new vertex W_s at the center of each cell of Ψ_{j-1}." Alexander 1926, p. 304.
- "the ith correspondence K_i maps the vertices of the $(i+1)$st complex of (4.1) upon vertices of the ith" Alexander 1926, p. 305.
- "A set of vertices will be said to be *mutally adjacent* if, and only if, they are the vertices of a cell of Φ." Alexander 1926, p. 305.
- "the vertices $V_0, V_1, \ldots, V_i$ of a cell of Φ are carried by τ into the vertices $W_0, W_1, \ldots, W_i$ of a cell of Ψ." Alexander 1926, p. 305-306.
- "let us agree, whenever a cell of Ψ_{j-1} contains the image P_t of a vertex of Φ_i, to introduce the new vertex W_s at the point P_t rather than at the center of the cell in question." Alexander 1926, p. 304.
- "the points $W, V_0, V_1, \ldots, V_k$ cannot be the vertices of a $(k+1)$-cell" Alexander 1926, p. 326.

Dans les deux dernières citations, l'identification entre un sommet et un point est explicite, et les autres montrent qu'en effet le contenu de *vertex* est bien [point].

Ce contenu géométrique se manifeste aussi dans la subdivision d'une cellule. En effet, cette subdivision implique la transformation d'un point, le barycentre, en un sommet ; c'est-à-dire qu'un sommet doit pouvoir être à la fois un point (un point parmi tous les points du complexe...), et une cellule de dimension 0 (un sommet parmi les sommets). On retrouve ainsi, même dans ce cas particulier, la coexistence, caractéristique des contenus géométriques, des contenus [ensemble de points]$_{ens}$ et [ensemble de cellules]$_{ens}$.

Mais nous avons vu que *vertex* intervenait aussi souvent en tant qu'expression notationnelle. C'est explicitement le cas dans l'énoncé du "general program" qui n'est pas formulé en termes de "vertices" mais de "symbols associated with the vertices" (Alexander 1926, p. 302). C'est encore cette expression notationnelle qui est considérée dans la représentation d'un complexe qu'Alexander propose avant de présenter son programme (mais nous avons déjà remarqué que cette représentation n'intervenait pas dans la suite du texte) :

> "A complex may be represented schematically by the combined symbols of its determining cells and, therefore, ultimately, in terms of the symbols of its vertices." Alexander 1926, p. 302.

C'est, toujours explicitement, à leur expression notationnelle que les sommets sont rapportés dans la "représentation schématique" qu'Alexander propose de la subdivision élémentaire d'une cellule :

> "It will be noticed that an elementary subdivision may be represented schematically in terms of vertex symbols, in conformity with the general plan of the procedure laid out in §2." Alexander 1926, p. 303.

C'est aussi le cas dans la "représentation" d'une transformation élémentaire :

> "An elementary transformation is completely determined by its action on the vertices of a complex; consequently it is representable by a combinatorial operation on vertex symbols, again in accordance with our general program." Alexander 1926, p. 306.

Et puis, nous avons déjà vu que cette expression intervenait aussi explicitement dans la définition des simplexes :

> "A *k-simplex* is completely determined by its vertices. If we denote the latter by the marks $V_0, V_1, \ldots, V_k$ respectively, we may conveniently denote the simplex itself by the symbol
> $$|V_0 V_1 \ldots V_k|$$
> where the order of appearance of the marks V_i is immaterial." Alexander 1926, p. 301.

Ces manifestations, nombreuses, sont toutes néanmoins extraites de définitions. Mais nous avons montré que le signe *elementary chain* avait un contenu algébrique, c'est-à-dire qu'il intervenait effectivement en tant qu'expression notationnelle. Ainsi, dans toutes les relations où les chaînes élémentaires sont rapportées à leurs expressions notationnelles, et elles sont nombreuses (bord, démonstration du fait que le bord d'une chaîne élémentaire est fermé, subdivision d'une chaîne élémentaire et les deux lemmes afférents, etc.), les sommets interviennent en tant qu'expression notationnelle, sans que leur contenu géométrique ne soit impliqué : leur contenu algébrique a donc des manifestations bien au delà des définitions.

Nous avons vu qu'Alexander recourait à plusieurs reprises aux opérateurs "symbol" ou "mark" pour isoler explicitement l'expression notationnelle d'un sommet de son contenu géométrique. Cela pourrait donner lieu à une dissociation systématique et il y aurait alors bien deux signes distincts ; l'un qui aurait un contenu algébrique et qui serait associé à /vertex symbol/, l'autre qui aurait un contenu géométrique et qui serait associé à /vertex/. Mais ce n'est pas le cas, car l'expression /vertex/ peut elle même servir à désigner l'expression notationnelle d'un sommet isolée de son contenu :

- "A *degenerated elementary i-chain* of a complex Φ will be defined as any symbol of the form
(13.1) $\pm V_0 V_1 \ldots V_i$
containing at least one repeated vertex, where the vertices $V_0, V_1, \ldots, V_i$ are mutually adjacent vertices of Φ." Alexander 1926, p. 323.
- "an elementary chain $V_0, V_1, \ldots, V_i$ changes sign when any two of its vertices V_s are permuted." Alexander 1926, p. 324.

Il n'y a donc bien qu'un seul signe, *vertex*, avec deux contenus : un contenu géométrique et un contenu algébrique.

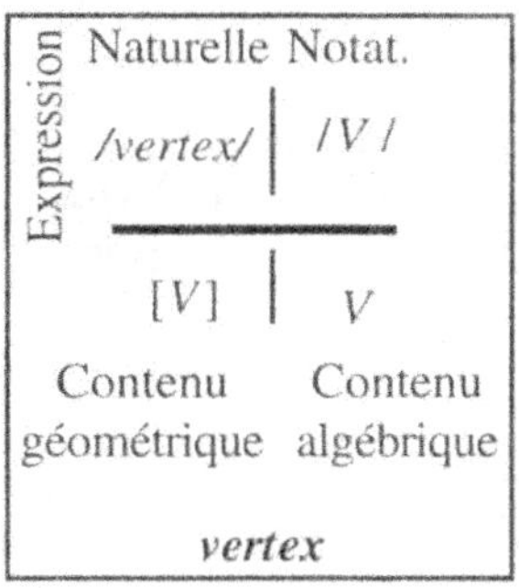

Nous voulons surtout faire remarquer que l'opposition *elementary chains vs cells* n'a pas d'équivalent pour le signe *vertex*. Les expressions notationnelles et naturelles sont en effet les mêmes que *vertex* soit rapporté à son contenu géométrique ou algébrique. Il n'y a pas de définitions ou de démonstrations séparées suivant le type de contenu. Il n'y a pas plus de remarques sur l'"interprétation" géométrique des expressions $/V_i/$ ou encore sur le statut conventionnel de certaines relations algébriques les impliquant. De plus, les exemples cités font suffisamment apparaître que le recours à ces contenus est assez fréquent pour qu'on ne puisse pas tenir pour exceptionnelles les manifestations de l'un ou de l'autre (comme c'est le cas du contenu géométrique de *elementary chain*). Cela établi, nous allons maintenant considérer plus précisément la coexistence de ces deux contenus et en montrer les implications.

Dans l'un des exemples que nous venons de citer, Alexander remarque qu'une transformation élémentaire est déterminée par son action sur les sommets et qu'elle peut, en conséquence, être représentée par une opération combinatoire sur les "vertex symbols". Mais qu'elle soit déterminée par son action sur les expressions notationnelles ne veut pas dire qu'elle ne s'applique qu'à elles. En effet, il apparaît nécessaire de considérer les transformations élémentaires comme des transformations qui ne s'appliquent pas seulement aux sommets d'un complexe, mais bien aussi à tous les sommets de ses complexes dérivés et même à tous les points du complexe : cela est notamment nécessaire pour envisager la convergence uniforme d'une suite de transformations élémentaires vers un homéomorphisme donné, opération qui intervient dans la démonstration du théorème caractérisant les homéomorphismes :

> "We prove, first of all, that the sequence
> $$\tau_1, \tau_3, \tau_5, \ldots$$
> consisting of the odd terms of (7.4) [$\tau_1, \tau_2, \tau_3, \ldots$] <u>converges uniformly</u> to a definite limiting transformation T of the points of Ψ into points of Φ." Alexander 1926, p. 309.

Cet exemple suffit à montrer que les sommets n'interviennent pas seulement par leurs expressions notationnelles, mais aussi en tant que points d'un complexe, c'est-à-dire par leur contenu géométrique.

Le passage du contenu géométrique au contenu algébrique de *vertex* intervient encore dans l'extension des transformations élémentaires aux chaînes :

> "Every elementary transformation τ (§5) carrying the vertices V_k of the complex Φ into vertices W_k of a complex Ψ may be thought of as carrying each elementary i-chain (13.1) $[\pm V_0 V_1 \ldots V_i]$, whether ordinary or degenerate, into the elementary i-chain
> (13.2) $\pm W_0 W_1 \ldots W_i$.
> It, therefore, carries every generalized chain of Φ into a generalized chain of Ψ." Alexander 1926, p. 323-324.

Les deux contenus du signe *vertex* interviennent aussi dans la vérification, au rang zéro, de l'hypothèse de récurrence de la démonstration du lemme dont nous avons déjà cité le texte intégralement :

> "If i is zero, the lemma is immediate, since the pseudo-identical transformation $\tau'\tau$ leaves invariant the vertices of Φ." Alexander 1926, p. 328.

En effet, pour vérifier l'hypothèse au rang zéro, il faut considérer les 0-chaînes élémentaires, c'est-à-dire les expressions notationnelles des sommets du complexe Φ. Il faut alors leur appliquer la transformation $\tau'\tau$ qui s'applique, elle, à leur contenu géométrique, comme le confirme la suite de la démonstration. La vérification de cette hypothèse au rang zéro joue ainsi sur les deux contenus de *vertex*. C'est aussi le cas de la déduction que nous avons déjà analysée et qui fait intervenir le contenu géométrique du signe *elementary chain* :

> "each vertex of each sub-cells is carried by the transformation $\tau'\tau$ into a vertex of C^i; therefore, E^i must be carried into some multiple λE^i of itself" Alexander 1926, p. 328.

Les sommets qui interviennent dans la prémisse sont rapportés à leur contenu géométrique (ce sont les sommets d'une cellule, qui a un contenu géométrique) alors que les sommets qui interviennent dans la conclusion, il est vrai implicitement, doivent être rapportés à leur contenu algébrique (ce sont les sommets d'une chaîne élémentaire, qui a un contenu algébrique).

Tous ces exemples montrent que le signe *vertex* intervient indifféremment par l'un ou l'autre de ces deux contenus et, en particulier, qu'il est possible de passer de l'un à l'autre au cours d'une même démonstration. Ce caractère si peu systématique du traitement de ces deux contenus et leur coexistence au sein d'un même signe contraste tout à fait avec la distinction minutieuse (même si nous avons vu qu'elle pouvait être défectueuse) des signes ayant un contenu algébrique de ceux ayant un contenu géométrique. Le signe *vertex* apparaît ainsi échapper à un souci de dissociation qui se manifeste pourtant tout au long de l'article.

Cette singularité nous semble indiquer une association étroite entre l'expression notationnelle, composée d'une lettre unique (unité de notre alphabet), et le "point", unité indécomposable du plan de contenu géométrique. Mais cela demanderait, pour être mieux étayé, une étude sur un tout autre corpus[1].

Nous voudrions néanmoins souligner une autre particularité : il n'y a pas de différence entre un point et son image par une application continue ; un point ne se déforme pas. C'est là une propriété d'invariance qu'on ne saurait négliger quand il est question de topologie, particulièrement quand il est question d'une présentation combinatoire de la topologie, comme c'est le cas dans cet article. Le point apparaît, là encore, avoir une position *cruciale*. Cette particularité pourrait aussi expliquer, s'il le fallait, qu'Alexander ne distingue pas ici entre les simplexes et les cellules : réduits, comme ils le sont dans leur expression notationnelle, à un ensemble fini de points, il n'y a plus guère de déformation à prendre en compte.

Ces caractéristiques des points peuvent être rapprochées de la place privilégiée qui leur est accordée dans le "general program" de cet article mais aussi dans l'ensemble des textes où les simplexes sont réduits à leurs sommets, comme c'est le cas dans certains articles de Brouwer et, à leur suite, dans ceux d'Alexandroff, de Vietoris, de Cech, etc.

[1] Là encore, le livre de Reviel Netz présente, dans une tout autre perspective, une très belle analyse du rapport des lettres et des points d'un diagramme dans les mathématiques grecques.

Conclusion

Un des traits les plus remarquables du système sémiotique de ce texte est, sans conteste, l'intervention des contenus algébrique et géométrique dans des signes bien distincts.
Ainsi Alexander considère, en particulier, des signes qui peuvent être complets tout en n'ayant qu'un contenu algébrique. Cela n'était le cas ni dans les mémoires de Poincaré, ni dans le livre de Veblen. Les relations d'homologie s'appliquent d'ailleurs exclusivement à ces signes.
L'intervention de ces contenus dans des signes séparés se manifeste par l'instauration de nombreuses distinctions. Elle conduit notamment à une distinction entre l'évidence géométrique de certaines assertions et leurs démonstrations "formelles", qui relèvent exclusivement du plan de contenu algébrique. Elle conduit aussi à présenter comme "conventionnelles" des relations considérées sur le plan de contenu algébrique et auxquelles correspond une interprétation géométrique (cf. la subdivision d'une chaîne élémentaire et la subdivision d'une cellule).
L'instauration de ce système autonome de signes ayant un contenu algébrique est néanmoins accompagnée de nombreuses manifestations du souci de leur conserver une certaine interprétation géométrique. Mais cette dissociation permet toutefois une certaine latitude dans l'adéquation entre les deux systèmes (cf. les "degenerated chains" et les "symbolic chains") ; il est néanmoins significatif que ces différences soient ensuite souvent réduites (cf. la possibilité d'identifier ces chaînes à zéro dans les relations d'homologie). Elle permet aussi de considérer l'orientation sans la rapporter à une signification géométrique.

Ainsi, les fondements de l'homologie peuvent être caractérisés par le recours à des signes ayant exclusivement un contenu algébrique, et ainsi débarrassés de tout contenu géométrique qui est en quelque sorte mis à distance par l'interprétation. Ces caractéristiques contrastent nettement avec celles qui ressortaient du livre de Veblen dans lequel l'exigence d'une signification géométrique (cf. l'introduction des surfaces de Riemann généralisées), et non seulement d'une interprétation, apparaissait très forte.

Cette description rend bien compte des signes impliqués dans les relations d'homologie et de la plupart de leurs occurrences. Mais elle ne rend pas compte de toutes leurs occurrences et le plan de contenu géométrique n'intervient pas seulement dans les signes qui leur servent d'interprétation. Ainsi, nous avons montré que le signe *elementary chain* intervenait dans une déduction qui impliquait qu'il ait un contenu géométrique et non seulement une interprétation géométrique. Ce signe a donc, en définitive, deux contenus : un contenu algébrique et un contenu géométrique. Mais surtout nous avons montré que le signe *vertex* avait aussi des contenus géométrique et algébrique, qui interviennent, eux, tout au long du texte. C'est le seul signe qui ait ainsi deux contenus. Nous avons montré qu'il faisait le lien entre les signes qui ont un contenu géométrique (*cell* et *complex*) et ceux qui ont un contenu algébrique (*elementary chain* et *chain*), cela conformément au "general program" de cet article. Alors que la première partie de l'article n'implique essentiellement que des signes ayant un contenu géométrique, et que la deuxième n'implique, elle, essentiellement que des signes ayant un contenu algébrique, il permet la synthèse de ces deux parties dans la troisième, c'est-à-dire dans la démonstration de l'invariance topologique des nombres de connexion. Cette caractéristique et cette fonction du signe *vertex* est certainement l'autre trait remarquable du système sémiotique de ce texte.

CHAPITRE V

LE LIVRE *TOPOLOGY* DE S. LEFSCHETZ

Introduction

Huit ans après le livre de Veblen, S. Lefschetz publie en 1930 le deuxième livre entièrement consacré à l'homologie[1]. Alors que celui de Veblen s'attachait surtout aux fondements de l'homologie, celui de Lefschetz, intitulé *Topology*, fait une synthèse des travaux développés pendant les dix dernières années :

> "A date marks the transition: 1922, when there appeared Veblen's excellent *Cambridge Colloquium Lectures*: *Analysis Situs*, which has deservedly become the standard work on the subject. The ground being thus well prepared, new developments came rapidly, and it is with the new phases of the subject that we shall be chiefly concerned here." Lefschetz 1930, p. v.

Ce livre est en cela différent des textes précédents en ce qu'il entend donner une présentation unifiée de la topologie : fondements de l'homologie (théorie combinatoire, théorie singulière, théorème de l'invariance topologique, etc.), théorèmes de dualité de Poincaré et d'Alexander, théorèmes d'invariance des domaines et de la dimension, théorie de l'intersection et son application à l'étude des points fixes, produit de complexes, complexes infinis et leurs applications aux variétés analytiques et algébriques. Cette unification de définitions ou de théorèmes qui ont été introduits et développés dans des articles séparés

[1] Nous ne comptons pas Lefschetz 1924 parmi les livres publiés sur l'homologie. C'est un livre de géométrie algébrique dans la lignée des travaux de Picard.

est un objectif explicite sur lequel Lefschetz revient constamment dans sa préface et tout au long du livre, qu'il s'agisse des théorèmes de dualité[1], de la définition de l'intersection[2] ou encore de l'étude des points fixes[3]. Il convient donc de ne pas oublier que le système sémiotique que nous allons décrire est celui d'un texte de plus de 400 pages qui accueille ce vaste ensemble de questions. Mais aussi étendu soit-il, ce livre ne couvre pas encore tous les sujets abordés dans les mémoires de Poincaré : il laisse en particulier presque entièrement de côté l'étude du groupe fondamental et de l'intégration.

Afin d'en avoir un premier aperçu, commençons par une rapide présentation de ses huit chapitres :

1. Les chapitres I-II exposent "the general theory of the homology characters"[4], c'est-à-dire les éléments d'homologie communs aux chapitres suivants.

2. Les chapitres III-VI présentent des développements plus spécifiques auxquels Lefschetz a déjà consacré d'importants travaux et qui sont ici repris et étendus : dualité, théorie de l'intersection, produit des complexes, étude des points fixes.

3. Le chapitre VII étend la plupart des résultats des chapitres précédents à des complexes dont le bord n'est plus nécessairement un sous-complexe

---

[1] "In the duality theory it will be recalled that two unrelated basic formulas, due to Poincaré and Alexander, were reduced to a single formula for relative invariants. This work of unification is carried still further, with new results, giving considerably greater reach to our formulas for coincidences and fixed points. We have succeeded, in fact, in extending them to arbitrary compact metric spaces, a fundamental result for real analysis." Lefschetz 1930, p. vi.

[2] "We have therefore introduced a third and more general type of intersections, based on Brouwer's looping coefficients, which includes the other two types [un point de vue géométrique et celui de Veblen-Weyl] as special cases, and thus acts as the unifying element." Lefschetz 1930, p. vi ou encore "We have introduced a definition of intersection of subchains of $K-L$ which not only includes the two known polyhedral types of intersections as special cases but possesses all their properties. We have thus merged the two theories of intersections that we have developed into a single one, more general, yet not less powerful, and better adapted to all applications." Lefschetz 1930, p. 216.

[3] "we have a central formula which includes all known similar formulas as special cases." Lefschetz 1930, p. 244.

[4] Lefschetz 1930, p. v.

mais qui peut être, bien plus généralement, un ensemble fermé. Pour cette extension Lefschetz développe une théorie des complexes infinis (c'est-à-dire des complexes pouvant avoir un nombre dénombrable de cellules) qui est une reprise assez originale du principe de l'approximation simpliciale. En raison de la relative marginalité de ce chapitre et pour ne pas rendre ces analyses trop longues, nous ne ferons pas la description sémiotique des complexes infinis. Pour les raisons déjà évoquées nous n'aborderons pas non plus le chapitre VIII qui propose quelques applications aux variétés analytiques et algébriques. Ainsi, notre analyse va se concentrer sur les six premiers chapitres qui couvrent les trois cents premières pages de ce livre.

Contrairement au livre de Veblen qui progressait en s'élevant dans la dimension des complexes et en tenant compte de l'opposition non orienté *vs* orienté, les chapitres n'ont pas ici de structure commune. En revanche, à chaque chapitre peut être associé un type d'objet adapté aux problèmes qui y sont traités. Le chapitre III restreint les complexes aux variétés qui sont à la fois suffisamment générales, topologiquement bien définies et qui sont compatibles avec un ensemble d'opérations utilisées dans les différentes preuves des théorèmes de dualité exposés dans ce chapitre. Les chapitre VII et VIII, comme d'ailleurs le III, ont un intitulé (resp. "Infinite complexes and their applications", "Applications to Analytical and Algebraic Varieties" et "Manifolds") qui mentionne le type de complexe considéré. Le chapitre IV, consacré à la théorie de l'intersection, est présenté pour des complexes combinatoires *normaux*, la normalité garantissant la possibilité de subdiviser régulièrement un complexe et de définir ainsi un complexe dérivé. Les chapitres I et II se distinguent eux aussi par les complexes qu'ils considèrent : le premier présente la théorie combinatoire de l'homologie, le second la théorie singulière.

Un rapide panorama permettra d'avoir quelques repères parmi toutes ces sortes de complexes.
Dans le premier chapitre, les complexes sont simpliciaux et sont situés, comme le seront tous les complexes, dans un espace euclidien[1]. Une définition plus générale des complexes est ensuite donnée dans laquelle les cellules ne sont plus les images homéomorphes de simplexes mais celles de régions polyédrales convexes, dont les premières sont un cas particulier. Ces complexes, qualifiés de "convexes", ont l'intérêt d'être

[1] Exceptés les "complexes infinis" qui seront situés dans l'espace de Hilbert.

encore des complexes du même type après que leurs cellules aient été sectionnées par un sous-espace euclidien, ce qui n'était pas le cas des complexes simpliciaux. Tout ce premier chapitre est qualifié de "combinatoire" dans la mesure où les complexes y sont composés d'un nombre fini de cellules et les chaînes définies directement à partir de ces seules cellules et de nombres entiers. Cette fois encore, et contrairement à d'autres textes (de Dehn et Heegaard, Bilz, Kneser, Newman ou Weyl), "combinatoire" ne s'oppose nullement à l'existence d'un contenu géométrique renvoyant à un continuum. "Combinatoire" s'oppose à une théorie "topologique" qui sera présentée dans le chapitre suivant (chapitre II) dans lequel les chaînes ne sont plus composées des cellules du complexe mais d'images de complexes annexes par des applications continues quelconques : ce sont les chaînes et les complexes singuliers. Cette opposition combinatoire *vs* topologique est semblable à celle à l'œuvre dans le livre de Veblen où ces deux points de vue sont aussi articulés par le théorème qui établit l'équivalence des théories homologiques correspondantes et dont la démonstration est reprise dans ce chapitre[1]. A la fin de celui-ci sont introduits les complexes "combinatoires", complexes auxquels seront rapportés tous les développements qui suivront (à l'exception du dernier chapitre), de sorte que l'adjectif "combinatoire" sera souvent sous-entendu. "Combinatoire" n'a plus le même sens ; il désigne maintenant une définition des objets géométriques à partir de leur homologie : les cellules et les sphères combinatoires sont simplement caractérisées par leurs nombres de Betti (égaux à ceux des cellules et des sphères définies analytiquement). Cellules, sphères, complexes sont donc toujours des êtres géométriques situés dans un espace euclidien, mais l'homologie intervient maintenant au sein même de la définition de ces objets élémentaires[2]. C'est à partir de ces complexes combinatoires que seront définies les variétés dans le Chapitre III. Les variétés définissent l'espace de référence tout au long du

---

[1] "While we have made a mild effort to separate the two theories, and to establish combinatorial invariance wherever readily possible, we have taken as our program the study of complexes and manifolds from any point of view whatever." Lefschetz 1930, p. iv.

[2] Ces définitions ont été données simultanément et semble-t-il indépendamment par de nombreux mathématiciens (Alexander, Vietoris, van Kampen, Pontrjagin) : "Diese Mängel [des précédentes déf. d'une variété] werden vermieden durch eine Definition, deren Gedanke zuerst von Alexander [Note : Unplibiziert], sodann unabhänging von Vietoris [dans Vietoris 1927] und von Pontrjagin [Note : Unplibiziert] gefasst wurde, und deren vollständige Ausführung wir van Kampen [dans sa thèse] verdanken." van der Waerden 1930, p. 125.

livre[1] et sont censées subsumer aussi bien les polyèdres d'un espace euclidien que les surfaces de Riemann et leurs généralisations... Mais elles doivent surtout être appréciées à partir des développements qu'elles permettent et parmi lesquels il convient de retenir : une théorie de la dualité, une théorie de l'intersection des chaînes combinatoires et des chaînes singulières et l'étude des points fixes d'une transformation d'une variété sur elle-même. Ces développements nécessitent une définition des variétés qui doit être stable par homéomorphisme, par dualité (le complexe dual d'une variété est une variété) et par produit (le produit "cartésien" de deux variétés est une variété).

Une caractéristique des travaux de Lefschetz est de ne pas s'en tenir aux variétés mais d'examiner systématiquement le cas des variétés *avec un bord*. Les théorèmes sont ainsi le plus souvent formulés pour ces variétés plus générales, ce qui permet de dériver d'un unique énoncé des théorèmes qui apparaissaient auparavant indépendants : c'est notamment le cas des divers théorèmes de dualité dont Lefschetz peut faire des cas particuliers de son "Fundamental Duality Theorem"[2]. Afin de prendre en considération ce bord éventuel, Lefschetz introduit des relations d'homologie dans lesquelles les termes situés sur un sous-complexe peuvent être négligés : en plus des relations modulo un nombre entier, considérées par Alexander, il introduit ainsi pour la première fois des relations d'homologie relatives à un sous-complexe. Cette théorie appelée *homologie relative* permet, selon l'auteur, d'élargir considérablement le champ d'application des concepts auparavant développés sans elle[3].

Voici un schéma donnant les chapitres dans lesquels les différents types de complexes sont définis et leurs dépendances logiques :

[1] "Our central topic is the theory of manifolds for which the first two chapters are the preparation." Lefschetz 1930, p. v.

[2] Celui de Poincaré et celui d'Alexander (avec cependant des hypothèses plus restrictives), et celui de Lefschetz entre une variété et son bord.

[3] "When the relative concepts are systematically introduced, it is found that a good part of the combinatorial theory of Poincaré, Veblen, Alexander, also our own results on continuous transformations, etc. have a greatly increased range of application." Lefschetz 1930, p . vii.

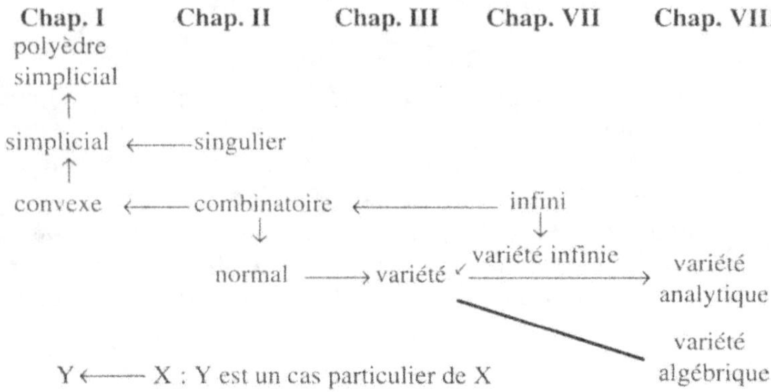

Quand un adjectif apparaît seul, le nom complexe est sous-entendu. Par exemple "simplicial" pour "complexe simplicial".

Ordre d'introduction et dépendances des complexes

Chapitre IV	Chapitre V	Chapitre VI
singulier	simplicial	Variété
Variété	convexe	singulier
	singulier	simplicial
	combinatoire	
	Variété	

Types de complexes utilisés dans les autres chapitres

Comme dans les analyses précédentes, nous allons nous concentrer sur la description des signes qui interviennent dans les relations d'homologie. Les nombres de Betti étant associés à un complexe composé de cellules, nous commencerons par l'analyse des signes *cell* et *complex*. Nous montrerons que *complex* n'a qu'un contenu géométrique, mais que *cell* a en plus de celui-ci un contenu algébrique. Nous étudierons ensuite le signe *chain* qui est, comme dans l'article d'Alexander, le terme des homologies. Nous montrerons qu'il a aussi deux contenus, géométrique et algébrique.

Ce livre est aussi le premier texte depuis les mémoires de Poincaré qui propose une théorie de l'homologie dont les termes sont des configurations géométriques quelconques[1]. Dans un article de 1915,

[1] "Quelconque" n'a pas la même extension ici que dans les mémoires de Poincaré qui n'envisage pas des courbes "extrêmement compliquées" (Lefschetz 1930, p. 73) comme

Alexander a considéré des cycles qui "peuvent présenter des singularités ayant un degré de complexité quelconque"[1], mais il n'a pas considéré leur addition ni leur bord et sa théorie était restreinte aux relations mod 2 (donc sans orientation), et dans aucun de ses travaux ultérieurs il n'est revenu sur ces questions. Quant au livre de Veblen, qui reste alors le texte de référence sur le sujet, nous avons vu ce qu'il en était de l'addition et du bord des complexes *sur* C_n. Quoi qu'il en soit, les configurations singulières ont été introduites dans ces textes à la seule fin d'établir l'invariance topologique des nombres de Betti alors que Lefschetz reprend cette application mais ne cantonne pas les chaînes singulières à celle-ci : il définit leur intersection, différents produits, etc. C'est d'ailleurs une position qu'il revendique explicitement un peu plus tard dans son article de 1938 :

> "It is not at all our aim to prepare the invariance of these characters by the Alexander-Veblen "deformation method", as we believe that chains, singular, continuous (and of other types as well) may be utilized to great advantage in many other questions" Lefschetz 1938, p. 453 (selected papers).

Nous allons donc analyser le signe *singular chain* dans lequel nous retrouverons la coexistence de deux contenus, géométrique et algébrique. Ce chapitre sera principalement consacré à déterminer la fonction propre de ces contenus et à décrire leur coexistence qui est la caractéristique sémiotique la plus remarquable de ce livre. Nous verrons comment cette coexistence est introduite dans les définitions et nous en suivrons les implications dans les démonstrations.

Les signes *cell* et *complex*

Les espaces auxquels sont appliquées les relations d'homologie sont des complexes : les nombres de Betti, quels qu'ils soient, sont relatifs à un complexe, les variétés sont des complexes particuliers, les théorèmes de dualité s'appliquent à des complexes, et les termes des homologies, quels qu'ils soient, ont un contenu géométrique dont nous verrons qu'il est celui d'un *complex*. Comme ces complexes sont composés de cellules, nous allons d'abord décrire le signe *cell* qui a

celle de Peano.

[1] "the cycle may present singularities of any degree of complexity." Alexander 1915, p. 150.

aussi un intérêt propre. Nous allons montrer que *cell* a un contenu géométrique mais qu'il a aussi un contenu algébrique, du fait notamment de certaines expressions notationnelles qui servent en particulier à l'orientation. Nous allons ainsi d'emblée rencontrer la coexistence des deux plans de contenu, géométrique et algébrique, qui sera au centre de l'analyse des signes *chain* et *singular chain*, et au delà, du système sémiotique de ce livre. Après l'étude de *cell*, nous montrerons que *complex* n'a lui, en revanche, qu'un contenu géométrique.

Le signe cell

Un n-simplexe σ_n est défini par la donnée de $A^0, A^1, \dots, A^n$, $n+1$ sommets indépendants dans un espace euclidien S_n ; σ_n est alors l'ensemble des points ("the set of all points") dont les coordonnées barycentriques y_i, relatives aux sommets, vérifient $0 < y_i < 1$. Un n-simplexe est donc un ensemble ouvert. Son bord est l'ensemble des points dont au moins une des coordonnées barycentriques relatives à $A^0, A^1, \dots, A^n$ est nulle.

Une n-cellule E_n est par définition l'image homéomorphe d'un n-simplexe :

> "The n-*cell*, E_n, is the basic configuration of analysis situs. It is by definition the homeomorph of the n-simplex." Lefschetz 1930, p. 9.

Le contenu géométrique du signe *cell* se manifeste par un ensemble de propriétés et de relations, parmi lesquelles le fait que les cellules aient une "dimension", qu'elles puissent entretenir des relations d'"incidence", qu'elles puissent être "transformées" ou "déformées", qu'elles puissent être jointes par des segments ou des arcs, qu'il soit possible de passer d'une cellule à une autre :

- "If every $(n-1)$-cell of $K-L$ is incident with two of its n-cells" Lefschetz 1930, p. 47.
- "The transformation of $\bar{\sigma}_p$ into $\bar{\sigma}_q$ thus defined for each point of $\bar{\sigma}_p$ is evidently single-valued and continous." Lefschetz 1930, p. 85.
- "every p-cell of C_p is deformed into a multiple (possibly zero times) of the carrying p-cell of C'_p" Lefschetz 1930, p. 87.
- "it is possible to pass over into a cell E_n^2 having an $(n-1)$-face, E_{n-1}^1, in common with it." Lefschetz 1930, p. 50.

• "Therefore we merely have to prove that the product K is unchanged on passing from a p-cell of the Poincaré-chain to one of that follows it, i.e. from any σ_p to a σ'_p having a σ_{p-1}, but no interior points, in common with it." Lefschetz 1930, p. 136-137.
• "Through every point R of E_p there passes a unique segment PQ with P on σ_q and Q on σ_{p-q-1}." Lefschetz 1930, p. 91.
• "We can join two points of E^1_n and E^2_n by an arc l on N crossing only n- and $(n-1)$-cells of K." Lefschetz 1930, p. 100.
• "As there exists a closed cell of $K \times K'$ carrying both points, there is a unique segment joining them." Lefschetz 1930, p. 241.

Une cellule peut être aussi la "somme" de segments :

"The segments whose end-points are on a given E_r of the boundary have for sum a convex E_{r+1}." Lefschetz 1930, p. 65.

Une cellule peut être décomposée en cellules, faisant de cette cellule à la fois un [ensemble de points]$_{ens}$ et un [ensemble de cellules]$_{ens}$:

• "The effect of the operation on K is to replace E_p by two new p-cells, and new $(p-1)$-cell, which together make up E_p" Lefschetz 1930, p. 67.
• "if the fundamental boundary relations for K are

$$E^i_{p+1} \to \sum \eta^p_{ij} E^j_p$$

those for K' are

$$E^i_{p+1} \to \eta^p_{ii}(E'_p + E''_p) + \eta^p_{i2} E^2_p + \ldots$$" Lefschetz 1930, p. 68-69.

Nous retrouverons tout au long de ce chapitre cette caractéristique d'un contenu géométrique qui s'accompagne ici d'une diversité de manifestations qui était absente du livre de Veblen et de l'article d'Alexander.

Nous aurons, au cours de cette analyse, l'occasion de rencontrer de nombreuses autres manifestations du contenu géométrique du signe *cell*. Nous allons voir maintenant que les expressions notationnelles de *cell* entretiennent des relations sur le plan de l'expression qui n'impliquent pas seulement leur contenu géométrique mais aussi un contenu algébrique.

Cette fonction des expressions notationnelles intervient notamment dans l'orientation des cellules. Une cellule est orientée par le

choix d'un ordre sur ses sommets $A^0, A^1, \ldots, A^n$, deux ordres étant identifiés ou opposés suivant la signature de la permutation qui fait passer de l'un à l'autre. A l'occasion de cette définition de l'orientation[1], Lefschetz associe l'expression notationnelle $/A^0A^1\ldots A^n/$ à la cellule dont les sommets sont $A^0, A^1, \ldots, A^n$. C'est ainsi qu'à une orientation d'une cellule va correspondre un ensemble d'expressions notationnelles qui seront identifiées entre elles, par exemple, $/A^0A^1A^2A^3\ldots A^n/ = /A^2A^0A^1A^3\ldots A^n/ = /-A^1A^0A^2A^3\ldots A^n/$, et à l'orientation opposée correspondront les autres expressions, suivant la règle : la permutation de deux lettres change l'orientation.
L'usage de ces expressions va bien au delà de cette définition et les exemples suivants montrent que c'est bien ainsi que les cellules sont orientées tout au long du livre :

- "We take $\sigma_n = \sigma_{n-1}A_n$, $\sigma'_n = \sigma_{n-1}B_n$" Lefschetz 1930, p. 57.
- "We will define the <u>oriented</u> simplicial components of the convex cell by $\sigma^i_{p+1} = (-1)^{i-1}B^0B^1\ldots B^iA^i\ldots A^p$." Lefschetz 1930, p. 78.
- "its boundary consists of cells such as $\sigma^i_{p+1} = (-1)^{i-1}B^1\ldots B^iA^i\ldots A^p$" Lefschetz 1930, p. 78.
- "In the first case we then have both E^*_{n-p} and E_n <u>oriented by</u> $\beta_nA^0A^1\ldots A^n$" Lefschetz 1930, p. 138.
- "Let $\beta_pA^0A^1\ldots A^{n-q-1}\sigma_s = \beta_p\sigma_{n-q-1}\sigma_s$ be a cell of K' on E_p and indicatrix of the latter." Lefschetz 1930, p. 163.
- "We have $E^{*i}_{q-1} = \pm\sigma_{s-1}\sigma_{n-p-1}$." Lefschetz 1930, p. 167.
- "we find, in view of the convention for orienting dual cells, that the <u>*oriented dual*</u> of $E_i \times E'_j$ is $(-1)^{(p-i)j}E^*_{p-i} \times E'^*_{q-j}$." Lefschetz 1930, p. 237.

L'"indicatrice" qui sert à orienter une cellule ou un circuit n'est plus une flèche tracée sur une figure ou des entiers "artificiellement" associés à des circuits, comme dans le livre de Veblen ; elle est l'expression notationnelle d'une cellule :

- "Let us orient every n-cell of $K_n - L$ concordantly with its S_n. If E_n, E'_n, are two of them with a common boundary E_{n-1}, we can choose concordant <u>indicatrices</u> $A\sigma_{n-1}$, and $\eta B\sigma_{n-1}$ of S_n ($\eta = \pm 1$) (...). Then $A\sigma_{n-1}$, $\eta B\sigma_{n-1}$ are <u>indicatrices</u> of the n-

[1] Lefschetz expose cette définition de l'orientation pour les simplexes, puis il l'étend aux cellules :
"Everything just stated for any σ is directly applicable to any cell homeomorphic to it." Lefschetz 1930, p. 16. Nous reviendrons sur cette extension.

cells." Lefschetz 1930, p. 58.
- "This means that there exists on $\overline{E}_n$ a positive indicatrix $A\sigma_{n-1}$ such that $\eta_i\sigma_{n-1}$ is an indicatrix of the convex cell E^i_{n-1}." Lefschetz 1930, p. 63.
- "We have then, say, the two indicatrices
$$\beta_p\sigma_p = \beta_p A^0 A^1 \ldots A^{q-1} A^q A^{q+1} \ldots A^p$$
$$\beta'_p\sigma'_p = \beta'_p A^0 A^1 \ldots A^{q-1} A'^q A^{q+1} \ldots A^p\text{"}$$
Lefschetz 1930, p. 137.
- "E^*_q, E_p and K have for respective indicatrices $(-1)^{(s+1)(n-p)}\beta_q\sigma_{n-p-1}\sigma_s\sigma_{n-p-1}$; $(-1)^{(s+1)(n-q)}\beta_q\sigma_s\sigma_{n-q-1}$ and $(-1)^{(s+1)(n-p)+(q+1)(n-q)}\beta_n\sigma_{n-p-1}\sigma_s\sigma_{n-p-1}$." Lefschetz 1930, p. 166.
- "Hence in view of (8) and of the fact that $\beta_q A^{n-q}\sigma_{s-1}\sigma_{n-p-1}$ is an indicatrix of E^*_q, $\eta_i\beta_q A^{n-q}\sigma_{s-1}\sigma_{n-p-1}$ is an indicatrix of E^{*i}_{q-1}." Lefschetz 1930, p. 167.
- "Choose σ_p with ist face $\sigma_{p-1} = A^0 A^1 \ldots A^{p-1}$ on E_{p-1}, and let $\eta\sigma_{p-1}$ be an indicatrix of E_{p-1}." Lefschetz 1930, p. 225.

Ainsi, exactement comme dans l'article d'Alexander, l'orientation est une opposition qui relève du plan de l'expression notationnelle et non du plan de contenu géométrique ou arithmétique. Ce sont les lettres de l'expression notationnelle, juxtaposées sur la ligne d'écriture, qui sont ordonnées et non les sommets situés dans un espace.

Dans les exemples cités, ces expressions notationnelles ne sont nullement rapportées au plan de contenu géométrique et les relations qu'elles peuvent avoir entre elles relèvent exclusivement du plan de l'expression. Ce plan est ainsi un plan de contenu et nous retrouvons donc ici le plan de contenu algébrique. Mais il s'agit ici d'expressions notationnelles d'un signe pourvu d'un contenu géométrique et les expressions notationnelles $/A^0A^1\ldots A^n/$ peuvent elles-mêmes être rapportées à ce contenu géométrique :

- "I say that this closed convex cell is the sum of all closed simplexes $B^0B^1\ldots B^iA^iA^{i+1}\ldots A^p$" Lefschetz 1930, p. 77.
- "When σ^i_{p+1} is not one of the cells, its boundary consists of cells such as $(-1)^{i-1}B^1\ldots B^iA^i\ldots A^p$, plus, etc." Lefschetz 1930, p. 78.
- "the cells of K' are represented without omission or duplication by all symbols $A^pA^q\ldots A^r$, $p<q\ldots<r$, such that, etc." Lefschetz 1930, p. 117.
- "If the vertices A'^q, A''^q of K' on the two cells are inserted in the right place in the symbol of σ_{n-p-2} we have two σ_{n-p-1}'s of Lk

incident with it." Lefschetz 1930, p. 123.
• "We have then $E'_q = A^r A^{r+1} \dots A^s A^t \dots A^p$, where $E_r, \dots, E_p$ are mutually incident." Lefschetz 1930, p. 124.
• "As a result each cell of K' on K^* will have a new symbol consisting of A^*'s in the reverse order from that of the corresponding A's." Lefschetz 1930, p. 133.
• "The required intersection E_s is the sum of all cells of K' having a symbol $\sigma_s = A^{n-q} \dots A^r \dots A^p$." Lefschetz 1930, p. 163.
• "The star of E'_q is the sum of the closed n-cells:

$$(A^0 \dots) A^r A^{r+1} \dots A^s (A^{s+1} \dots A^{t-1}) A^t \dots A^p (A^p \dots A^n)\text{"}$$

Lefschetz 1930, p. 124-125.
• "the cell of which σ is a face, is $A^r A^p \dots A^q$." Lefschetz 1930, p. 133.
• "Therefore $A^{q-p-1} \dots A^{s-p-1}$ is a cell of K' of the same dimension as $A^q \dots A^s$." Lefschetz 1930, p. 118.
• "E^*_{n-p} is the sum of all simplexes $A^p A^q \dots A^s$, such that, etc." Lefschetz 1930, p. 127-8.
• "Let $\beta_p A^0 A^1 \dots A^{n-q-1} \sigma_s = \beta_p \sigma_{n-q-1} \sigma_s$ be a cell of K'" Lefschetz 1930, p. 163.

Ces expressions interviennent en particulier dans les relations entre les cellules d'un complexe et son dual :

• "Let $\sigma = A^q \dots A^s$ be an arbitrary cell of Lk. It is uniquely determined by the mutually incident cells E_p, $E_q, \dots,$ E_s, and conversely σ determines that set uniquely." Lefschetz 1930, p. 128.
• "Let now $E'_{n-p} = A^p A^{p+1} \dots A^n$ be a cell of K', component of the dual of E_p. The n-cells of its star are of type $(A^0 \dots A^{p-1}) A^p \dots A^n$, where the parenthesis represents a component of $F(E_p)$." Lefschetz 1930, p. 130.
• "Now a component cell of the cell E_p of $K - L$ was of type $A^r \dots A^p$. Its new symbol will be $A^{*n-p} \dots A^{*n-r}$."[1] Lefschetz 1930, p. 133.
• "σ is a face of the cell $A^0 A^p \dots A^q$ of K' having the single vertex A^0 on L and σ at its opposite face." Lefschetz 1930, p. 134.
• "Let $\sigma_p = A^0 A^1 \dots A^{p-1} A^p = \sigma_{p-1} A^p$ be a (simplicial) cell of K' on E_p, and $\sigma_{n-p} = A^p A^{p+1} \dots A^n = A^p \sigma_{n-p-1}$, a (simplicial) cell of K' on E^*_{n-p}." Lefschetz 1930, p. 136.

[1] Les expressions contenant un astérisque désignent des éléments du dual.

Les expressions / $A^0 A^1 \ldots A^n$ / interviennent aussi souvent dans la théorie de l'intersection, qui est d'ailleurs, comme nous le verrons, directement liée à la dualité :

- "These cells must then all be of type $A^{n-q} \ldots A^{ir} \ldots A^p$ where the vertices A^{ir} are common to two cells of K', one on E_q^* the other on E_p." Lefschetz 1930, p. 162.
- "Let similarly E_q^* carry the cell $\beta_q \sigma_s A^{p+1} \ldots A^n = \beta_q \sigma_s \sigma_{n-p-1}$." Lefschetz 1930, p. 164.
- "It is again sufficient to consider a cell having a common $(s-1)$-face with σ_s, say $\sigma_s' = A^{n-q} \ldots A^{r-1} A'^r A'^{r+1} \ldots A^p$, obtained by replacing A^r by A'^r among the vertices of σ_s." Lefschetz 1930, p. 165.

Détaillons quelques exemples :

- "$P \subset B^0 \sigma_p$" Lefschetz 1930, p. 77.
- "$B^1 \ldots B^i A^i \ldots A^p = \overline{\sigma}_p$" Lefschetz 1930, p. 77.
- "The cell is the sum of all cells of K' in whose symbol A^p is the last vertex." Lefschetz 1930, p. 162.

Dans le premier, B^0 est un point et P un point quelconque de la cellule σ_p (pas nécessairement un sommet) : la relation $P \subset B^0 \sigma_p$ indique que ce point est *inclus* dans $B^0 \sigma_p$; il s'agit bien d'une relation irréductible au plan de l'expression et qui implique un contenu géométrique. Dans le deuxième exemple, $B^1 \ldots B^i A^i \ldots A^p$ est identifiée à la *fermeture* de la cellule (qui est par définition un ouvert). Cela montre d'une part, que la relation ne relève pas seulement du plan de l'expression et d'autre part que le contenu de ces expressions peut désigner parfois l'ensemble ouvert et d'autres fois l'ensemble fermé (Lefschetz n'écrit jamais $\overline{B^1 \ldots B^i A^i \ldots A^p}$). La dernière citation fait intervenir les deux plans de contenu géométrique et algébrique. En effet l'emploi du syntagme "cell E_p" (par opposition à "Ø E_p") et la caractérisation de E_p comme "somme" (notion sur laquelle nous reviendrons) d'autres cellules suggèrent que le signe E_p est considéré sur le plan du contenu géométrique ; le premier membre de phrase relève donc entièrement du plan de contenu géométrique. Dans le second, c'est le plan de contenu algébrique qui intervient, comme le suggèrent les segments "symbol A^p", mais surtout "the last vertex" où "last" désigne la position d'une lettre, non dans un complexe, mais dans l'expression notationnelle des cellules. Cette phrase présente en définitive l'ensemble de points E_p

comme une somme de cellules caractérisées par une propriété relative à leurs expressions, ou, pour le dire autrement, comme une union d'ensembles indexée sur une propriété relative aux expressions notationnelles des ensembles considérés.

Tous ces exemples montrent que les expressions notationnelles du type $/ A^0 A^1 \dots A^n /$ peuvent avoir un contenu géométrique. Mais ils montrent aussi, indépendamment de l'orientation, un ensemble de relations, de jeux de réécriture, qui relèvent du plan de contenu algébrique comme, par exemple : "$\sigma_p = A^0 A^1 \dots A^{p-1} = \sigma_{p-1} A^p$" ou $\beta_q \sigma_s A^{p+1} \dots A^n = \beta_q \sigma_s \sigma_{n-p-1}$".
Nous obtenons finalement la représentation définitive suivante du signe *cell*, avec deux contenus : géométrique et algébrique.

	Naturelle	Notationnelle
Expression	/cell/	$/ \sigma_n /, / A^0 A^1 \dots A^n /$
	[cell]$_g$	$/ \sigma_n / = / A^0 A^1 \dots A^n /$
	Contenu géométrique	Contenu algébrique

cell

Le signe complex

Le signe *complex* a une fonction comparable au signe *complex* de l'article d'Alexander et il diffère, comme celui-ci, du signe *complex* dans le livre de Veblen ou de *variété* dans les mémoires de Poincaré puisqu'il est associé à l'espace étudié sans être le terme des relations d'homologie. Nous avons déjà signalé qu'il existait différents types de complexes. L'index du livre n'a pas moins de dix entrées pour ce mot : "analytical", "combinatorial", "convex", "derived", etc. Nous n'allons pas entrer dans toutes ces distinctions ; car si des constructions, des définitions, des théorèmes requièrent un type particulier de complexe, les théories de l'homologie, combinatoire et topologique, présentées dans les deux premiers chapitres, sont communes à tous les autres chapitres dans lesquelles elles interviennent (le chapitre VII sur les complexes infinis

mis à part). La description du signe *complex* sera valable pour tous les complexes et elle s'appuiera toujours sur des exemples pris dans les chapitres I à VI.
Toute l'analyse de ce signe va être consacrée à décrire complètement son contenu géométrique. C'est en effet son seul contenu et nous aurons ainsi une vue complète des déterminations de ce plan à l'œuvre dans ce livre.

Commençons, en guise d'introduction, par donner la définition d'un "simplicial n-complex". Ces complexes sont définis à partir des "polyhedrons" exactement comme les cellules le sont à partir des simplexes. Voici donc la définition d'un "polyhedron" :

> "We first define the *simplicial polyhedron* Π_n: it is merely a set of finite number of simplexes σ_p^i, of S_m [espace euclidien de dimension n], $m \geq n$, of dimensions up to and including n, such that (a) no two simplexes of the set intersect; (b) if σ_p^i belongs to the set so do all of its faces." Lefschetz 1930, p. 10.

La définition d'un "simplicial n-complex" est alors :

> "*The simplicial n-complex*, K_n, is an aggregate of point sets in one-to-one correspondence with the faces of Π_n (one set for each face and *vice-versa*), whose sum is a point set homeomorphic to Π_n." Lefschetz 1930, p. 10.

Suivant cette définition, un complexe est un ensemble de points. Mais le texte continue et précise qu'un complexe est "subdivisé" par ses cellules :

> "The sets in question are thus cells of the same dimension as the corresponding simplexes of Π_n. They are the 0, 1, 2, ..., n-cells of K_n. They constitute a subdivision of K_n with the same structure as the subdivision of Π_n into its simplexes." Lefschetz 1930, p. 10.

On reconnaît dans cette définition le jeu entre un ensemble de points et un ensemble de cellules. Nous allons montrer plus précisément que le contenu de *complex* est bien d'une part [ensemble de points]$_{\text{ens}}$ et d'autre part [ensemble de cellules]$_{\text{ens}}$ et nous verrons ensuite quelques raisonnements, constructions et déductions qui font intervenir l'identification de ces deux contenus. Nous verrons ainsi que cette caractéristique du plan de contenu géométrique est à l'œuvre dans ce texte et qu'elle y est même particulièrement importante.

Que le contenu de *complex* soit, entre autres, [ensemble de points]$_{ens}$, ressort de la définition mais surtout du fait qu'on en considère la "fermeture" ou qu'il soit "fermé", qu'il puisse être homéomorphe à un autre ensemble, ou encore par la considération d'ensembles de points d'un complexe (autres que ses sommets) :

- "Let then K'_p be the sum of all closed cells of K_p which meet K_{n-1}." Lefschetz 1930, p. 86.
- "$\overline{A-B}$ a complex" Lefschetz 1930, p. 90.
- "The closure of the transverse complex is the join of A^p and the linked complex." Lefschetz 1930, p. 117.
- "we shall assume that $K = \overline{K-L}$" Lefschetz 1930, p. 119.
- "$T(\overline{K-L}) \subset \overline{K'-L'}$" ($T$ est une transformation) Lefschetz 1930, p. 251.
- "Their sum is closed, since it is the complex Lk." Lefschetz 1930, p. 128.
- "Then Lk is merely one half of the section of H by that space, which is manifestly the homeomorph of a closed hemisphere of S_p" Lefschetz 1930, p. 135.
- "the projecting segments of points on any cell of K are that cell" Lefschetz 1930, p. 141.
- "Let K be a simplicial n-complex and A the set of all points of K having the property of possessing an arbitrarly small n-cell for neighborhood." Lefschetz 1930, p. 160.
- "THEOREM I. *The dimension n of K is the highest integer such that there exist locally connected subsets L of K for which $R_n(K;L) \neq 0$.*" Lefschetz 1930, p. 97.
- "*Let L being a subset of K, both being locally connected and closed.*" Lefschetz 1930, p. 92.

Les exemples suivants montrent que le contenu de *complex* est aussi [ensemble de cellules]$_{ens}$. Cela ressort de la définition d'un "combinatorial n-complex" et surtout de tous les énoncés où il est fait référence aux cellules d'un complexe :

- "*Combinatorial n-complex.* An aggregate K of a finite number of non intersecting combinatorial cells of various dimensions. up to and including n, such that, etc." Lefschetz 1930, p. 107.
- "*If every $(n-1)$-cell of $K-L$ is incident with two of its n-cells, and its sets of n- and $(n-1)$-cells is connected, $K-L$ is a simple circuit.*" Lefschetz 1930, p. 47.

• "every p-cell of K_n is an exact sum of cells of K_n^1 of dimensions $\leq p$." Lefschetz 1930, p. 62.
• "Le the cells of K be so ordered that, etc." Lefschetz 1930, p. 66
"We can obviously perform a similar operation on any cell of K_n which was also a cell of K_n" Lefschetz 1930, p. 67.
• "since L is an exact sum of cells of K" Lefschetz 1930, p. 131
"Therefore the set of oriented cells $\left\{E_h^i \times E_k'^j\right\}$ is a convex $(p+q)$-complex." Lefschetz 1930, p. 225.

Les deux contenus [ensemble de points]$_{\text{ens}}$ et [ensemble de cellules]$_{\text{ens}}$ n'interviennent pas seulement séparément, mais ils se combinent aussi pour ne faire qu'un. Les analyses précédentes ont montré que cette caractéristique intervenait souvent dans la subdivision et c'est encore le cas dans ce livre. Sans entrer dans le détail des diverses manières de subdiviser un complexe, il suffit de savoir que Lefschetz établit une distinction entre le complexe, noté K, et un complexe "dérivé" ("derived"), noté K', obtenu en subdivisant les cellules de K. La même opposition intervient pour les cellules : l'expression notationnelle d'une cellule de K est composée d'un /E/ (avec un indice indiquant sa dimension et éventuellement un exposant pour distinguer des cellules de même dimension), l'expression notationnelle d'une cellule de K' a en plus de cela un prime /'/. Cette opposition est systématique :

• "Let K be the initial complex, K' the altered complex." Lefschetz 1930, p. 68.
• "K has a simplicial first derived K' obtained by the second construction of Ch. I No. 58" Lefschetz 1930, p. 113.
• "The first derived complex K' of K will play a most important part in the sequel." Lefschetz 1930, p. 117.
• "Let E_p' be a cell of K' on an E_p of K" Lefschetz 1930, p. 118
"Therefore we have to consider the effect of passing from K to K', then from K' to any simplicial subdivision" Lefschetz 1930, p. 124.
• "As in the precedent chapter the fundamental complex K is a normal n-complex with L as its subcomplex and K' as its first derived complex." Lefschetz 1930, p. 162.
• "Let $\mathfrak{N}'$ be the K'-neighborhood of the geometric intersection of C_p, C_q^*, where K' is the first derived complex of K." Lefschetz 1930, p. 202.

Ces exemples montrent qu'une distinction est faite entre un complexe et ses subdivisions. Ils confirment en même temps que le contenu de *complex* n'est pas seulement [ensemble de points]$_{\text{ens}}$, sans quoi K et K' ne seraient pas distingués. Mais inversement K et K' sont un seul et même ensemble de points. Cela ressort notamment du fait qu'il en est ainsi d'une cellule et des deux cellules en lesquelles elle a été subdivisée. Cette propriété intervient dans la démonstration de l'invariance des nombres de Betti quand une cellule d'un complexe est sectionnée en deux cellules. La démonstration consiste à établir que cette subdivision n'introduit pas de nouvelles homologies. Pour un complexe de dimension n, $p < n$, Lefschetz note E_p^1 la cellule ainsi subdivisée et E'_p, E''_p les deux cellules qui la subdivisent. Il écrit ensuite les relations de bord des cellules E_{p+1} :

> "if the fundamental boundary relations for K are
> $$E_{p+1}^i \to \sum \eta_{ij}^p E_p^j$$
> those for K' are
> $E_{p+1}^i \to \eta_{ii}^p (E'_p + E''_p) + \eta_{i2}^p E_p^2 + \ldots$" Lefschetz 1930, p. 68-69.

Les relations relatives à K' se déduisent donc de celles de K en remplaçant dans celles-ci E_p^1 par $E'_p + E''_p$. Or cette substitution ne procède pas du seul plan de l'expression, mais elle repose sur le fait que E'_p et E''_p définissent le même ensemble de points que E_p^1 :

> "The effect of the operation [il s'agit de la subdivision par section] on K is to replace E_p by two new p-cells, and new $(p-1)$-cell, which together make up E_p" Lefschetz 1930, p. 67.

"which together make up E_p" indique explicitement que cette substitution ne relève pas seulement du plan de l'expression. Ainsi, l'identification de E_p et $E'_p + E''_p$ implique l'identité des ensembles de points, et leur distinction implique leur différenciation en tant qu'ensembles de cellules.
La citation qui comprend les deux écritures du bord de E_{p+1} est extraite de la démonstration de l'invariance combinatoire des nombres de Betti. Elle permet d'établir que les rangs et les invariants des matrices d'incidence de K et de K' sont les mêmes pour la dimension p. La caractéristique du contenu géométrique intervient donc aussi dans cette preuve de l'invariance.

Comme c'était aussi le cas dans les mémoires de Poincaré et le livre de Veblen, la subdivision d'un complexe, et avec elle, la possibilité de combiner les deux contenus [ensemble de points]$_{ens}$ et [ensemble de cellules]$_{ens}$, interviennent dans la relation entre un complexe et son dual. Le troisième chapitre, qui compte plus de cinquante pages, est entièrement consacré aux relations entre ces deux complexes et aux nombreux théorèmes de dualité afférents. Ces complexes interviennent encore dans le chapitre suivant consacré à la théorie de l'intersection. Ces deux chapitres, qui représentent plus d'un quart du livre, regorgent de manifestations de cette caractéristique et offrent ainsi autant d'exemples de déductions impliquant cette caractéristique du contenu géométrique. Nous allons en présenter quelques-uns.

La construction du complexe dual est semblable à celle de Poincaré et de Veblen. Il existe néanmoins une différence qui tient au fait que Lefschetz considère un complexe $K-L$ qui a un bord. C'est un raffinement important qui lui permet, par exemple, de déduire de son "fondamental duality theorem"[1] une forme restreinte du théorème de dualité d'Alexander. Mais cette prise en compte d'un bord n'a aucune conséquence au niveau de notre analyse sémiotique. Dans la suite L désigne ce bord, mais il ne joue aucun rôle dans notre analyse.
Lefschetz considère donc un complexe $K-L$ et une subdivision de celui-ci et définit ainsi un complexe K'. K' est donc composé d'un ensemble de cellules qui subdivisent K, mais ces cellules peuvent être combinées autrement pour former un autre complexe, noté K^* ; c'est le complexe dual de $K-L$. L'expression notationnelle d'une cellule de $K-L$ étant E_p, celle d'une cellule de K^* est E_q^* : ces cellules ont entre elles les relations d'incidence symétriques que l'on sait (avec un signe + ou − pour tenir compte de l'orientation). Mais surtout, les complexes $K-L$ et K^* sont composés des mêmes points. Cela ressort de la définition du dual et Lefschetz le remarque explicitement :

> "Let K define an absolute M_n, that is, let L be vacuous so that K^* coincides as a point-set with K. Both are then merely different defining complexes of the same manifold." Lefschetz 1930, p. 139.

La plupart des démonstrations, y compris celle de la symétrie des relations d'incidence, impliquent fréquemment le complexe K' qui, en

[1] "FUNDAMENTAL DUALITY THEOREM. Let K, L, L^1 be closed complexes, the last two subdcomplexes of their predecessors and let $K-L$ be a manifold. If $L^2 = L - L^1$ the duality theorem for absolute manifolds holds between the homology characters of $K-L^1 \bmod L^2$ and those of $K-L^2 \bmod L^1$." Lefschetz 1930, p. 142.

étant une subdivision de K et K^*, assure le passage d'un complexe à l'autre. En voici quelques exemples :

- "Since $K' - L$ is a manifold E'_p is a regular cell of K'. As a consequence of the preceding property however it is likewise a regular cell of K'^*." Lefschetz 1930, p. 134.
- "Let $\sigma_p = A^0 A^1 \ldots A^{p-1} A^p = \sigma_{p-1} A^p$ be a (simplicial) cell of K' on E_p, and $\sigma_{n-p} = A^p A^{p+1} \ldots A^n = A^p \sigma_{n-p-1}$, a (simplicial) cell of K' on E^*_{n-p}. The vertices $A^0 \ldots A^n$ are those of a cell $\sigma_n = \sigma_{p-1} A^p \sigma_{n-p-1}$ of K' on a cell E_n of $K - L$" Lefschetz 1930, p. 136.
- "Then we may write $\beta_p \sigma_p$, $\beta_{n-p} \sigma_{n-p}$, $\beta_n \sigma_n$ as indicatrices of E_p, E^*_{n-p}, E_n (and hence of $K - L$), respectively." Lefschetz 1930, p. 136.
- "Any cell of K^* is a sum of cells of K' of type $\sigma = A^p \ldots A^q$" Lefschetz 1930, p. 133.

Le fait qu'un complexe et son dual soient composés des mêmes points peut avoir aussi des manifestations indépendamment du complexe dérivé qu'ils ont en commun. En voici quelques exemples :

- "For let Φ^* be the subcomplex of K^* <u>coincident</u> with Φ, or <u>the decomposition of the point-set Φ into a sum of cells of</u> K^*." Lefschetz 1930, p. 135.
- "$K - N' + N'^1 = K^* + N'^1$" Lefschetz 1930, p. 142.

De même, le "fundamental duality theorem" implique la "déformation" d'une chaîne de K en une chaîne de K^*, opération sur laquelle nous reviendrons, mais qui requiert que ces deux complexes soient composés des mêmes points :

- "This <u>deformation</u> is of the usual kind, along the projecting segments in the K'-neighborhood of $\mathfrak{F}$. It follows then exactly as above that the homology characters of $K - L^2 \bmod L^1$ and of $K^* + N'^1 \bmod L^1$ are the same." Lefschetz 1930, p. 142.
- "Let us <u>deform</u> C_p homologically into a subcycle C^*_p of K^*, the dual of $K - L$." Lefschetz 1930, p. 262.

Tous ces exemples montrent que la relation entre un complexe et son dual fait intervenir [complex]$_g$. La théorie de l'intersection, à laquelle Lefschetz consacre un chapitre entier, fait encore mieux ressortir l'importance dans ce livre de la caractéristique d'un contenu géométrique.

En effet, la théorie de l'intersection proposée ne s'applique pas à deux chaînes quelconques d'un complexe, mais à une chaîne du complexe et à une chaîne du dual. Et puisqu'il s'agit tout de même d'une théorie de l'intersection, ces deux chaînes doivent avoir une intersection qui montre que les deux complexes sont composés des mêmes points. Tout le chapitre pourrait être cité en exemple, voici donc seulement quelques citations qui sont autant de manifestations du contenu géométrique du signe *complex* :

- "Let us first examine the intersection of E_p of $K-L$ with E_q^* of the dual K^*. As we shall seen when it is not vacuous it is an s-cell, $s=p+q-n$, which we shall orient in a definite manner." Lefschetz 1930, p. 162.
- "The cell E_p is the sum of all cells of K' in whose symbol A^p is the last vertex. On the other hand E_q^* is the sum of all cells of K' in whose symbol A^{n-p} is the first vertex. Since E_p, E_q^* are both exact sums of cells of K', their intersection is also an exact sum of cells of K'." Lefschetz 1930, p. 162.
- "The cell $s=p+q-n$ of K' is a face that may belong to a number of components of E_p or E_q^*." Lefschetz 1930, p. 164.
- "it is advisable to consider K^{*j+1} as the sum of the parts on $K-L$ of the duals of all cells of K^j. Thus K^{*j+1} is an open complex which as a point set coincides with $K-L$." Lefschetz 1930, p. 171.
- "Let E_q^{*j+1} denote any one of the starred intersecting cells. It is the dual of an cell E_{n-q}^j of K^j and therefore it is on the star of that cell with respect to K^j." Lefschetz 1930, p. 171.
- "Let then K^α designate a simplicial subidivision of K whose mesh is α. Denote by K'^α, $K^{*\alpha}$, N^α, N'^α, a first derived complex of K^α, the corresponding dual, and the K^α and K'^α-neighborhoods of L. We recall that $K-N'^\alpha = K^{*\alpha} \supset \Phi^\alpha$, the boundary of N'^α." Lefschetz 1930, p. 186.
- "if we write down the sum of cells of K'^β which gives rise to any cell of $K^{*\beta}$ we find that it also represents a cell of $K^{*\alpha}$, unless the sum includes cells of K'^β having A'^r, A''^r, A^{r-1} among their vertices." Lefschetz 1930, p. 190.
- "We are only interested in the case where C_n^α has cells in the star of E_r intersecting cells of $C_q^{*\beta}$ modified by T." Lefschetz 1930, p. 192.
- "This time $K^\beta = K^{*\alpha}+\ldots$, $K^{*\beta} = K^\alpha+\ldots$ the neglected parts being on N and therefore indifferent as regards homologies mod N." Lefschetz 1930, p. 195.

• "To prove (43) we observe that Γ and G meet C at the same points, finite in number, as the chains are subchains of two dual complexes." Lefschetz 1930, p. 209.
• "Let then E^*_{n-s} be the dual of E_s. The boundary E^*_{n-s} coincides with $Lk(E_s)$, and in fact the latter is merely a first derived of $F(E^*_{n-s})$. We will designate the chain $F(E^*_{n-s})$ by $Lk^*(E_s)$, thus keeping in mind: (a) that it coincides with Lk; (b) that it is a subchain of K^*." Lefschetz 1930, p. 211.

On peut encore ajouter, pour compléter la description du contenu géométrique du signe *complex*, qu'un complexe peut être aussi "déformé", comme peut l'être une cellule :

• "Hence we may extend the transformation to simplicial complexes and define a barycentric transformation (or deformation) of a simplicial complex K as one in which each cell of K is transformed barycentrically." Lefschetz 1930, p. 86.
• "*Every chain or complex on K has a subdivision homotopically deformable over K into a subcomplex or subchain of K*" Lefschetz 1930, p. 86.

Nous avons ainsi montré que le signe *complex* a un contenu géométrique. Par ailleurs, il n'a pas, contrairement au signe *cell*, de contenu algébrique[1]. On peut donc en donner la représentation définitive suivante :

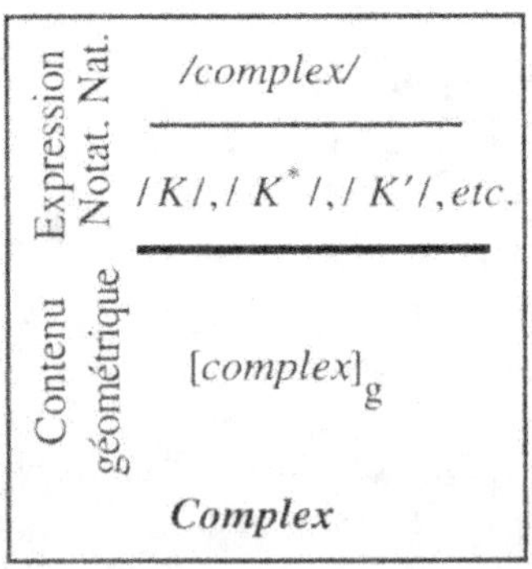

[1] L'orientation d'un complexe est définie par l'orientation de toutes ses cellules ; elle n'implique donc nullement son expression notationnelle.

La caractéristique d'un contenu géométrique est loin d'avoir disparu dans ce livre, elle intervient au contraire très fréquemment au point qu'elle n'est pas seulement impliquée dans quelques théorèmes fondamentaux ; elle l'est dans toute la théorie de la dualité et dans celle de l'intersection. Les manifestations de ce contenu sont aussi assez diverses, certainement moins que dans les mémoires de Poincaré, mais bien plus qu'elles ne l'étaient dans le livre de Veblen, marqué par une présentation axiomatique. En revanche, la notion de "frontière" est remarquablement absente de ces manifestations. C'est que le bord d'un complexe K n'intervient que sous la forme d'un sous-complexe L dont on néglige l'ensemble des cellules pour ne considérer que $K - L$. Quant à la notion de bord qui est impliquée dans les relations d'homologie, elle est définie pour les chaînes et nous allons voir qu'elle relève du plan de contenu algébrique.

Les signes *chain* et *singular chain*

Le signe *chain* est celui qui intervient dans les relations d'homologie ; il peut être additionné et multiplié par un entier, ce qui le distingue du signe *complex* que nous venons de décrire. Au delà de cette distinction, ces deux signes ont des caractéristiques sémiotiques tout à fait différentes. Nous allons en effet montrer que *chain* a, comme *complex*, un contenu géométrique mais qu'il a aussi, à la différence de celui-ci, un contenu algébrique. Deux contenus coexistent ainsi et nous verrons qu'ils sont largement indépendants, chacun ayant en quelque sorte une fonction propre. Comme cette coexistence est la caractéristique sémiotique la plus remarquable de ce texte, la suite de ce chapitre sera consacrée à essayer de la décrire complètement. Aussi, après l'avoir mise en évidence, nous étudierons son conditionnement sémiotique et nous verrons alors l'importance de l'extension par linéarité comme procédé de définition. Nous montrerons ensuite que l'extension par linéarité est aussi un procédé de démonstration qui permet d'étendre au contenu algébrique des démonstrations qui relèvent du plan de contenu géométrique. Nous retrouverons ces caractéristiques avec le signe *singular chain* : nous verrons que la coexistence et l'indépendance des contenus géométrique et algébrique permettent de reporter sur un plan les considérations qui ne peuvent être rapportées à l'autre.

La définition des chaînes

Commençons, en guise d'introduction, par la définition d'une chaîne :

> "We now introduce a most important entity aptly called by Alexander the *chain*. The p-chain, C_p, is the association of a linear expression having integral coefficients, $\sum t_i E_p^i$, with the closed cells $\overline{E}_p^i$ that actually figure in it. The cells E_p^i and those on their boundaries are the cells of C_p, which thus coincides with a complex made up of cells of K. We write symbolically
> $C_p = \sum t_i E_p^i$ " Lefschetz 1930, p. 16-17.

Cette définition fait intervenir à la fois une combinaison linéaire $/\sum t_i E_p^i/$ et un complexe. Une chaîne est ainsi à la fois :
- une combinaison linéaire $\sum t_i E_p^i$, qui correspond à un signe ayant un contenu algébrique.
- un ensemble de cellules, qui correspond à un signe ayant un contenu géométrique.

Cette ambivalence ressort notamment de ce que suivant cette définition le contenu géométrique ne dépend pas de la valeur des coefficients t_i de $\sum t_i E_p^i$ (seule importe l'opposition coefficients nuls *vs* non nuls) : des combinaisons linéaires différentes peuvent avoir le même contenu géométrique, c'est-à-dire le même ensemble de cellules.
L'examen de ce passage suffit à indiquer que l'expression $/\sum t_i E_p^i/$ n'est pas qu'une notation qui ne servirait qu'à désigner un contenu géométrique : elle a une fonction propre dont ne peut rendre entièrement compte son contenu géométrique.
D'ailleurs, Lefschetz introduit une autre expression notationnelle, $/C_p/$, pour désigner ce contenu géométrique. La composition de cette expression est, elle, bien conforme à la simplicité attendue : une lettre (majuscule) unique, avec en plus un indice pour indiquer la dimension.
L'égalité $C_p = \sum t_i E_p^i$, introduite à la fin de cette définition, est intéressante puisqu'elle scelle l'association entre les deux types de contenu au niveau de leurs expressions notationnelles. Elle affirme en effet la substituabilité des expressions notationnelles associées à chacun des deux contenus et va permettre de remplacer $/\sum t_i E_p^i/$ par $/C_p/$ dans certaines relations. Cette égalité, qui ne saurait être l'objet d'une démonstration mais qui n'est pas non plus qu'une simple convention notationnelle, permet d'utiliser non seulement $/C_p/$ comme expression de son contenu géométrique, mais aussi comme expression de $/\sum t_i E_p^i/$.

Ainsi, malgré cette coexistence de deux contenus, Lefschetz va utiliser $/ C_p /$ comme expression aussi bien du contenu géométrique que du contenu algébrique d'une chaîne. Il y a ainsi une seule expression notationnelle pour une chaîne qui a deux contenus.
Remarquons que l'adjectif "symbolically" permet à Lefschetz d'indiquer qu'il considère l'expression d'un signe, sans son contenu (il s'agit toujours en l'occurrence d'expressions notationnelles). Le recours à cet adjectif établit que l'auteur ne prend pas seulement en considération des contenus géométriques auxquels il se réfère grâce à des expressions, mais qu'il est aussi amené à faire des assertions relatives aux expressions : l'égalité $C_p = \sum t_i E_p^i$ en est une.
Lefschetz recourt au terme d'"association" pour désigner la relation entre la combinaison linéaire et l'ensemble de cellules, c'est-à-dire pour nous la relation entre le contenu algébrique et le contenu géométrique. Plus remarquable encore est le verbe "to coincide" qu'il utilise à la même fin dans la phrase suivante et sur lequel nous reviendrons ; ce sont là encore des termes qui relèvent du conditionnement sémiotique. Ainsi, non seulement il y a une ambivalence mais celle-ci est bien marquée par l'introduction de ces termes opérant ou décrivant cette mise en relation.

On peut aussi remarquer qu'il n'est pas facile de délimiter exactement le texte de la définition. Est-ce seulement la deuxième phrase? La deuxième et la troisième? L'écriture "symbolique" $C_p = \sum t_i E_p^i$ en fait-elle partie?

Bien que cette description du mode de coexistence d'un contenu algébrique ($\sum t_i E_p^i$) et géométrique dans les chaînes ne repose que sur l'analyse de leur définition, nous allons voir qu'elle est conforme à leur usage. Il nous faut commencer pour cela par établir que *chain* a bien un contenu géométrique.

Le contenu géométrique de chain

Exactement comme nous l'avons fait pour les signes *cell* et *complex*, nous allons montrer que *chain* a un contenu géométrique.
Voici d'abord des manifestations de [ensemble de points]$_{\text{ens}}$:

- "Since <u>a chain also includes a point set</u> it may, etc." Lefschetz 1930, p. 17.
- "*The chain sum of <u>the</u> n-cells of $K - L$ is an n-cycle mod* $(L, 2)$ <u>*which coincides with*</u> $\overline{K - L}$." Lefschetz 1930, p. 46.

• "$A \supset C_{p+1}$" Lefschetz 1930, p. 81.
• "Suppose that

(24) $$C_1 \to \sum t_i A^i \bmod L.$$

Let it be possible to describe on C_1 a simple broken line whose end points are on L or else coincide." Lefschetz 1930, p. 39.
• "Let C_p be a non singular chain and C'_p a subdivision of it. A translation of every vertex of C'_p to one of the vertices of the cell of C_p that carries it defines, as in the proof of the deformation theorem, a barycentric deformation D of C'_p into a subchain C'_p of C_p. I say that $C''_p = C_p$." Lefschetz 1930, p. 87.
• "Subdivide C_{n-p} into C'_{n-p} of mesh $< \alpha$" Lefschetz 1930, p. 196.
• "Hence the points of C''_{p+1} are not farther than 9ξ from C_p." Lefschetz 1930, p. 189.
• "the deformation leaves on L^2 all points of C_p that it may carry." Lefschetz 1930, p. 141.
• "These reduction leaves likewise on L^2 the points of the chain that it may carry." Lefschetz 1930, p. 141.
• "$C_p \subset L$" Lefschetz 1930, p. 143.
• "*When the chains do not meet one another's boundaries their intersection is a cycle.*" Lefschetz 1930, p. 169.
• "a chain C'_{p+1} which is on the set of cells of N that meet C_{p+1}." Lefschetz 1930, p. 185.
• "Since Property I holds for the chains C_p^α, C_q^α their boundaries do not meet their geometric intersection G^α on $K-N$." Lefschetz 1930, p. 187.
• "Also $C_q^{*\alpha}$ is not farther than $2\xi < \frac{1}{5}\eta(\frac{1}{10}\rho)$ from C_q." Lefschetz 1930, p. 188.
• "we see that we are free to choose β such that there exist C_{p+1} and C_{q+1} whose points are not farther than 2β from C_p or C_p^β, and C_q^* or $C_q^{*\beta}$ respectively" Lefschetz 1930, p. 203.
• "Γ and G meet C at the same points" Lefschetz 1930, p. 209.
• "We will say that C_p, C_q have a *regular intersection* whenever their intersection on $K-L$ is a sum of cells of dimension $\leq s = p+q-n$." Lefschetz 1930, p. 211.
• "if $F(C_p)$ is deformed over B" Lefschetz 1930, p. 79.
• "Let C_p be a non-singular chain on our usual n-complex K. Since C_p and $F(C_p)$ coincide with complexes we can take them as our pair K, L" Lefschetz 1930, p. 98.
• "$C_q^{*\alpha}$ is still nearer to C_q." Lefschetz 1930, p. 189.

On peut encore ajouter les manifestations relatives aux cycles qui sont des chaînes sans bord :

- "Every point of $A - B$ is on any cycle Γ_n mod $(B,2)$." Lefschetz 1930, p. 76.
- "Let in particular C_p be an absolute cycle $\subset K - L$." Lefschetz 1930, p. 261.
- "Let Γ_p, Γ_{n-p-1}, $(p<n)$ be two non-intersecting cycles" Lefschetz 1930, p. 205.
- "*an* n*-cycle mod* $(L,2)$ *which coincides with* $\overline{K-L}$." Lefschetz 1930, p. 46.

De la même manière, voici quelques manifestations du contenu [ensemble de cellules]$_{\text{ens}}$ du signe *chain* :

- "The cells E_p^i and those on their boundaries are the cells of C_p" Lefschetz 1930, p. 17.
- "We are only interested in the case where C_n^α has cells in the star of E_r intersecting cells of $C_q^{*\beta}$ modified by T." Lefschetz 1930, p. 192.
- "Any s-cell of $C_p \cdot C_q^*$" Lefschetz 1930, p. 203.
- "*There exists an* η *such that* $T^\xi C_p$, *has* p*-cells on* N *when* $\xi < \eta$." (T^ξ est une transformation) Lefschetz 1930, p. 99.
- "C_n will have n-cell on N." Lefschetz 1930, p. 100.
- "Let E_n^2 be any other cell of C_n" Lefschetz 1930, p. 100.
- "where C_q consists of cells of the star of σ_p" Lefschetz 1930, p. 152.
- "We are only interested in the case where C_n^α has cells in the star of E_r intersecting cells of $C_q^{*\beta}$ modified by T." Lefschetz 1930, p. 192.

Une chaîne peut être aussi déformée exactement comme peuvent l'être une cellule et un complexe :

- "If K_p or C_p have cells on L they may be kept fixed throughout the deformation." Lefschetz 1930, p. 94.
- "Given Δ to obtain Γ we deform $F(\Delta)$ onto L along the projecting segments of N through its points" Lefschetz 1930, p. 185.
- "Deform Δ' onto L in the same manner as above" Lefschetz 1930, p. 185 .
- "Let us now deform the chain $F(B)$ onto Λ^2" Lefschetz 1930, p. 251.
- "Let us deform C_p homologically into a subcycle C_p^* of K^*, the dual of $K - L$." Lefschetz 1930, p. 262.

Ces exemples sont autant de manifestations du contenu géométrique du signe *chain*. Leur nombre (nous aurions pu en donner beaucoup plus) et leur distribution dans tout le livre montrent que ce contenu intervient très fréquemment. On reconnaît de plus toutes les déterminations du contenu du signe *complex*, ce qui est tout à fait conforme à la définition d'une chaîne, selon laquelle une chaîne "coïncide" avec un complexe. Mais une chaîne est aussi une expression de la forme $/\sum t_i E_p^i/$. Il faut d'ailleurs remarquer que cette expression notationnelle n'apparaît dans aucune des manifestations du contenu géométrique que nous venons de donner : c'est toujours $/C_p/$ qui intervient dans ce cas. L'expression $/\sum t_i E_p^i/$ intervient quand le signe est rapporté à son contenu algébrique.

Le contenu algébrique de chain

Utiliser $/\sum t_i E_p^i/$ comme expression notationnelle a ceci de singulier qu'elle n'a pas la simplicité habituelle de ce type d'expressions. La possibilité d'additionner des chaînes est déjà inscrite dans cette expression, garantie ou donnée par elle. Cette possibilité, signalée juste après la définition, est présentée comme la première des trois "basic properties" d'une chaîne :

> " p-chains are additive. That is if
> $$C_p = \sum t_i E_p^i,\ C'_p = \sum t'_i E_p^i$$
> then
> $$C''_p = \sum (st_i + s't'_i) E_p^i$$
> is a chain whatever the integers s, s'. We write symbolically $C''_p = sC_p + s'C'_p$." Lefschetz 1930, p. 19.

L'additivité est présentée comme une *conséquence* de la définition. C'est une conséquence très particulière ; elle n'est qu'une conséquence de la forme de l'expression notationnelle $/\sum t_i E_p^i/$ introduite dans la définition : c'est bien uniquement parce que les chaînes ont pour expression $\sum t_i E_p^i$ qu'elles peuvent être additionnées. Aucun contenu géométrique n'intervient ici, ni au niveau de l'opération (+) ni du résultat ($C_p + C'_p$). Quant au conditionnement sémiotique, on retrouve l'usage de l'adjectif "symbolically" dans un segment où les expressions ne sont pas rapportées à leur contenu géométrique.

Le contenu algébrique de *chain* est aussi impliqué dans la définition du bord d'une chaîne :

> "The *boundary*, $F(C_p)$, of $C_p [= \sum t_i E_p^i]$, is by definition the $(p-1)$-chain $F(C_p) = \sum \eta_j E_{p-1}^j$; $\eta_j = \sum t_i \eta_{ij}^{p-1}$, and we write the associated boundary relations $C_p \to \sum \eta_j E_{p-1}^j$, $C_p \to F(C_p)$." Lefschetz 1930, p. 17.

C'est encore ce contenu qui intervient dans l'assertion selon laquelle le bord est un opérateur linéaire :

> "II. Chain-boundaries are linear functions of the chains.
> $$F(sC_p + s'C'_p) = sF(C_p) + s'F(C'_p)$$" Lefschetz 1930, p. 19.

C'est aussi exclusivement le plan de contenu algébrique qui intervient dans la démonstration du théorème énonçant que le bord d'une p-chaîne est un $(p-1)$-cycle (i.e. une chaîne sans bord). En effet, puisque le bord est un opérateur linéaire, Lefschetz déduit ce résultat, par linéarité, du résultat correspondant pour les simplexes :

> "IV. The boundary of a p-simplex is an absolute $(p-1)$-cycle." Lefschetz 1930, p. 19.

Voici encore d'autres manifestations du contenu algébrique de *chain* :

• "Let us consider one of the oriented n-cycles of the circuit
$$\Delta_n = \sum t_i E_n^i .$$
If the t's have a common factor we may divide them by that factor and still have a cycle." Lefschetz 1930, p. 47.

• "For let any other cycle be
$$\Delta'_n = \sum t'_i E_n^i$$
and call r_1 the H.C.F. of t_1, t'_1, so that there exist integers s, s' such that $st_1 + s't'_1 = r_1$. Then $s\Delta_n + s'\Delta'_n = r_1 E_n^1 + r_2 E_n^2 + \dots$ is a non trivial n-cycle mod L." Lefschetz 1930, p. 48.

• "Let then C_p be any suchain of K_n:
$$C_p = \sum t_i E_p^i \rightarrow \sum t_i \eta_{ir} E_{p-1}^r = C_{p-1} .$$
We associate with C_p the subchain of K'_n defined by
$$C'_p = \sum t_i E_p^{ij} ,$$
obtained by replacing in C_p every p-cell by the sum of the p-cells of p that it carries, and which we define as the *subdivision* of C_p induced by that of K_n. We have at once
$$C'_p \rightarrow \sum_{i,r} t_i \eta_{ir} E_{p-1}^{rs} = C'_{p-1}$$" Lefschetz 1930, p. 64-65.

• "Therefore
$$\mathfrak{D}\, \sigma_p \rightarrow \sigma'_p - \sigma_p - \mathfrak{D}\, F(\sigma_p).$$
Hence
(3) $$\mathfrak{D}\, C_p \rightarrow C'_p - C_p - \mathfrak{D}\, F(C_p).$$" Lefschetz 1930, p. 78.

• "Conversely when $\Gamma_p \sim 0$, say mod B,
$A \supset C_{p+1} = \sum t_i E_{p+1}^i \rightarrow \sum t_i F(E_{p+1}^i) = \Gamma_p$, mod B." Lefschetz 1930, p. 81.

• "*If* Δ_p^h *is associated with* Γ_p^h *then* $\sum t_h \Delta_p^h$ *is associated with* $\sum t_h \Gamma_p^h$." Lefschetz 1930, p. 95.

- "If Γ^i_{n-1} is a base cycle for K^i_{n-1} we find
$$\Gamma_n \to \sum \eta_i \Gamma^i_{n-1} = \Gamma_p \bmod L\text{" Lefschetz 1930, p. 103.}$$
- "The boundary relation (12) is now seen to be equivalent to
$$F(E_p \cdot E^*_q) = E_p \cdot F(E^*_q) + (-1)^{n-q} F(E_p) \cdot E^*_q.$$
When combined with (16) [$C_p \cdot C^*_q = \sum x_i y_j E^i_p \cdot E^{*j}_q$] it yields at once the *fundamental boundary relation*
(18) $F(C_p \cdot C^*_q) = C_p \cdot F(C^*_q) + (-1)^{n-q} F(C_p) \cdot C^*_q$." Lefschetz 1930, p. 169.
- "(5) $$F(E_p \times E_q) = F(E_p) \times E_q + (-1)^p E_p \times F(E_q)$$
From this follows for chain products the general formula:
(6) $$F(C_p \times C_q) = F(C_p) \times C_q + (-1)^p C_p \times F(C_q)."$$
Lefschetz 1930, p. 226.

A ces manifestations du plan de contenu algébrique on peut encore en ajouter d'autres d'un type différent. Commençons par remarquer que Lefschetz associe au bord d'une chaîne deux expressions différentes $F(C_p) = \sum \eta_j E^j_{p-1}$ et $C_p \to \sum \eta_j E^j_{p-1}$. Aucune de ces notations n'est nouvelle ; nous avons déjà rencontré / $\to$ / dans l'article d'Alexander, et Vietoris 1927 utilise $R(C_p)$ (R étant l'initiale du mot allemand "Rand" comme ici F est l'initiale du mot anglais "frontier"), et Hopf 1928a utilise $\rho(L^i)$. Ajoutons que Lefschetz ne les a pas toujours utilisées : c'est la première fois qu'il utilise F et c'est seulement dans le dernier article[1], Lefschetz 1928, qu'il a abandonné la notation / $\equiv$ / pour / $\to$ /. C'est donc aussi la première fois qu'il les considère ensemble.

L'expression fonctionnelle / F / apparaît particulièrement bien adaptée à la linéarité $F(\sum t_i C^i_p) = \sum t_i F(C^i_p)$[2] (ou simplement à l'additivité) qu'elle permet tout simplement d'écrire comme une relation sur le plan de contenu algébrique. Elle est, notamment en analyse fonctionnelle[3], associée aux opérateurs. Elle permet aussi de donner une expression particulièrement concise de la propriété : "un bord est un cycle", qui devient[4] $F(F(\sigma_p)) = 0$. En revanche, les expressions relationnelles / $\equiv$ / et / $\to$ / ne permettent pas d'exprimer de la sorte la linéarité ou de composer les relations de bord. De même, les relations de bord entre des

---

[1] Le recours à cette notation est accompagné de cette remarque : "Concerning boundary relations we shall adopt instead of Poincaré's $\equiv$ the more convenient $\to$ recently introduced by Alexander" Lefschetz 1928 p. 233, qui suggère que, pour Lefschetz, cette notation a été introduite en 1926, date de parution de l'article d'Alexander dans lequel elle figure.

[2] Lefschetz 1930, p. 75.

[3] Par exemple in Banach, "Sur les opérations dans les ensembles abstraits et leur application aux équations intégrales", *Fundamenta Mathematicae*, 3, p. 133-181, 1922.

[4] Lefschetz 1930, p. 19.

bords et d'autres bords ne seraient pas non plus exprimables de manière aussi synthétique avec ces expressions[1]. Voici quelques exemples de relations qu'il n'est pas possible de réécrire avec $/\rightarrow/$ au lieu de $/F/$:

- "$F(E_{p-1}) \equiv -\eta_{11}^{p-1} F(E_{p-1}^{1}) - \ldots$" Lefschetz 1930, p. 69.
- "$F(trace\, C_p) = (-1)^{s-1} trace\, F(C_p)$" Lefschetz 1930, p. 212.
- "$(C_p, C'_q) \rightarrow (F(C_p), C'_q) + (-1)^{p+1}(C_p, F(C'_q))$" Lefschetz 1930, p. 111.
- "$F(C_p \cdot C_q^*) = C_p \cdot F(C_q^*) + (-1)^{n-q} F(C_p) \cdot C_q^*$" Lefschetz 1930, p. 169.
- "$F(C_p \times C_q) = F(C_q) \times C_q + (-1)^p C_p \times F(C_p)$" Lefschetz 1930, p 226.

Cette expression fonctionnelle permet donc d'écrire de nouvelles relations qui relèvent du plan de contenu algébrique. Mais surtout, ces relations peuvent être comparées entre elles et présenter dès lors des similarités qui n'apparaissent que sur ce plan. C'est ainsi que les expressions notationnelles (C_p, C'_q), $C_p \cdot C_q^*$, $C_p \times C_q$ satisfont à des relations semblables, cette similarité n'ayant pas d'équivalent sur le plan de contenu géométrique. Les trois dernières relations citées en sont les meilleurs exemples : elles mettent en correspondance les expressions des bords de ces trois chaînes différentes qui peuvent dès lors être subsumées par une même notion, un "produit"[2]. Cette comparaison, qui relève donc exclusivement du plan de contenu algébrique, est d'ailleurs faite explicitement par Lefschetz :

> "These formulas [la dernière] offer much similarity with (18) [l'avant dernière] of Ch. IV." Lefschetz 1930, p. 226

On obtient en définitive la représentation suivante du signe *chain* :

[1] Même dans les *complexes de chaînes* introduits dans Mayer 1929 qui deviendront le concept de base de la topologie algébrique, l'expression fonctionnelle est conservée, l'expression de l'opérateur bord étant alors souvent $/\partial/$.

[2] Cette appellation commune de ces différentes opérations apparaît antérieurement à ce livre, notamment : "In previous papers the same notation [$E_h \cdot E_k$] was used, sometimes without the "dot". In this paper it has been essential to use the dot throughtout, for in Part II another "product" symbol comes in, whose meaning is wholly different and which will be written as a "cross" product." Lefschetz 1926, note p. 204 (selected papers). L'unification de ces produits sera faite dans Tucker 1933 et Lefschetz 1937.

Expression	Naturelle	Notationnelle
	/*chain*/ /*circuit*/	$/C_p/, /\sum t_i E_p^i/$
	[complex]$_g$	$[\sum t_i E_p^i]_{alg}$
	Contenu géométrique	Contenu algébrique
	chain	

Cette caractérisation sémiotique est tout à fait conforme à l'ambivalence qui ressortait déjà de la définition des chaînes : on retrouve deux contenus qui coexistent au sein d'un seul signe. Les manifestations du contenu géométrique sont nombreuses, celles du contenu algébrique le sont bien moins et nous ne pourrions pas en ajouter beaucoup à celles qui ont été données. Les théorèmes impliquant des chaînes ou des cycles sont eux-mêmes plus nombreux que ces manifestations. Cela est étonnant si l'on pense que les chaînes, d'après leur définition, sont aussi des expressions $/\sum t_i E_p^i/$ et ne se réduisent pas à un complexe comme c'est le cas quand seul leur contenu géométrique intervient. Cette simple comparaison quantitative fait apparaître un décalage entre les manifestations du contenu algébrique et le nombre, important, de théorèmes impliquant des chaînes ou des cycles. Ce décalage est tout à fait significatif de la manière dont les énoncés sur les chaînes sont introduits ou déduits d'autres énoncés relatifs aux cellules ou aux complexes. C'est cette extension, qui fait passer des cellules ou des complexes aux chaînes, que nous allons étudier maintenant. Nous verrons ainsi comment se fait le passage, dans les définitions et les démonstrations, du plan de contenu géométrique au plan de contenu algébrique, c'est-à-dire, en définitive, comment les deux contenus du signe *chain* coexistent.

"From the cells to the chains is but a step"

L'extension des cellules aux chaînes dans les définitions

Considérons pour commencer la définition de la subdivision d'une chaîne. Ayant déjà défini la subdivision d'une cellule, Lefschetz définit la subdivision d'une chaîne $C_p = \sum t_i E_p^i$ comme étant la chaîne obtenue en remplaçant dans C_p chaque cellule E_p^i par la somme des cellules qui la subdivisent :

"We associate with C_p the subchain of K'_n defined by

$$C'_p = \sum_{i,j} t_i E_p^{ij}$$

obtained by replacing in C_p every p-cell by the sum of the p-cells of K'_n that it carries, and which we define as the *subdivision* of C_p induced by that of K_n." Lefschetz 1930, p. 65.

La définition de la subdivision d'une cellule est ainsi étendue aux chaînes par linéarité, c'est-à-dire en remplaçant les cellules par leur subdivision dans l'expression de la chaîne $C_p = \sum t_i E_p^i$.

Considérons maintenant la définition de la déformation d'une chaîne[1]. Partant d'une cellule σ_p, Lefschetz définit la cellule $\mathfrak{D}\,\sigma_p$ de dimension $p+1$, obtenue par déformation de σ_p. Cette définition fait intervenir des relations se rapportant au contenu géométrique de la cellule, comme les notions de projection et de "locus". La déformation $\mathfrak{D}\,\sigma_p$ de σ_p ayant été définie, la "deformation chain" de $C_p = \sum x_i \sigma_p^i$ est alors par définition la $(p+1)$-chaîne $\mathfrak{D}\,C_p = \sum x_i \mathfrak{D}\,\sigma_p^i$:

"Similarly if we have the subchain of Π_n

$$C_p = \sum x_i \sigma_p^i$$

its deformation chain is by definition the $(p+1)$-chain

$\mathfrak{D}\,C_p = \sum x_i \mathfrak{D}\,\sigma_p^i$." Lefschetz 1930, p. 78.

La déformation d'une chaîne est donc par définition la combinaison des déformations de ses cellules. Dans cette définition le contenu géométrique de la chaîne n'intervient pas, seul intervient son contenu algébrique, c'est-à-dire $/\sum x_i \sigma_p^i/$.

La définition du "join" de deux chaînes est tout à fait semblable[2]. Partant de deux simplexes σ_i, σ'_j de dimensions i et j, Lefschetz définit un simplexe de dimension $i+j+1$ qu'il note (σ_i, σ'_j). Il se place pour cela dans un espace euclidien, prend des segments qui ne doivent pas se rencontrer et qu'il fera varier, pour considérer enfin le "locus" qui définira (σ_i, σ'_j) : autant d'opérations qui impliquent le contenu géométrique de σ_i et σ'_j. Le "join" de deux chaînes $C_p = \sum x_i \sigma_p^i$ et $C'_q = \sum y_j \sigma'^j_q$ est alors par définition la $(p+q+1)$-chaîne : $(C_p, C'_q) = \sum x_i y_j (\sigma_p^i, \sigma'^j_q)$:

---

[1] Lefschetz 1930, p. 77.
[2] Lefschetz 1930, p. 110-111.

"The join of two subchains of K, K' :

$$C_p = \sum x_i \sigma_p^i,\ C'_q = \sum y_j \sigma_q'^j$$

is defined as the $(p+q+1)$-chain

$(C_p, C'_q) = \sum x_i y_j (\sigma_p^i, \sigma_q'^j)$." Lefschetz 1930, p. 111.

Le produit de deux chaînes reprend le même schéma[1]. Lefschetz définit le produit $E_p \times E'_q$ de deux cellules orientées appartenant à deux complexes par une définition relevant à la fois du plan de l'expression (pour l'orientation) et du plan du contenu géométrique : recours aux coordonnées, considération de "régions", de "configurations". Le produit de deux cellules ayant été défini, le produit de deux chaînes $C_p = \sum t_i E_p^i$, $C'_q = \sum u_j E_q'^j$ est alors par définition la $(p+q)$-chaîne : $C_p \times C'_q = \sum t_i u_j E_p^i \times E_q'^j$:

"By the product $C_p \times C'_q$ of the subchains $C_p = \sum t_i E_p^i$, $C'_q = \sum u_j E_q'^j$ we understand the $(p+q)$-subchain of $K_p \times K'_q$,

$C_p \times C'_q = \sum t_i u_j E_p^i \times E_q'^j$." Lefschetz 1930, p. 225.

Et c'est encore selon ce schéma qu'est définie l'intersection de deux chaînes[2]. Lefschetz définit l'intersection $(E_p \cdot E_q^*)$ de deux cellules E_p et E_q^* (l'une du complexe, l'autre du complexe dual) par une définition qui relève aussi, d'une part, du plan de l'expression (pour l'orientation) et, d'autre part, du plan du contenu géométrique. L'intersection de deux cellules ayant été définie, l'intersection de deux chaînes $C_p = \sum x_i E_p^i$, $C_q^* = \sum y_j E_q^{*j}$ est alors par définition : $C_p \cdot C_q^* = \sum x_i y_j E_p^i \cdot E_q^{*j}$:

"Let now C_p, C_q^* be two subchains of $K - L$ and K^*. We define as their intersection a certain s-chain, $s = p + q - n$, to be designated by $C_p \cdot C_q^*$, by the following conditions : (a) It is a *linear* function of C_p or C_q^*, i.e.

(14) $$(tC_p + t'C'_p) \cdot C_q^* = tC_p \cdot C_q^* + t'C'_p \cdot C_q^*,$$

and similarly for C_q^*. (b) When the chains are cells the intersections are the chains already defined. From these conditions follows immediately that if

(15) $$C_p = \sum x_i E_p^i, C_q^* = \sum y_j E_q^{*j}$$

then

(16) $C_p \cdot C_q^* = \sum x_i y_j E_p^i \cdot E_q^{*j}$." Lefschetz 1930, p. 168.

[1] Lefschetz 1930, p. 225.
[2] Lefschetz 1930, p. 162-168.

Et l'on peut ajouter à cette liste la définition du bord F d'une chaîne qui étend aux chaînes la définition donnée pour les cellules.

Toutes ces définitions étendent aux chaînes $C_p = \sum t_i E_p^i$ une opération préalablement définie pour les cellules E_p^i et elles suivent un même schéma : chaque opération est d'abord définie pour les cellules à partir de considérations qui impliquent leur contenu géométrique. Un nouveau signe, et notamment une nouvelle expression, est introduit à cette occasion : $/ F(\sigma_n)/$, $/\mathfrak{D}\, \sigma_p/$, $/(\sigma_i, \sigma'_j)/$, $/ E_p \times E'_q/$, $/(E_p \cdot E_q^*)/$. L'extension de l'opération aux chaînes ne fait pas intervenir leur contenu géométrique mais seulement leur expression $/\sum t_i E_p^i\,/$. Ainsi, la partie de la définition relative aux simplexes s'inscrit dans le plan du contenu et introduit un signe dont *l'expression* sera ensuite la seule partie pertinente pour la définition des chaînes.
Ces définitions relatives aux chaînes ne font donc intervenir que le contenu algébrique qui leur a été attribué par définition, c'est-à-dire une combinaison linéaire à coefficients entiers $\sum t_i E_p^i$. Néanmoins, les chaînes qui sont considérées au cours du texte ne sont pas réduites à ce contenu algébrique ; elles ont aussi le contenu géométrique qui leur a été "associé" par définition, c'est-à-dire l'ensemble formé à partir des cellules qui figurent dans la combinaison linéaire.

On peut représenter de la manière suivante ce passage des cellules aux chaînes opéré par ces définitions :

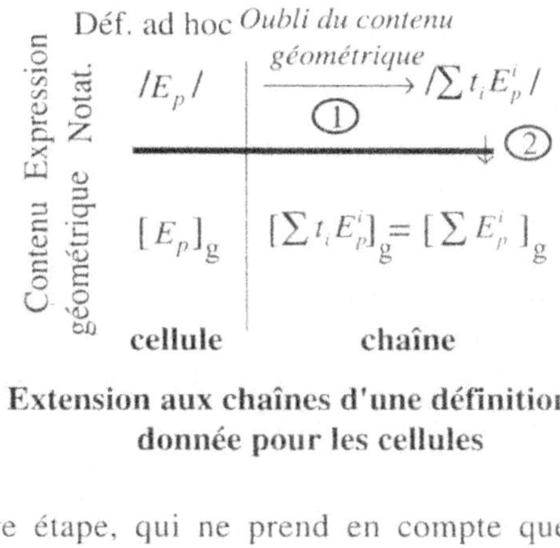

Extension aux chaînes d'une définition donnée pour les cellules

La première étape, qui ne prend en compte que les combinaisons linéaires et ne fait pas intervenir de contenu géométrique, est opérée au cours des définitions qui étendent aux chaînes des définitions données pour les cellules. La deuxième étape, par laquelle les chaînes sont rapportées à un contenu géométrique, ne vient pas de ces définitions, mais de la définition des chaînes et surtout, c'est à ce contenu qu'elles sont le plus souvent rapportées au cours des démonstrations. Nous allons donc étudier de quelle manière le passage des cellules à leurs combinaisons linéaires se fait dans les démonstrations.

L'extension des cellules aux chaînes dans les démonstrations

Considérons pour commencer le théorème suivant :

> "THEOREM. A cycle of any one of our types is homologous on itself to its own subdivisions, homology being understood in each case in the appropriate sense." Lefschetz 1930, p. 88.

Il s'agit de démontrer qu'un cycle (une chaîne sans bord), est homologue à ses subdivisions. C'est un résultat que nous avons déjà rencontré avec l'analyse du livre de Veblen et sa validité impliquait la caractérisation du contenu géométrique. Comment ce résultat peut-il être démontré pour un cycle $C_p = \sum t_i E_p^i$? En fait, Lefschetz le démontre juste pour une cellule et étend par "linéarité" le résultat aux chaînes :

> "Furthermore, due to the linearity of the chain symbols and the fact that every p-cell of C_p is deformed into a multiple (possibly zero times) of the carrying p-cell of C'_p, it is sufficient to prove that the property in question holds for $C_p = E_p$ a single p-cell." Lefschetz 1930, p. 87-88.

De la même manière, Lefschetz développe sur trois pages la généralisation de la théorie de l'intersection à plus de deux cellules et il conclut ces pages par quelques lignes sur les chaînes :

> "From the cells to the chains is but a step. Let C_p, $C_{q_i}^{*h_i}$ be subchains of K and K^{*h_i}. We define the intersections $C_p \prod C_{q_i}^{*h_i}$, $\prod C_{q_i}^{*h_i}$ and when $s = 0$, the corresponding Kronecker indices by the condition that the distributive law hold. The associative law follows then automatically. Regarding the fundamental boundary relation (18) [$F(C_p \cdot C_q^*) = C_p \cdot F(C_q^*) + (-1)^{n-q} F(C_p) \cdot C_q^*$] we prove first as before, that it holds for two intersecting chains that are respective intersections of several chains. By means of the associative law we can then derive extended boundary relations analogous to (18) for any number of intersecting chains. From these extended boundary relations we can also derive theorems analogous to those of No 10. Thus when all chains

are absolute cycles and one is ≈ 0 on $K - L$ so is their intersection, etc." Lefschetz 1930, p. 173-174.

Tous les résultats établis pour les cellules sont ainsi étendus aux chaînes.

Les relations de commutation pour l'intersection de chaînes sont aussi déduites de celles pour les cellules :

> "The effect of permutation of the chains on the new intersection elements is as for cells. They also obey the distributive law." Lefschetz 1930, p. 196.

De même, pour établir l'invariance topologique de l'intersection $C_p \cdot C^*_{n-p}$ de deux chaînes, Lefschetz réduit la démonstration au cas de deux cellules :

> "we need only to prove (36') [le résultat cherché] when the chains are a pair of dual cells E_p, E^*_{n-p}" Lefschetz 1930, p. 199-200.

Terminons par un exemple dont l'importance pour la théorie de l'homologie n'échappera pas puisqu'il s'agit du théorème de déformation sur lequel repose notamment la preuve de l'invariance topologique des différents nombres de Betti définis par Lefschetz :

> "THE FUNDAMENTAL DEFORMATION THEOREM. Every chain or complex on K has a subdivision homotopically deformable over K into a subcomplex or subchain of K in such manner that no point leaves the closure of the cell of K that carries it." Lefschetz 1930, p. 8.

La démonstration est donnée pour un complexe[1] K_p. Il y est question de sa "maille" (diamètre maximal des cellules du complexe), de "subdivision", de "segments", de "projections" à partir d'un point, de "barycentre", de "sphères" intérieures aux cellules, etc. Toutes ces relations impliquent le contenu du signe *complex* et relèvent donc du plan de contenu géométrique. Là encore, aucune autre démonstration n'est donnée pour les combinaisons linéaires entières, l'argument étant : "the proof being identical for chains and complexes we will take a K_p...", c'est-à-dire un complexe.

[1] Les complexes et les chaînes sont *singuliers*. Bien que nous n'ayons pas encore donné ces définitions, nous présentons ici ces analyses car elles illustrent parfaitement notre propos et la singularité ne joue ici, pour ce qui nous concerne, aucun rôle. De plus, ce théorème est aussi appliqué aux chaînes simpliciales de deux subdivisions différentes.

Mais alors, comment la démonstration pour les chaînes peut-elle être "identique" à celle qui est donnée pour les complexes et qui relève entièrement du plan de contenu géométrique? Comment le théorème relatif aux chaînes se *déduit*-il de celui relatif aux complexes? Certainement se déduit-il exactement comme dans tous les exemples cités, c'est-à-dire aussi comme la définition de la déformation d'une chaîne se déduit de celle d'une cellule : "par linéarité". Cette déduction relève exclusivement du plan de contenu algébrique : elle nous fait passer ici d'un complexe (combinaison linéaire de cellules dont les coefficients valent 1) à des combinaisons entières quelconques. On retrouve exactement l'opposition à l'œuvre dans les mémoires de Poincaré entre les combinaisons de variétés à coefficients 1 et celles à coefficients entiers. Comme dans ceux-ci, les démonstrations relèvent du plan de contenu géométrique et sont étendues ou appliquées aux combinaisons entières, selon une déduction dont nous avions déjà souligné le statut très particulier.

Un peu après ce théorème, Lefschetz propose un "Extended deformation theorem". Sa démonstration est aussi donnée pour un complexe et étendue aux chaînes :

> " K_p may be replaced everywhere by a C_p." Lefschetz 1930, p. 94.

Précisons que le théorème de déformation relatif aux chaînes n'intervient pas seulement dans la preuve de l'invariance topologique des différents nombres de Betti. Il intervient aussi par exemple dans la démonstration du "fundamental duality theorem" :

> "We then take C'_p and by means of the fundamental deformation theorem for simplicial complexes, applied to U, we reduce C'_p to a subchain C''_p." Lefschetz 1930, p. 141.

Lefschetz l'applique aussi dans la théorie de l'intersection :

> "Applying the deformation theorem of Ch. II, No. 45, we reduce C_p to a subchain C_p^α of K^α, etc." Lefschetz 1930, p. 186.

et pour les transformations des variétés, il applique le principe de la preuve du théorème aux chaînes :

> "Let now C_p be any chain on K. It is the projection of a chain C_p, etc." Lefschetz 1930, p. 261.

On voit ainsi cette extension par linéarité se propager à d'autres raisonnements, à d'autres théorèmes relatifs aux chaînes dans lesquels le résultat de la "déformation d'une chaîne" peut être considéré sur le plan du contenu géométrique.

Résumons-nous. Le signe *chain* intervient par son contenu géométrique dans la plupart des démonstrations. Nous en avons vu au début de nombreux exemples en montrant qu'il avait un contenu géométrique. Son expression notationnelle est alors le plus souvent $/ C_p /$ et son contenu ne diffère pas dans ce cas de celui d'un complexe. C'est, de très loin, le cas le plus fréquent. Mais ce signe peut aussi intervenir par son expression $/ \sum t_i E_p^i /$ et avoir ainsi un contenu algébrique. Ces expressions, associées par définition aux chaînes, leur confèrent d'emblée la possibilité d'être additionnées. L'addition implique ainsi un contenu algébrique et non un contenu géométrique (sauf dans le cas de combinaisons linéaires à coefficients 1). Il en est de même de la définition du bord d'une chaîne et aussi, nous le verrons, des relations d'homologie. Cette indépendance des deux contenus ressort aussi des nombreuses définitions qui recourent au procédé d'extension par linéarité. Celui-ci permet d'étendre systématiquement aux chaînes les définitions relatives aux cellules, mais en ne considérant que l'expression notationnelle de celles-ci alors que leur contenu géométrique intervenait dans ces définitions. Nous venons de voir que ce procédé se retrouvait aussi dans les démonstrations. C'est ainsi que les démonstrations de certains théorèmes, parmi les plus fondamentaux, s'appliquent non pas aux chaînes, mais aux cellules ou aux ensembles de cellules, et sont ensuite étendues par linéarité aux combinaisons linéaires entières $C_p = \sum t_i E_p^i$. Ces théorèmes sont alors disponibles pour d'autres théorèmes qui peuvent y faire référence dans leur démonstration. Des déductions qui impliquent le plan de contenu algébrique peuvent dès lors se mêler à des déductions portant sur le contenu géométrique d'une chaîne C_p. On comprend ainsi que les manifestations du plan de contenu algébrique puissent être moins nombreuses que le nombre de théorèmes impliquant des chaînes ne le laissait présager. Nous allons montrer dans la suite que ces caractéristiques se retrouvent dans le signe *singular chain*.

La définition des chaînes singulières

Commençons par la définition d'une "chaîne singulière" :

"Consider an ordinary simplicial chain

$$c_p = \sum t_i e_p^i$$

with $\left\{e_q^j\right\}$ as the set of its cells. Let the complex coincident with $\sum e_q^j$ have for image on A a singular complex with the singular cells E_q^j. We write the symbolic sum

$$C_p = \sum t_i E_p^i,$$

omitting all E*'s which are degenerate simplicial* p*-cells*. This symbol associated with the set $\left\{E_q^j\right\}$ is called a *singular* p*-chain on* A[1]. The points on the cells are the points of the chain which we name by its symbol: C_p." Lefschetz 1930, p. 74.

Suivant cette définition, une chaîne singulière est donc, comme une chaîne simpliciale, l'association d'une expression notationnelle $\sum t_i E_p^i$ et d'un complexe. Les cellules E_q^j et le complexe sont maintenant singuliers, c'est-à-dire qu'ils sont les images par une application continue des cellules et du complexe qui sont "associés" à une chaîne simpliciale[2].

On retrouve dans cette définition la coexistence d'un contenu géométrique et d'un contenu algébrique. Le fait de considérer l'ensemble des cellules de la chaîne simpliciale introduit un contenu géométrique ("Let the complex coincident with $\sum e_q^j$ have for image on A a singular complex with the singular cells E_q^j") et celui de la chaîne singulière en est l'image par une application continue. Dans la phrase suivante en revanche ("We write the symbolic sum $C_p = \sum t_i E_p^i$, *omitting all* E*'s which are degenerate simplicial* p*-cells*."), il n'est plus question de contenu géométrique mais uniquement d'expressions : il n'y a plus que les expressions notationnelles des cellules singulières qui soient considérées.

Une remarque que fait Lefschetz en introduisant cette définition est aussi liée à la coexistence de ces deux contenus :

---

[1] A est simplement un "point-set" (Lefschetz 1930, p. 73, ligne 4).
[2] A ceci près que les p-cellules dont des sommets ont été identifiés par l'application continue ne sont par retenues (ce sont les cellules "dégénérées").

"concerning the relationship between a configuration and its singular image very little is known in general and none is needed in the sequel" Lefschetz 1930, p. 73.

Il est étonnant qu'il n'y ait rien besoin de savoir sur le lien entre la configuration et son image alors que c'est lui qui définit les chaînes singulières et qui les distingue des chaînes simpliciales...
On peut représenter l'intervention de chaque plan dans cette définition par la figure suivante :

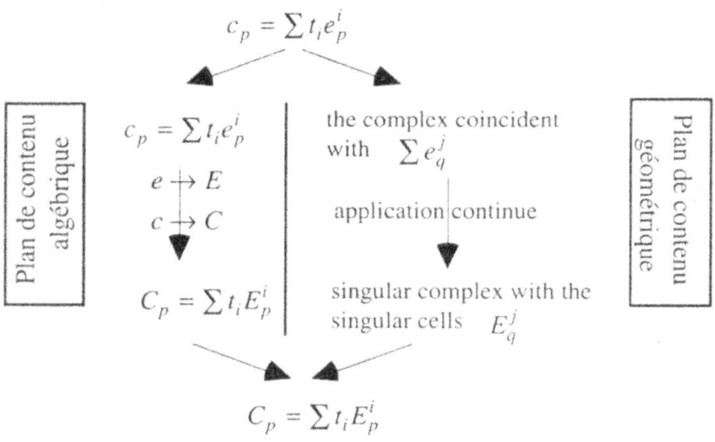

La définition de "singular chain"

Nous allons maintenant montrer que ces caractéristiques se retrouvent au delà de cette définition et que le signe *singular chain* a bien exactement la même composition que le signe *chain* : un contenu géométrique et algébrique qui coexistent et qui sont largement indépendants.

Le contenu géométrique de singular chain

Montrons pour commencer que *singular chain* a un contenu géométrique, c'est-à-dire qu'il a pour contenu à la fois [ensemble de points]$_{ens}$ et [ensemble de cellules]$_{ens}$.

Voici donc quelques manifestations du contenu [ensemble de points]$_{ens}$:

- "Hence C_n carries every point of N at a distance $> \xi$ from the boundary of N." Lefschetz 1930, p. 100.
- "let C_p be any chain on K whose boundary Γ_{p-1} does not meet L." Lefschetz 1930, p. 153.
- "The actual point-set common to C_p, C_q may be very involved. In any case however the only part of it that interests us is the part on the closed manifold $\overline{K-L}$. We shall call this part the *geometric intersection* of the two chains and designate it by G." Lefschetz 1930, p. 182.
- "if $F(C_p) \subset B \subset A$" Lefschetz 1930, p. 79.
- "$F(C_p)$ is deformed over B" Lefschetz 1930, p. 79.
- "if $F(C'_p) \subset F(C_p)$" Lefschetz 1930, p. 88.
- "FUNDAMENTAL ASSUMPTION : *The chains* C_p, C_q *do not meet each other's boundaries on* $K-L$." Lefschetz 1930, p. 183.
- "We are going to establish that the intersections of certain polyhedral chains approximating C_p and C_q constitute a family of s-cycles mod L, $s = p+q-n$, homologous mod L, about G, the geometric intersection of the two given chains." Lefschetz 1930, p. 184.
- "PROPERTY I. On $K-N$ the distances from G[la "geometric intersection" des deux chaînes] to $F(C_p)$, $F(C_q)$ and $K-N$ have a lower bound $\rho > 0$." Lefschetz 1930, p. 186.
- "PROPERTY II. *For every positive* ε *there is a positive* $\eta(\varepsilon)$, *tending to zero with* ε, *such that if* A, B *are sets on* $\overline{K-N}$ *within a distance* η *from* C_p, C_q *respectively, their geometric intersection is within a distance* ε *from* G." Lefschetz 1930, p. 186.
- "$F(C'_p) \subset F(C_p)$" Lefschetz 1930, p. 88.

Le contenu [ensemble de points]$_{\text{ens}}$ intervient en particulier à chaque fois qu'une chaîne singulière est "approchée" par des chaînes simpliciales. En voici simplement deux exemples :

- "C_{p+1} is a subchain of K^α whose points are not farther than 10ξ from C_p" Lefschetz 1930, p. 187.
- "$d(C_{p+1}, F(C_{n-p}))$" Lefschetz 1930, p. 196.

Dans le premier exemple, C_{p+1} est une sous-chaîne du complexe K^α, C_p est une chaîne singulière. Dans le deuxième, C_{p+1} et C_{n-p} sont deux chaînes singulières, et cette fois le bord d'une chaîne singulière est pris en compte. Le chapitre consacré à la théorie de l'intersection des chaînes, dont les deux passages qui viennent d'être cités sont extraits, est ainsi particulièrement riche d'exemples puisque l'intersection de deux chaînes singulières y est définie par approximation.

Voici maintenant quelques manifestations du contenu [ensemble de cellules]$_{ens}$ de *singular chain* :

- "Suppose that C_p has cells on B" Lefschetz 1930, p. 75•
- "let E_p be a cell of C_p" Lefschetz 1930, p. 99.
- "Consequently all n-cells thus crossed belong to C_n" Lefschetz 1930, p. 100.
- "Let now $\overline{E}_{p+1}$ be a cell of C_{p+1}".
- "We are only interested in the case where C_n^{α} has cells in the star of E_r intersecting cells of $C_q^{*\beta}$" Lefschetz 1930, p. 192.

On retrouve bien les deux contenus [ensemble de points]$_{ens}$ et [ensemble de cellules]$_{ens}$, et ces exemples sont donc autant de manifestations du contenu géométrique du signe *singular chain*. Montrons maintenant qu'elles ont aussi un contenu algébrique.

Le contenu algébrique de singular chain. *Des chaînes simpliciales aux chaînes singulières.*

Le bord d'une chaîne singulière est défini à partir de celui d'une chaîne simpliciale, suivant un procédé qui n'implique que leur contenu algébrique :

- "Let the boundary relation for the cells e_p^i and for c_p be

$$e_p^i \rightarrow \sum \eta_{ij} e_{p-1}^j, \ c_p \rightarrow \sum \eta_j e_{p-1}^j = F(c_p), \ \eta_j = \sum t_i \eta_{ij}$$

Then we write down in full analogy

$$E_p^i \rightarrow \sum \eta_{ij} E_{p-1}^j,$$

and define the boundary $F(C_p)$ of C_p as the chain

$$F(C_p) = \sum \eta_j E_{p-1}^j$$

with the symbolic boundary relations

$$C_p \rightarrow \sum \eta_j E_{p-1}^j, \ C_p \rightarrow F(C_p)."$$ Lefschetz 1930, p. 74.

On peut donner de cette définition la représentation suivante :

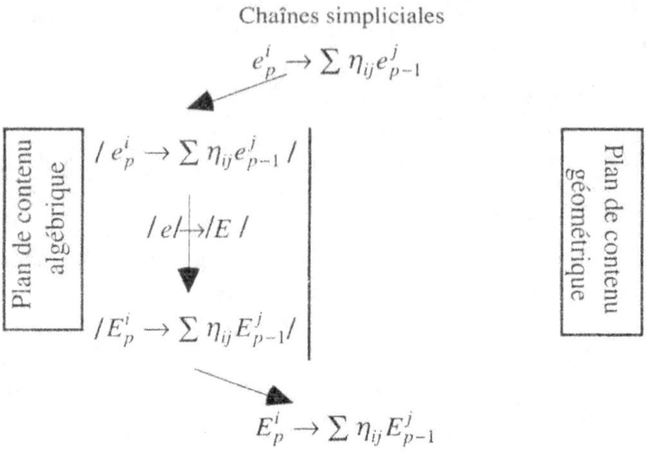

La définition du bord d'une chaîne singulière

Il apparaît clairement sur cette représentation que seul le contenu algébrique intervient et que le contenu géométrique est au contraire remarquablement absent. Cette définition repose ainsi entièrement sur un jeu de réécriture, la substitution de lettres à d'autres lettres, et il nous semble difficile de concevoir une présentation orale de cette définition qui ne ferait pas référence à l'écriture. Dans un article ultérieur, ce jeu est encore plus explicite :

> "Now $F(E_p)$ is deduced from $F(\sigma_p)$ by the transcription $\sigma \to E$"[1] Lefschetz 1938 "Singular and continuous complexes...", p. 455 (selected papers).

Mais il est surtout remarquable que le plan de l'expression intervienne aussi exclusivement quand les chaînes singulières, C_p et $F(C_p)$, ont aussi un contenu géométrique.

Mais comme pour les chaînes simpliciales, en dépit de ces définitions, les manifestations du contenu algébrique sont peu nombreuses : l'extension par linéarité permet de considérer une cellule singulière ou un complexe singulier et d'étendre ensuite, en une phrase,

---

[1] " $\sigma \to E$ " signifie qu'il faut substituer / E / à / σ /.

le résultat aux chaînes singulières. Le théorème de déformation que nous avons déjà cité en est un exemple : l'énoncé est relatif aux chaînes singulières et aux complexes singuliers, et la démonstration pour les chaînes singulières est jugée "identique" à celle relative aux complexes singuliers, qui est la seule exposée. Ces manifestations sont ici encore moins nombreuses car à cette extension des cellules aux chaînes simpliciales s'en ajoute une autre : l'extension des chaînes simpliciales aux chaînes singulières. C'est ainsi que les définitions relatives à celles-là sont déduites des définitions relatives aux chaînes simpliciales. Il en est de même des démonstrations.

C'est ainsi que les propriétés des chaînes singulières (additivité des chaînes et des cycles, linéarité du bord) sont *déduites* de celles correspondantes pour les chaînes simpliciales suivant le même principe :

> "For any one of these categories the linear properties of Ch.I, No 15 are verified and follow from the fact that they hold for the entities whose singular images they are. In fact the terminology loc. cit. can be extended automatically." Lefschetz 1930, p. 75.

Aucune autre démonstration, aucune nouvelle relation n'est écrite ici et aucune prise en compte du contenu géométrique des chaînes singulières n'intervient : l'extension relève entièrement du plan de contenu algébrique. Il en est de même de cette autre déduction :

> "Furthermore from (2) [$F(C_p) = \sum t_i F(E_p^i)$] follows $F(\sum t_i C_p^i) = \sum t_i F(C_p^i) =$ the image of $\sum t_i F(c_p^i)$." Lefschetz 1930, p. 75.

Dans la deuxième égalité (la première a déjà été considérée), l'application continue qui définit la chaîne singulière ("the image of") est étendue du complexe simplicial à la chaîne simpliciale. Cette extension n'implique que le contenu algébrique.

De la même manière, la déformation d'une chaîne singulière est définie pour les cellules, puis étendue par linéarité aux chaînes simpliciales et finalement étendue aux chaînes singulières :

> "All this is now to be translated in terms of singular configurations on the set A. Suppose that we have on A configurations which are the singular images of those just considered. Then the image of $\mathfrak{D}\, C_p$, etc. are the singular deformation complexes, chains, etc. for the images of C_p, etc.; and we have a homotopic deformation over A from the image of C_p to that of C'_p. In short we extend to the singular behavior on A the

> terminology that goes with the associated non-singular situation." Lefschetz 1930, p. 79.

Une autre déformation est aussi construite de la même manière. Elle est d'abord introduite pour les chaînes simpliciales :

> "To show that T is a deformation we first assume C_p simplicial, polyhedral and in S_n [espace euclidien]." Lefschetz 1930, p. 80.

Elle est ensuite étendue aux chaînes singulières par cette seule phrase :

> "If we consider chains on A, there is no formal change in the treatment, the paths and cells being merely singular, hence the final result is the same." Lefschetz 1930, p. 80.

Le produit de deux chaînes nous en donne encore un exemple. La théorie ayant été présentée pour les chaînes simpliciales, Lefschetz ajoute en remarque :

> "The restriction to subchains of the complexes is in no wise essential. We can consider singular cells E_h, E'_k on K, K', and their product $E_h \times E'_k$ is a singular $(p+q)$-cell on the product complex. If E_h, E'_k are the singular images of two non-singular cells $\mathfrak{E}_h$, $\mathfrak{E}'_k$, then $E_h \times E'_k$ is the singular image of $\mathfrak{E}_h \times \mathfrak{E}_k$." Lefschetz 1930, p. 225.

De même, pour démontrer que les cycles singuliers sont homologues à leurs subdivisions, Lefschetz en donne une démonstration pour les chaînes simpliciales (en l'occurrence pour une cellule...) et étend ce résultat (qui avait déjà été étendu par linéarité aux chaînes simpliciales) aux chaînes singulières :

> "the behavior on a singular chain is the singular picture of the behavior on the ordinary chain" Lefschetz 1930, p. 88.

C'est par le même procédé que sont établis un bon nombre de théorèmes relatifs aux chaînes singulières. On comprend ainsi que les manifestations de ce contenu soient peu nombreuses bien que ces chaînes interviennent dans l'énoncé de nombreux théorèmes. Beaucoup de démonstrations ou de déductions qui ne recourent pas à cette extension font intervenir le théorème de déformation qui permet, lui aussi, de ramener la considération des chaînes singulières à celle des chaînes simpliciales. Ce passage faisant intervenir une homologie, nous y reviendrons un peu plus loin. Quoiqu'il en soit, ce théorème est l'autre biais par lequel les chaînes singulières sont rapportées aux chaînes simpliciales ; il permet de remplacer une chaîne singulière par une chaîne simpliciale homologue :

- "The deformation theorem implies that any p-cycle Γ_p, of one of our four types, has a subdivision deformable into a subcycle Γ'_p of the same type, the boundary on L remaining on L." Lefschetz 1930, p. 88.
- "From the deformation theorem applied to C_{p+1} it follows that C_{p+1} may be replaced by a subchain with the same boundary" Lefschetz 1930, p. 88.
- "we deform C_p into a chain C'_p on R ." Lefschetz 1930, p. 141.

Ce recours au théorème de déformation est particulièrement fréquent dans la théorie de l'intersection :

- "Applying the deformation theorem of Ch. II, No. 45, we reduce C_p to a subchain C_p^α of K^α and C_q to a subchain C_q^α of $K^{*\alpha} + N'^{\alpha}$." Lefschetz 1930, p. 186.
- "Suppose that C_p is 8ξ-deformed in any manner whatever (after having perhaps been subdivided) into a subchain D_p of $K^\alpha - L$." Lefschetz 1930, p. 188.
- "Now the deformation of C_p whose deformation chains have for difference C'_{p+1} are, etc." Lefschetz 1930, p. 189.
- "From this would follow as previously that when the deformations from C_p, C_q are, etc." Lefschetz 1930, p. 192.
- "Applying then the deformation theorem of Ch. II, No. 45 to the reduced cycle relatively to the complex K_s, etc." Lefschetz 1930, p. 203 "Under the circumstances, however, throughout the deformations applied to $C_p^\beta \cdot C_q^{*\beta}$, etc." Lefschetz 1930, p. 204.

Les autres déductions ou relations relatives au signe *singular chain* relèvent du plan de contenu géométrique. Nous en avons donné des exemples en montrant que ce signe avait un contenu géométrique. Ce contenu ne diffère pas de celui d'un complexe singulier, les coefficients entiers qui interviennent sur le plan de contenu algébrique n'étant pas pris en compte.

Nous obtenons finalement la représentation suivante du signe *singular chain*, tout à fait analogue à celle de *chain* :

Expression	Naturelle	Notationnelle
	/singular chain/	$/ C_p /, / \sum t_i E_p^i /$
	$[C_p]_g$	$[\sum t_i E_p^i]_{\mathbf{alg}}$
	Contenu géométrique	Contenu algébrique
	singular chain	

Le signe *singular chain* a ainsi deux contenus, l'un géométrique, l'autre algébrique, auxquels correspondent deux expressions notationnelles, introduites dès la définition : $/ C_p /$ et $/ \sum t_i E_p^i /$. Comme avec les chaînes simpliciales, c'est par le même procédé que sont établis un bon nombre de théorèmes relatifs aux chaînes singulières. On comprend ainsi que les manifestations de ce contenu soient peu nombreuses bien que ces chaînes interviennent dans l'énoncé de nombreux théorèmes. Beaucoup de démonstrations ou de déductions qui ne recourent pas à cette extension font intervenir le théorème de déformation qui permet, lui aussi, de ramener la considération des chaînes singulières à celle des chaînes simpliciales.

Mais la caractéristique la plus remarquable est encore l'indépendance de ces deux contenus qui coexistent. C'est ainsi que l'addition de deux chaînes singulières, leur multiplication par un entier, mais aussi leur bord, sont tout à fait indépendants du plan de contenu géométrique, deux chaînes singulières pouvant, en particulier, être identiques en tant qu'ensembles de points et ne pas avoir le même bord[1]. De même, l'intersection de deux chaînes singulières ou l'inclusion du bord d'une chaîne singulière dans le bord du complexe sont des relations qui ne relèvent pas du plan de contenu algébrique. De plus, on peut dire, sans risque d'erreur, que l'intérêt des chaînes singulières tient d'abord à leur contenu géométrique. C'est bien dans la généralité de l'ensemble de

---

[1] Si l'on déforme un segment $[A\ C]$ en l'étendant puis en le pliant en son milieu B de manière à faire coïncider les extrémités A et C, on obtient une déformation continue de celui-ci. Le segment :

A ______ B ______ C

a ainsi pour image (singulière) le segment :

A'=C' ______ B'

Or, le premier a un bord, disons $C - A$, et le bord du second est alors $C' - A' = 0$, c'est-à-dire que le segment image n'a pas de bord! Ces deux segments sont pourtant identiques.

points qui leur correspond que réside leur différence avec les chaînes simpliciales et c'est surtout cette généralité qui assure que les nombres de Betti définis à partir des chaînes singulières sont "invariants pratiquement par définition"[1]. Mais si cette généralité rend cette invariance évidente, leur complexité est aussi "extrême" et la courbe de Peano en est toujours en quelque sorte le symbole :

> "The Peano curve is a singular one-cell filling a square. To each point of a certain segment there corresponds a unique point of the square. There is an everywhere dense set on the square of which each point is the image of four points of the segment. Thus we see that the singular image of the simplest possible configuration can be extremely complicated." Lefschetz 1930, p. 73.

Ce qui ne peut être traité sur le plan de contenu géométrique l'est sur le plan de contenu algébrique. C'est ainsi que les expressions notationnelles sont les seules à intervenir quand il s'agit de considérer notamment la somme, le produit par un entier ou le bord des chaînes singulières. On reconnaît ici un procédé proche de celui de l'article d'Alexander dans lequel les cellules orientées étaient cantonnées au plan de l'expression pour éviter, selon les termes de l'auteur, d'avoir à en considérer la signification géométrique. Dans les deux cas, le déplacement vers le plan de contenu algébrique permet de contourner une difficulté relevant du plan de contenu géométrique. Mais ici les deux contenus coexistent alors que nous avons vu qu'Alexander se souciait de les séparer dans des signes distincts.

Les homologies

L'analyse sémiotique des homologies découle pour l'essentiel des analyses précédentes.

La définition de l'homologie est donnée au début du livre (p. 27), juste après la définition des chaînes simpliciales et de leur bord. Elle est formulée en termes de "module", dont Lefschetz donne la définition suivante :

[1] "to establish the invariance of the homology characters of Ch. I we identify them with certain analogous characters that are invariant practically by definition." Lefschetz 1930, p. 72.

"a *modulus* $\mathfrak{M}$ is a set $\{x\}$ of elements such that if $x_1, \ldots, x_n$ belong to $\mathfrak{M}$ so does $\sum t_i x_i$, whatever the integers t_i. The subchains of fixed dimension of a complex K evidently form a modulus, as do its subcycles of fixed dimension" Lefschetz 1930, p. 27.

Considérant ensuite un sous-module ("subset") $\mathfrak{M}^0$ de $\mathfrak{M}$, Lefschetz définit l'homologie :

"We express the fact that the difference of two elements of $\mathfrak{M}$ is an element of $\mathfrak{M}^0$ by the symbolic *homologies*

$$x_1 - x_2 \sim 0 \bmod \mathfrak{M}^0$$
$$x_1 \sim x_2 \bmod \mathfrak{M}^0$$ "Lefschetz 1930, p. 27.

Cette définition n'implique que le plan de contenu algébrique et Lefschetz peut bien dès lors affirmer que les homologies "peuvent être additionnées et soustraites comme les équations algébriques" :

"Homologies may be added and subtracted like algebraic equations and may be multiplied (but not necessarily divided, even though the coefficients possess a common integral factor) throughout by the same integer" Lefschetz 1930, p. 28.

L'expression relationnelle / ~ / est ici un signe de relation d'équivalence qui ne diffère de /=/ que pour distinguer l'équivalence dans $\mathfrak{M}$ de celle relative à $\mathfrak{M}^0$. Elle indique aussi, bien sûr, l'application à laquelle elle est destinée : l'homologie des chaînes simpliciales et singulières. Sans cette application, on ne verrait d'ailleurs pas pourquoi les homologies ne pourraient pas être divisées comme le signale Lefschetz ici ("but not necessarily divided, even though the coefficients possess a common integral factor"). On peut aussi remarquer que cette définition ne fait pas intervenir la notion de bord. Ajoutons que c'est dans ce cadre, c'est-à-dire indépendamment du plan de contenu géométrique, qu'est introduite la définition des systèmes fondamentaux ("fundamental set"), celle de l'indépendance et le théorème de réduction des matrices entières.
Mais ce sont là toutes les considérations sur les homologies rapportées exclusivement aux plans de contenu algébrique et arithmétique. Les homologies sont appliquées immédiatement aux chaînes simpliciales et aux cycles qui forment un module, comme Lefschetz l'a indiqué en introduisant cette notion :

"We have already outlined in an example the direction in which the preceding arithmetical discussion is to be applied. The treatment follows closely that of Veblen [1922]. It rests essentially upon a proper choice of moduli $\mathfrak{M}$, $\mathfrak{M}^0$. There are four different choices according to the particular type of modular relation chosen." Lefschetz 1930, p. 34.

Il importe de rappeler ici que l'additivité des chaînes qui fait de leur ensemble un module, de même que l'additivité des homologies qui requiert, outre l'additivité des chaînes, la linéarité du bord, sont des propriétés qui n'engagent et ne prennent en compte que le contenu algébrique des chaînes et laissent ainsi totalement de côté leur contenu géométrique.
Différents types d'homologies sont distingués qui interviendront tout au long des chapitres suivants. Ces distinctions n'ont aucune portée sémiotique, aussi nous contenterons-nous de les mentionner rapidement. Il y a d'une part l'homologie des "chaînes absolues" : $\mathfrak{M}$ est dans ce cas l'ensemble des p-cycles absolus (c'est-à-dire des chaînes sans bord) du complexe K et $\mathfrak{M}^0$ est l'ensemble des cycles de la forme $F(C_{p+1})$, c'est-à-dire les "bounding cycles". La dimension de $\mathfrak{M}$ mod $\mathfrak{M}^0$ est par définition le "$p^{\text{ième}}$ nombre de Betti", elle est notée $R_p(K)$. L'expression d'une homologie est alors / $\Gamma_p \sim 0$ *on* K /, ou simplement / $\Gamma_p \sim 0$ /. Il y a d'autre part l'homologie relative où l'on néglige les cellules contenues dans un sous-complexe L de K fixé. L'expression de ces homologies est / $\Gamma_p \sim 0 \bmod L$ *on* K /, ou simplement / $\Gamma_p \sim 0 \bmod L$ /, et leurs nombres de Betti sont notés $R_p(K;L)$. Il y a encore l'homologie modulo un entier m où l'on néglige les cellules dont les coefficients sont divisibles par m. L'expression de ces homologies est alors / $\Gamma_p \sim 0 \bmod m$ *on* K /, ou simplement / $\Gamma_p \sim 0 \bmod m$ /, et leurs nombres de Betti sont notés $R_p(K;m)$. Ces deux derniers types peuvent se composer et définir les homologies $\Gamma_p \sim 0 \bmod (L,m)$ *on* K, dont les nombres de Betti sont notés $R_p(K;L,m)$. La seule valeur de m que Lefschetz distinguera effectivement est $m = 2$ qui permet, comme on l'a vu, de négliger les considérations relatives à l'orientation et de simplifier ainsi certaines relations. Les mêmes distinctions existent pour les homologies entre chaînes singulières : elles peuvent être "absolues", relatives à une partie ou à un entier naturel.

Toutes ces homologies font en fait intervenir le bord d'une chaîne, et c'est à partir de relations de bord que sont effectivement déduites de nombreuses homologies :

- "$E'_p \rightarrow E_{p-1} + \eta_{11}^{p-1} E_{p-1}^1 + \ldots \sim 0$." Lefschetz 1930, p. 69.
- "$\mathfrak{D}\, C_p \rightarrow C'_p - C_p \bmod B$ on A

or

(6) $C'_p \sim C_p \bmod B$ on A." Lefschetz 1930, p. 79.

• "Hence $D'_{p+1} \to -C_p \bmod N$, $C_p \sim 0 \bmod N$" Lefschetz 1930, p. 98.

• "Hence
(30) $\pm(\sigma_p, C_{q-p}) \to s(\sigma_q, trace\, D_q) = \ldots = sD_q - D'_q$
(...) it follows that $sD_q \sim D'_q$." Lefschetz 1930, p. 152.

• "Since $C^0_p - C_p$ is a cycle, $F(C^0_p) = F(C'^0_p) = \Gamma^0_p$, and therefore $\Gamma^0_p \sim 0$ on $K - L$." Lefschetz 1930, p. 154.

• "Now if B is any point of (the open set) G, $G \supset E_1 \to A - B$, hence $A \sim B$ on $K - L$." Lefschetz 1930, p. 201.

Quand les chaînes sont simpliciales, Lefschetz introduit les matrices d'incidence pour "décrire" ces relations de bord :

> "For each E^i_p of K we shall then have a boundary relation such as (2),
> (3) $E^i_p \to \sum \eta^{p-1}_{ij} E^j_{p-1}$,
> where the only cells at the right are those on the boundary of E^i_p. Therefore $\eta^{p-1}_{ij} = 0$ when E^i_p and E^j_{p-1} are not incident; when they are incident its value is $+1$ if they are positively related, -1 otherwise. The matrices $\left\| \eta^p_{ij} \right\|$ give then a complete description of the incidence relations between the oriented cells." Lefschetz 1930, p. 16.

Ces matrices "décrivent" ainsi les relations d'incidence entre les cellules ou encore entre les chaînes[1]. La réduction des matrices d'incidence permet de déterminer les nombres de Betti et les coefficients de torsion et d'établir les relations de dualité correspondantes[2]. Toutes ces homologies sont obtenues à partir des relations de bord rapportées aux plans de contenu algébrique ou arithmétique.

Quelques homologies sont aussi obtenues à partir de l'homologie de la sphère :

• "$\Gamma_p + C_p$ is an absolute cycle on H, and since its dimension $\neq 1$, n it is ~ 0 on H" Lefschetz 1930, p. 143.

• "Therefore $\Gamma_p - C_p$ is an absolute cycle of H_n. But as the latter is a sphere, $\Gamma_p - C_p \sim 0$" Lefschetz 1930, p. 145.

• "Hence $C_{n-p} - \Delta_{n-p} \to 0$, hence ~ 0 on H_{n+1}, since $0 \leq p \leq n-1$" Lefschetz 1930, p. 209.

---

[1] Lefschetz remarque que les matrices d'incidence "déterminent" (Lefschetz 1930, p. 16) le complexe K. Mais cette remarque isolée n'a pas d'autres implications.

[2] Lefschetz 1930, p. 139.

Mais il faut accorder une attention particulière aux homologies entre les chaînes singulières et les chaînes simpliciales. Elles permettent de passer des premières aux secondes et sont obtenues au moyen de la "deformation chain" que nous avons déjà rencontrée. Comme celle-ci, elles font donc intervenir à la fois une extension par linéarité et une extension des chaînes simpliciales aux chaînes singulières. C'est ainsi qu'il existe, pour une chaîne singulière C_p, une sous-chaîne C'_p du complexe considéré et une "deformation chain" $\mathfrak{D}\, C_p$ telles que :

$$\mathfrak{D}\, C_p \to C'_p - C_p \bmod B \text{ } on \text{ } A$$

De cette relation de bord est déduite l'homologie qui permet de passer d'un type de chaîne à l'autre :

$$C'_p \sim C_p \bmod B \text{ } on \text{ } A$$

Le même théorème de déformation permet aussi de déformer la chaîne singulière $\mathfrak{D}\, C_p$ en une sous-chaîne sans en changer le bord, et permet ainsi de passer d'une homologie singulière à une homologie au sens combinatoire. Il importe de souligner que ces homologies font intervenir toutes les caractéristiques sémiotiques que nous avons décrites : elles jouent sur les deux plans de contenu, sans être réductibles à aucun. Elles ne relèvent, en effet, ni entièrement du plan de contenu algébrique, puisque la déformation fait intervenir le plan de contenu géométrique, ni entièrement du plan de contenu géométrique, puisque $\mathfrak{D}\, C_p$ fait intervenir les deux extensions. Toutes ces caractéristiques interviennent en particulier dans la démonstration du théorème d'invariance topologique des nombres de Betti :

> "FUNDAMENTAL INVARIANCE THEOREM. The combinatorial homology characters of a complex are topological invariants." Lefschetz 1930, p. 89.

Le théorème de déformation peut être aussi appliqué à des chaînes simpliciales. Il permet dans ce cas de passer de chaînes d'une subdivision à des chaînes d'une autre subdivision, ce qui permet aussi, en particulier, de passer d'homologies d'un complexe à des homologies du complexe dual (avec les implications du plan de contenu géométrique que nous avons vues). Cette manière d'obtenir des homologies intervient notamment dans le "fundamental duality theorem", mais pas seulement ; en voici quelques exemples :

- "The deformation theorem implies that any p-cycle Γ_p, of one of our four types, has a subdivision deformable into a subcycle Γ'_p of the same type, the boundary on L remaining on L. Hence by that theorem, the one just proved and the theorem of No. 9, $\Gamma_p \sim \Gamma'_p$ in the appropriate sense." Lefschetz 1930, p. 88.

• "We then take C'_p and by means of the fundamental deformation theorem for simplicial complexes, applied to R, we reduce C'_p to a subchain C''_p. This reduction leaves likewise on L^2 the points of the chain that it may carry. Thus on passing from C to C'' the points on L^2 have remained on L^2." Lefschetz 1930, p. 141.

• "Reducing C and Γ to subchains C^0, Γ^0 of K^0 by the fundamental deformation theorem, the same situation prevails. The deformation of Γ being on $K^0 - L$, we have $\Gamma \sim \Gamma^0$ on $K^0 - L$." Lefschetz 1930, p. 153.

Ce sont donc bien les caractéristiques des signes *chain* et *singular chain* que l'on retrouve dans l'analyse des homologies. Aussi, pour mieux apprécier la coexistence des deux contenus qui est à l'œuvre dans ce livre nous allons nous aider des analyses dont nous disposons et comparer, sur ce point, le livre de Lefschetz aux mémoires de Poincaré, au livre de Veblen et à l'article d'Alexander.

La coexistence des plans de contenu géométrique et algébrique

Comparaison avec l'article d'Alexander

Nous avons vu qu'Alexander faisait dans son article une distinction nette entre les signes qui ont un contenu géométrique et ceux qui ont un contenu algébrique : le signe *cell* avait un contenu géométrique et son expression notationnelle $/|V_0V_1 \ldots V_i|/$ était bien distincte de celle de *elementary chain*, $/|V_0V_1 \ldots V_i|/$, dont le contenu était algébrique. Ces signes avaient ainsi des contenus différents, des expressions notationnelles et naturelles différentes, et ils avaient aussi des définitions distinctes. Les signes qui intervenaient dans les relations d'homologie sont ceux qui avaient exclusivement des contenus algébriques ; ils n'avaient pas de contenu géométrique, mais une interprétation.

On retrouve dans le livre de Lefschetz les expressions notationnelles des *elementary chains* et des *chains* de l'article d'Alexander. Les premières ont bien sûr toujours leurs caractéristiques iconiques et permettent le traitement de l'orientation[1]. Les secondes intègrent la possibilité d'être combinées linéairement et la même définition du bord leur est appliquée. Le plan de contenu algébrique joue ainsi le même rôle dans les deux textes, ce qui constitue une ressemblance importante entre leurs systèmes sémiotiques.

Mais alors que le signe *chain* n'a qu'un contenu algébrique dans le texte d'Alexander, il a aussi, dans celui de Lefschetz, un contenu géométrique. Ici, ces deux contenus coexistent au sein d'un même signe et non au sein de deux signes distincts reliés par une relation d'interprétation.

Les deux signes *cell* et *elementary chain* d'Alexander sont ici fondus en un seul, *cell*. Le conditionnement sémiotique de ces signes est dès lors évidemment différent. Alexander introduisait ces deux signes dans deux définitions distinctes. Il remarquait aussi qu'il était possible d'"associer" deux chaînes élémentaires à une même cellule, mais il distinguait bien ces deux notions pour éviter le problème de la signification ("what is meant by") d'une cellule orientée. Lefschetz définit au contraire l'orientation des cellules. Il définit d'abord un simplexe et c'est plus tard qu'il complète cette définition en introduisant la "notation" $/ A^0 A^1 \ldots A^n /$ à partir de laquelle il oriente le simplexe. La mise en définition des simplexes orientés se fait donc en deux temps, sans qu'il soit possible de délimiter exactement le texte de cette définition. Ayant déjà attribué à un simplexe l'expression notationnelle $/ \sigma_n /$, Lefschetz dispose de deux expressions notationnelles et écrit alors : "$\sigma_n = A^0 A^1 \ldots A^n$"[2]. Par cette relation il articule les contenus géométrique et algébrique du signe *simplex* (resp. *cell*) en une égalité qui est inconcevable dans le système sémiotique de l'article d'Alexander : elle revient à identifier les signes *cell* et *elementary chain* qui sont au contraire systématiquement distingués.

Nous avons aussi vu qu'Alexander introduisait la notion de i-chaîne élémentaire dégénérée qui est une i-chaîne élémentaire $V_0 V_1 \ldots V_i$ dans laquelle l'expression d'un sommet est répétée, et qu'il convient de les identifier à zéro dans les "generalized chains" où elles interviendraient[3]. Lefschetz reprend cette distinction et la convention d'omettre les cellules dégénérées dans sa définition d'une chaîne singulière. Cette distinction relève exclusivement du plan de contenu algébrique et correspond à une

---

[1] Cette définition de l'indicatrice est déjà in Lefschetz 1924.
[2] Lefschetz 1930, p. 16.
[3] "Let us agree that the marks reprensenting degenerate elementary chains are to be set equal to zero whenever they appear in the symbol for a generalized chain." Alexander 1926, p. 324.

notion de singularité rapportée à ce plan. Dans l'article d'Alexander, la répétition d'une lettre est le seul type de singularité qu'une chaîne élémentaire peut présenter puisqu'elle n'ont qu'un contenu algébrique. On retrouve dans le livre de Lefschetz cette distinction, mais comme le signe *cell* a aussi un contenu géométrique, il y a aussi une notion de singularité distincte de la précédente et relative au plan de contenu géométrique : c'est la notion de cellule singulière. Il y a ainsi une notion de singularité relative à chacun des contenus de *cell*, quand Alexander n'en avait qu'une relative au plan de contenu algébrique. L'opposition "degenerate cell" *vs* "singular cell" à l'œuvre dans ce livre est ainsi liée aux deux contenus de *cell*. Quant au fait qu'il n'est question que des cellules dégénérées dans la définition des chaînes singulières, et non des cellules singulières, cela vient de la définition du bord des chaînes singulières qui ne relève que du plan de contenu algébrique.

La relation entre les plans de contenu géométrique et algébrique n'est donc pas du tout la même dans ces deux textes. Le contenu géométrique de *cell* n'est pas, dans le livre de Lefschetz, l'interprétation possible d'une expression $V_0V_1\dots V_i$; il en est le contenu. Le passage d'un plan de contenu à l'autre est assuré par une fonction sémiotique et non par une interprétation comme dans l'article d'Alexander. De plus, les *chains* n'ont pas de contenu géométrique dans cet article (juste une interprétation en termes d'intégrales multiples à laquelle il est simplement fait allusion), alors qu'elles en ont un dans le livre de Lefschetz. On peut représenter l'articulation des deux plans dans chacun de ces textes par les schémas suivants :

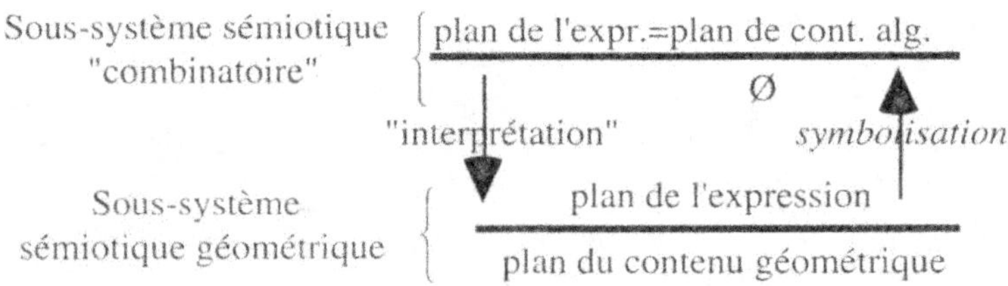

Alexander 1926

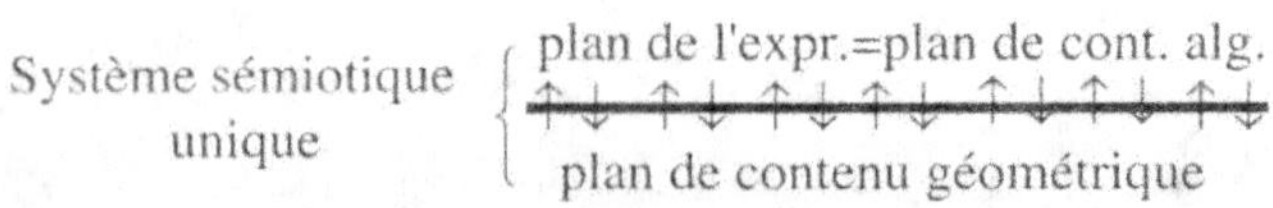

Lefschetz 1930

Du fait de cette différence, les éléments du système sémiotique de l'article d'Alexander sont bien plus différenciés que ceux du livre de Lefschetz : un signe n'a qu'un contenu, les déductions et même les démonstrations n'impliquent toujours qu'un seul plan de contenu, et le passage d'un type de signe à l'autre, dans un sens au moins, correspond à une opération explicite, l'interprétation. La clarté qui ressort de la lecture de ce texte, et en général de ses travaux, n'est probablement pas étrangère à cette différenciation. Mais il ne faut pas non plus oublier que le livre de Lefschetz traite aussi de nombreuses questions qui ne sont pas abordées dans cet article.

Comparaison avec les mémoires de Poincaré

Nous allons maintenant montrer que les systèmes sémiotiques du livre de Lefschetz et des mémoires de Poincaré offrent une grande similarité, et particulièrement en ce qui concerne la coexistence d'un contenu géométrique et algébrique.

C'est ainsi que les signes de ces deux textes n'ont jamais uniquement un contenu algébrique. Il est vrai, cependant, que le livre de Lefschetz comporte quelques pages sur les modules qui ne font intervenir que le plan de contenu algébrique et qui fait ainsi écho aux pages des mémoires de Poincaré dans lesquelles le plan de contenu arithmétique intervient seul. C'est une différence réelle entre ces deux textes qui doit être rapportée au développement de l'algèbre et qui a ainsi une signification historique, mais elle est comparable à celle de l'intervention de la théorie des ensembles dans Veblen 1922. Cette intervention du plan de contenu algébrique est très circonscrit et diffère en cela, par exemple, de celle dans l'article d'Alexander.

Les mémoires de Poincaré et le livre de Lefschetz ont surtout en commun d'avoir des énoncés et des démonstrations qui mêlent ces deux plans et ils sont par là en totale opposition avec Alexander 1926 dans lequel ils sont systématiquement distingués. Dans les deux textes, le plan de contenu géométrique est, toutefois, celui dont relèvent la plupart des déductions.

On retrouve aussi dans chacun le statut particulier des combinaisons à coefficients 1. Nous avons vu que Poincaré raisonnait effectivement le plus souvent sur ces combinaisons. Celles-ci se retrouvent dans le livre de Lefschetz sous la forme du complexe qui intervient dans la définition d'une chaîne[1] et nous avons montré que le contenu géométrique du signe *chain* coïncidait effectivement avec celui de *complex*. De plus, nous avons vu de quelle manière subreptice Poincaré étendait aux combinaisons linéaires entières les résultats obtenus pour les combinaisons à coefficients 1. Cela se retrouve dans la manière dont Lefschetz déduit la démonstration du théorème de déformation pour les chaînes de celle pour les complexes. C'est aussi, plus généralement, cette déduction qui intervient dans l'extension par linéarité. Mais il y a tout de même ici une différence qui tient dans le traitement systématique de cette extension dans le livre de Lefschetz. En effet, l'extension par linéarité est dans ce livre un véritable procédé, distingué par Lefschetz, qui peut l'invoquer, et qui est utilisé aussi bien comme procédé de définition que de démonstration. Ce caractère systématique rend plus évident l'oubli du contenu géométrique des chaînes inhérent à cette extension. Il accentue aussi l'importance du plan de contenu algébrique en raison, d'une part, de son rôle dans la formulation de la linéarité (puisque c'est une relation sur le plan de l'expression qui est étendue par linéarité), et, d'autre part, par la prise en compte des similarités qui apparaissent entre les relations établies (par exemple les différents produits et leurs bords). Ainsi, les déductions escamotées et le plan de contenu algébrique "refoulé" des mémoires de Poincaré laissent place, dans le livre de Lefschetz, à un procédé systématique et explicite. Mais la nature des signes reste fondamentalement la même et le problème de la coexistence des deux contenus reste entier.

Cette similarité sémiotique entre les deux textes est remarquable compte tenu des trente ans qui les séparent et compte tenu surtout de l'évolution considérable des mathématiques au cours de ces années. Ces caractéristiques sont d'ailleurs propres à ce livre qui se distingue ainsi nettement de l'ensemble des textes relatifs à la topologie de cette époque. Cette particularité nous semble devoir être rapprochée de la difficulté que la nouvelle génération de mathématiciens rencontre alors dans sa lecture. C'est au moins ce qui ressort du témoignage de deux d'entre eux qui sont pourtant parmi ceux qui ont contribué le plus activement au développement de la topologie algébrique :

---

[1] "We now introduce a most important entity aptly called by Alexander the *chain*. The p-chain, C_p, is the association of a linear expression having integral coefficients, $\sum t_i E_p^i$, with <u>the closed cells $\overline{E}_p^i$ that actually figure in it</u>." Lefschetz 1930, p. 16-17.

• "Algebraic topology was transformed in the decade from 1930 to 1940, as one might immediately see by comparing the two books by Solomon Lefschetz on this subject - the first (1930) highly geometric and hard to understand, the second (1942) highly algebraic and indeed much influenced by the younger group of algebraically trained mathematicians (at least one chapter much influenced by Chevalley, another slightly by Mac Lane)." Mac Lane, "History of abstract algebra : origin,...", p. 19.

• "Lefschetz's Topology (1930) became at one a basic reference; but it was very difficult to read. I failed completely to understand some broad sections." Whitney 1976, "Moscow 1935: Topology Moving Toward America", p. 107-8.

Comparaison avec le livre de Veblen

On se souvient que le livre de Veblen était organisé autour de la distinction des complexes non orientés et orientés. Il considérait, d'une part, l'addition, le bord et l'homologie mod 2, les complexes étant alors des combinaisons linéaires à coefficients 1. Il considérait, d'autre part, ces mêmes opérations et relations pour les combinaisons linéaires à coefficients entiers et introduisait une généralisation des surfaces de Riemann afin d'avoir dans ce cas la même ambivalence arithmo-géométrique que dans le cas des relations mod 2. Or, rien de tout cela ne se retrouve dans le livre de Lefschetz et cette différence tient encore à la structure remarquable du signe *chain*.

Compte tenu du retrait du plan de contenu arithmétique dans ce livre et de l'absence du plan de contenu algébrique dans celui de Veblen, c'est encore une fois à la fonction du plan de contenu arithmétique dans celui-ci qu'il faut comparer celle du plan de contenu algébrique dans celui-là. C'est ainsi que l'orientation relève dans l'un du plan de contenu arithmétique et dans l'autre du plan de contenu algébrique. Mais ce qui est remarquable, c'est que le contenu géométrique du signe *chain* est le même, que l'orientation soit prise en compte ou non, ou encore que les combinaisons soient à coefficients entiers ou à coefficients 1. Cette unification des cas orienté et non orienté constitue une importante différence avec le livre de Veblen et l'on voit qu'elle implique l'indépendance des contenus algébrique et géométrique du signe *chain*.

Mais le plus remarquable est certainement les exigences sémiotiques différentes de ces deux auteurs. C'est ainsi que nous avons vu que la solution adoptée par Veblen pour l'addition des complexes et des

homologies reposait sur une ambivalence arithmo-géométrique. C'est au moins ce qui ressortait de ses définitions de l'addition, du bord et de l'homologie qui paraissaient ajustées afin de satisfaire cette exigence, comme semblait l'être aussi l'introduction de la généralisation des surfaces de Riemann qui permettait de donner une signification géométrique aux combinaisons linéaires entières et à certaines opérations qui leurs étaient appliquées. On retrouve aussi dans le système sémiotique du livre de Lefschetz deux plans de contenu avec des fonctions comparables, mais il n'y a plus aucune ambivalence entre eux. Ils sont, au contraire, dans une indépendance remarquable et les théories de l'homologie et de l'intersection des chaînes singulières en donnent les manifestations les plus évidentes.
Les deux livres ont ainsi en commun d'avoir des signes qui ont un contenu géométrique. Cette caractéristique les rapproche des mémoires de Poincaré en même temps qu'elle les distingue de nombreux autres textes de cette époque. Mais l'articulation de ces deux plans au sein de mêmes signes apparaît satisfaire des exigences radicalement différentes qui reflètent des conceptions aussi différentes des fondements sémiotiques de l'homologie.

Le conditionnement des fonctions sémiotiques

L'analyse, dans ce livre, des fonctions sémiotiques attachées aux différents plans de contenu se réduit essentiellement à la relation entre les plans de contenu géométrique et algébrique. Il s'agit ici du rapport entre une expression notationnelle et un contenu géométrique qui se caractérise par l'indépendance entre l'expression d'un nom propre et son contenu. Nous avons montré que l'exploitation de cette indépendance était aussi la principale caractéristique sémiotique de ce livre.

Le retrait du plan de contenu arithmétique, auquel supplée en partie le plan de contenu algébrique, réduit considérablement cette analyse. Car le plan de contenu arithmétique peut non seulement être le seul plan de contenu d'un signe, mais il a aussi la particularité d'être toujours associé à un signe propre : lorsqu'un signe a un contenu arithmétique parmi d'autres, il comprend un signe complet (expression et contenu arithmétique). Puisqu'un contenu arithmétique a ainsi une expression propre, son association à un autre contenu est faite explicitement. Il lui correspond alors, comme dans les mémoires de

Poincaré et le livre de Veblen, des verbes tels que "correspondre" ou "to denote" dont il est possible d'étudier l'usage systématique. Mais dans ce livre, les relations sont internes aux signes et surtout, ces signes ne peuvent pas être décomposés en d'autres signes distincts.
Nous avons, en effet, déjà vu que le contenu algébrique ne constituait pas, seul, le contenu d'un signe. Le cas du contenu géométrique des signes *chain* et *singular chain* demande plus d'attention. Nous avons montré que leur contenu géométrique était le même que celui de *complex*, dont c'est le seul contenu et qui est un signe complet. Ainsi, le signe *complex* est-il un sous-signe propre des signes *chain* et *singular chain*. Il est dès lors possible qu'un verbe soit attaché à cette relation. Il en existe un, en effet, mais un peu particulier, c'est le verbe : "to coincide". C'est en effet celui qu'utilise Lefschetz dans la définition d'une *chain* :

> "The p-chain, C_p, is the association of a linear expression having integral coefficients, $\sum t_i E_p^i$, with the closed cells $\overline{E}_p^i$ that actually figure in it. The cells E_p^i and those on their boundaries are the cells of C_p, which thus coincides with a complex made up of cells of K. We write symbolically
> $C_p = \sum t_i E_p^i$ " Lefschetz 1930, p. 16-17.

Ce n'est pas la seule occurrence de ce verbe qui, sans intervenir aussi souvent que le contenu géométrique d'une chaîne, a néanmoins des occurrences assez nombreuses dont voici quelques exemples :

- "The chain sum of the n-cells of $K-L$ is an n-cycle mod $(L,2)$ which coincides with $\overline{K-L}$." Lefschetz 1930, p. 46.
- "Every point of the star (except A) belongs to exactly one E_{r+1}, and A plus the sum of the E_{r+1}'s coincides with the star." Lefschetz 1930, p. 65-66.
- "Let the complex coincident with $\sum e_q^j$ have for image on A a singular complex with the singular cells E_q^j." Lefschetz 1930, p. 74.
- "For let Φ^* be the subcomplex of K^* coincident with Φ, or the decomposition of the point-set Φ into a sum of cells of K^*." Lefschetz 1930, p. 135.
- "Let K define an absolute M_n, that is, let L be vacuous so that K^* coincides as a point-set with K." Lefschetz 1930, p. 139.
- "Therefore the set B of all regular points coincides with the sum of all regular cells." Lefschetz 1930, p. 160.
- "it is advisable to consider K^{*j+1} as the sum of the parts on $K-L$ of

the duals of all cells of K^j. Thus K^{*j+1} is an open complex which as a point set coincides with $K-L$." Lefschetz 1930, p. 171.

• "Let $K-L$ and $K'-L'$ be circuits. By referring to Ch. I, No. 35, we have, if E, E' denote generically the cells of $K-L$ and $K'-L'$:

$$\sum E_p^i \to 0 \, mod(L,2) \; on \; K,$$
$$\sum E_p'^j \to 0 \, mod(L',2) \; on \; K';$$

the sums being extended to *all* p- and q-cells respectively, with no subset of them satisfying such a relation. Furthermore, the (closed) circuits coincide with the q- and p-chains at the left. From this follows first that

$$\Gamma_{p+q} = \sum E_p^i \times E_q'^j \to 0 \, \mathrm{mod}(\Lambda, 2) \, on \, \overline{K \times K'},$$

next that Γ_{p+q} coincides with the point set $\overline{K \times K' - \Lambda}$." Lefschetz 1930, p. 231.

• "Let C_p be a non-singular chain on our usual n-complex K. Since C_p and $F(C_p)$ coincide with complexes we can take them as our pair K, L" Lefschetz 1930, p. 98.

Le verbe "to coincide" sert ainsi à désigner la relation entre le signe *chain* (resp. *singular chain*) et le signe *complex*, c'est-à-dire le signe complet obtenu à partir de *chain* en ne considérant que son contenu géométrique. Mais ce verbe est bien sûr remarquable en ce qu'il affirme une relation d'identité, en même temps qu'il indique une distinction. En effet, une chaîne *est* un complexe, sans pour autant se réduire à cela puisqu'elle a aussi un contenu algébrique. Mais ce contenu est une différence qui apparaît en même temps suffisamment négligeable pour que la relation entre ces deux signes soit non seulement décrite, mais soit aussi considérée comme une relation de "coïncidence"[1]. Il importe de rappeler à ce propos que tous les signes ont ici une expression notationnelle ; la différence entre *chain* et *complex* tient alors seulement à la fonction propre qui peut être donnée à celle-ci. Mais cette expression est, elle, toujours déjà là, plus évidente encore dans sa manifestation matérielle que le contenu (géométrique, arithmétique ou autre) dont elle tient lieu. C'est certainement parce qu'il y a de toute façon une expression notationnelle dans les textes que nous considérons, que la différence entre celle-ci et un contenu algébrique peut être ainsi négligée. Les particularités de ce verbe rendent bien compte de la coexistence des deux contenus géométrique et algébrique au sein des

[1] Nous avons montré qu'elle est considérée comme une relation de "coïncidence" en établissant que *chain* (resp. *singular chain*) avait un contenu géométrique et que celui-ci ne différait pas de celui de *complex*.

signes *chain* et *singular chain*. On voit ainsi dans quelle mesure ces signes ne peuvent être décomposés en d'autres signes distincts. Cette sorte de "compacité" complète l'analyse de la coexistence des deux contenus et cette alliance rend bien compte de leurs remarquables caractéristiques.

Nous avons déjà remarqué qu'il n'était pas toujours possible de délimiter exactement le texte des définitions. Ainsi l'orientation d'un simplexe, qui relève du plan de contenu algébrique, est introduite après la définition d'une cellule, et il n'est pas possible de décider dans quelle mesure l'introduction de l'"écriture symbolique" $/ C_p = \sum t_i E_p^i /$ fait partie ou non de la définition d'une chaîne. Bien qu'explicite, l'introduction de ces expressions notationnelles semble ne pas bien trouver ici sa place dans l'organisation traditionnelle du texte en définitions, théorèmes, corollaires, lemmes, etc.

On retrouve dans ce livre l'opérateur "symbolic" qui permet de distinguer l'expression notationnelle ou le contenu algébrique d'un signe ; en voici quelques exemples :

- "It leads us to introduce into our boundary relations symbols such as $+A^i$, $-A^i$." Lefschetz 1930, p. 16.
- "Symbolically the cycle is characterized by the boundary relation: $\Gamma_p \to 0$." Lefschetz 1930, p. 17.
- "We write symbolically $C''_p = sC_p + s'C'_p$." Lefschetz 1930, p. 19.
- "symbolic homologies" Lefschetz 1930, p. 27.
- "It is interesting to observe that if we write down formally the boundary of σ_{n-i} as if it were a true σ_n, the non-singular σ_{n-1}'s, if any are present, cancel. They can occur only as a matter of fact when $i = 1$. Such a degenerate σ_n, can be symbolically represented by $\pm AA\sigma_{n-2}$ and its boundary is $\pm(A\sigma_{n-2} - A\sigma_{n-2})$ plus degenerate cells, so that the latter alone remain." Lefschetz 1930, p. 73-74.
- "The points on the cells are the points of the chain which we name by its symbol: C_p." Lefschetz 1930, p. 74.
- "the symbolic boundary relations $C_p \to \sum \eta_j E^j_{p-1}$, $C_p \to F(C_p)$." Lefschetz 1930, p. 74.
- "due to the linearity of the chain symbols" Lefschetz 1930, p. 87.
- "the cells of K' are represented without omission or duplication by all symbols $A^p A^q \ldots A^r$, $p < q \ldots < r$, such that, etc." Lefschetz 1930, p. 117.
- "If the vertices A'^q, A''^q of K' on the two cells are inserted in the

right place in the symbol of σ_{n-p-2} we have two σ_{n-p-1}'s of Lk incident with it." Lefschetz 1930, p. 123.
• "As a result each cell of K' on K^* will have a new symbol consisting of A^*'s in the reverse order from that of the corresponding A's." Lefschetz 1930, p. 133.
• "Now a component cell of the cell E_p of $K-L$ was of type $A^r \ldots A^p$. Its new symbol well be $A^{*n-p} \ldots A^{*n-r}$." Lefschetz 1930, p. 133.
• "The cell is the sum of all cells of K' in whose symbol A^p is the last vertex." Lefschetz 1930, p. 162.
• "The required intersection E_s is the sum of all cells of K' having a symbol $\sigma_s = A^{n-q} \ldots A^r \ldots A^p$." Lefschetz 1930, p. 163.
• "Then if C_0 is any zero-chain and (C_0) its Kronecker index, $(C_0)\Gamma_{-1}^0$ will be considered as its boundary and designated generically by Γ_{-1}, the symbol of a cycle of dimensionality -1. We can also write as usual

$$C_0 \to \Gamma_{-1}, \quad F(C_0) = \Gamma_{-1}$$

These (-1)-dimensional cycles are thus pure dummy symbols which, however, will enable us to simplify many statements later" Lefschetz 1930, p. 209-210.

Cette liste est suffisamment longue pour mettre en évidence un recours fréquent à cet opérateur, ce qui est conforme à la fonction propre attribuée à ces expressions et à l'intervention du plan de contenu algébrique dans ce livre. Elle montre que le plan de contenu algébrique intervient bien plus systématiquement que dans les mémoires de Poincaré et, inversement, qu'il n'intervient pas de manière isolée comme dans l'article d'Alexander : ses manifestations sont au contraire mêlées, distinguées sans être séparées, à celles du plan de contenu géométrique.

Le statut de la théorie des ensembles

Nous avons signalé l'absence du plan de contenu ensembliste dans ce livre et en particulier le fait que les contenus [ensemble de points]$_{\text{ens}}$ et [ensemble de cellules]$_{\text{ens}}$ coexistent au sein des signes *cell*, *complex*, *chain*, *singular chain* d'une manière inconciliable sur ce plan de contenu. Cette absence distingue ce texte d'autres textes contemporains et il s'agit donc bien d'une distinction pertinente. Mais cela ne veut pour autant pas dire qu'il n'y a aucune trace de l'influence de la théorie des ensembles dans ce livre ; elles sont au contraire évidentes, nombreuses et variées.

Le livre comprend une "introduction" de six pages qui présente un aperçu des "fondements" de la topologie[1] : on y trouve notamment les axiomes de voisinages de Hausdorff, la définition de la frontière d'un ensemble, d'un ensemble fermé, d'un ensemble ouvert, celle des transformations continues, homéomorphes, des espaces métriques et le théorème d'Urysohn qui les caractérise.

C'est un exposé exemplaire de topologie dans la lignée du livre de Hausdorff, *Grundzüge der Mengenlehre*, publié en 1914, avec une intervention évidente du plan de contenu ensembliste. Mais cette "introduction" est surtout l'indication d'un système de définitions dans lequel le livre *pourrait être* exposé, sans l'être effectivement. Elle s'inscrit ainsi dans un certain rapport aux "fondements" des mathématiques selon lequel les considérations mathématiques ne sont pas exposées dans le système de définitions censé les fonder. Cette distinction est évidemment liée au développement depuis la fin du XIXe siècle de travaux relatifs aux "fondements" de la géométrie, et au delà des mathématiques. Quoiqu'il en soit, cette "introduction", qui n'est même pas considérée comme un chapitre, est bien le fait d'une certaine influence du développement de la théorie des ensembles, historiquement significative, mais qu'il convient de bien circonscrire, elle est assez semblable à celle de l'algèbre dans le paragraphe sur les modules.

Néanmoins, s'il est vrai, par exemple, que la définition d'un complexe ne fait pas intervenir les axiomes d'un espace de Hausdorff, certaines définitions de cette "introduction" peuvent intervenir dans la suite, c'est notamment le cas de la fermeture d'un ensemble ou de la notion de voisinage. Mais ces notions sont principalement appliquées aux cellules et aux complexes, et non à des sous-ensembles quelconques de ceux-ci. La fermeture sert à indiquer qu'une cellule doit être considérée avec les cellules de son bord et non seule, auquel cas elle est par définition un ensemble ouvert. En voici un exemple :

> "The simplest p-chain is a closed p-simplex." Lefschetz 1930, p. 17.

De même, le voisinage est toujours un ensemble de cellules, généralement l'ensemble des cellules dont la fermeture rencontre un certain complexe. Ce sont là des relations qui ne sont nullement spécifiques à la théorie des ensembles et qui relèvent, en définitive, du plan de contenu géométrique.

---

[1] "A rapid glance over the foundations of our subject, besides its intrinsic value, will also provide an excellent occasion for introducing various important concepts needed later." Lefschetz 1930, p. 1.

Signalons tout de même que Lefschetz remarque, après avoir donné la définition du bord d'une chaîne, que le terme "boundary" a deux sens différents :

> "The term *boundary* is used in two different senses" Lefschetz 1930, p. 17.

Le premier, présenté dans l'"introduction", est le bord d'un ensemble A (l'ensemble des points dont chaque voisinage a une intersection non vide avec A et son complémentaire). Le second est le bord d'une chaîne. Ils ont la même expression notationnelle F. Il précise ensuite que le bord d'une chaîne sera toujours celui qu'il vient de définir :

> "Since a chain also includes a point set it may conceivably have two different boundaries in certain cases. To avoid ambiguity we shall agree to call boundary of a p-chain only the ($p-1$)-chain that we have just defined." Lefschetz 1930, p. 17.

Il est ainsi explicitement dit que la notion ensembliste de bord n'est pas, au moins pour les chaînes, celle qui sera utilisée. Mais surtout, la distinction entre le bord d'une chaîne et le bord d'un ensemble est ici explicite : il n'y a plus une seule notion de bord, mais plusieurs. Il n'est pas fortuit qu'une définition ensembliste soit l'un des éléments de cette pluralité ; il en est aussi probablement l'un des facteurs. En effet, aussi longtemps que les concepts mathématiques ont tiré leur légitimé de la géométrie ou encore de l'arithmétique ils ont eu une nécessité, et par conséquent une unicité, que l'*a priori* kantien visait précisément à saisir. Cela ne semble plus être ici possible et si nous avons déjà mis en évidence la diversité des contenus associés aux bords dans les textes précédents, c'est la première fois qu'elle est explicitement reconnue par l'un de leurs auteurs. Il est vrai que Lefschetz ne retient qu'une seule notion de bord et rétablit ainsi son unicité.

De nombreuses autres manifestations peuvent être rapportées à la théorie des ensembles, chacune d'une manière différente. L'une d'elles est la considération de notions "relatives" à un sous-ensemble, dont le principe est de négliger toutes les parties des sous-ensembles qui rencontrent un certain sous-ensemble fixé :

> "Perhaps the most novel feature of this book is the rôle played by the so-called "relative" concepts. It appears that almost all boundary relations and related homologies may be replaced by others in which we omit

> everything that is not on a certain configuration A, thus obtaining analogous relations relative A. For example it is advantageous to consider an open segment as a relative one-circuit, a plane polygonal region as a relative manifold. This is entirely in line with the "relative" concepts of point set theory as defined, say, by Hausdorff."
> Lefschetz 1930, pvii.

Lefschetz rapporte ici lui-même ce principe à la théorie des ensembles. C'est déjà une manifestation de l'influence de celle-ci, mais il faudrait surtout préciser en quel sens ces notions "relatives" sont caractéristiques de la théorie des ensembles. De la même manière, il faudrait préciser en quel sens le produit de deux ensembles est une opération dont le développement tient à celui de la théorie des ensembles et de la géométrie algébrique. Lefschetz y fait un recours assez considérable puisqu'il intervient, comme nous l'avons vu, dans le produit de deux chaînes et surtout dans l'étude des transformations des variétés et des points fixes, à laquelle le sixième chapitre est consacré.

La construction de l'intersection de deux chaînes singulières doit être certainement aussi rapportée au développement de la théorie des ensembles. Cette intersection (qu'il ne faut pas confondre avec l'"intersection géométrique", c'est-à-dire l'intersection des deux ensembles de points) est par définition une suite $\left\{\Gamma_s^\alpha\right\}$ de cycles (simpliciaux) satisfaisant entre eux une certaine relation d'homologie, ces cycles étant des intersections de chaînes simpliciales, $C_p^\alpha \cdot C_q^{*\alpha}$, indexées par des subdivisions de la variété de maille tendant vers 0[1]. C'est un procédé de définition déjà à l'œuvre dans Alexander 1922 et qui a surtout été adopté systématiquement dans les travaux d'Alexandroff, de Vietoris et de Cech, à la suite de ceux de Brouwer (qui ne concernent pas directement l'homologie)[2]. Ainsi, l'intersection

---

[1] La définition exacte est : "DEFINITION. We understand by the intersection cycle $C_p \cdot C_q$ the family of s-cycles $\left\{\Gamma_s^\alpha\right\}$ homologous mod L about G, the cycles Γ being the same as the cycles $C_p^\alpha \cdot C_q^{*\alpha}$ plus a chain on the K^α neighborhood of L." Lefschetz 1930, p. 194.

[2] La définition de l'intersection dans Lefschetz 1926 reposait aussi sur ce principe d'approximation mais la définition qui est proposée ici fait intervenir la variété duale (conformément à la définition qui a été donnée de l'intersection de deux chaînes simpliciales) et les termes des suites $\left\{\Gamma_s^\alpha\right\}$ vérifient une relation d'homologie spécialement introduite pour cette occasion ("homologous mod L about the closed set $A \subset K$", Lefschetz 1930, p. 183) qui n'est pas définie pour toute la variété mais seulement dans le voisinage de l'"intersection géométrique" des deux chaînes singulières.

des chaînes singulières est approchée par une suite d'intersections de chaînes simpliciales. C'est un mode de définition et de construction qui semble devoir être aussi rapporté à la théorie des ensembles.
Remarquons qu'on retrouve avec cette définition deux notions d'intersection, comme il y avait deux notions de bord, et que dans les deux cas, l'une d'elles relève de la théorie des ensembles. Ce dédoublement conduit d'ailleurs à quelques distinctions intéressantes. C'est ainsi que Lefschetz introduit cette définition en en présentant d'abord les grandes lignes et qu'il déclare à cette occasion :

> "The family $\{\Gamma_s\}$ is then essentially our "intersection"" Lefschetz 1930, p. 184.

On remarque que /intersection/ est dans ce passage entre guillemets. Ils indiquent une acception impropre et s'opposent à la "geometric intersection"[1] qui est dès lors investie du sens propre. Il importe encore de commencer par reconnaître l'introduction de cette distinction entre sens propre et impropre comme un phénomène historiquement et épistémologiquement remarquable. Il importe ensuite de constater qu'elle semble encore liée à l'intervention de la théorie des ensembles. Il importe enfin de remarquer que le sens propre correspond à la "geometric intersection".
Chaque terme de cette distinction a une expression naturelle propre formée à partir de l'expression /intersection/, l'une par adjonction de l'adjectif "geometric", l'autre par mise entre guillemets. Bien entendu, les guillemets ne seront pas conservés dans la suite du livre. En revanche, l'usage de l'adjectif /geometric/ perdurera et cela même dans les articles dans lesquels Lefschetz reprend la notion d'"abstract complex" développée par Mayer et Tucker (particulièrement Tucker 1933)[2]. Avec cet adjectif s'introduit aussi une référence évidente à la géométrie. Mais il ne manifeste pas tant la présence de celle-ci, qui l'ayant toujours été n'était pas aussi explicitement ou directement représentée dans le vocabulaire des notions élémentaires, que l'introduction d'une *opposition* à celle-ci.

---

[1] "*The geometric intersection of E_p of $K - L$ and E^*_q of K^* is either vacuous or else a cell of dimension*, etc." Lefschetz 1930, p. 163.
[2] "For a more systematic exploitation of the abstract viewpoint see A.W. Tucker, An abstract approach to manifold, Annals of Mathematics, vol. 34 (1933), pp. 191-243, where further references, notably to the papers of W. Mayer, will be found. It is to be noted that whereas they consider only abstract complexes and chains, we have always tied them up with definite point-sets. It might be advisable to use different terms, such as abstract complex or chains, geometric complex or chain, for the two concepts." Lefschetz 1935 "Chain-deformations in topology", note p. 526 (selected papers).

Parmi les exemples d'influences qui peuvent être rapportées à la théorie des ensembles, il faut aussi mentionner le chapitre VII dans lequel la plupart des résultats des chapitres précédents sont étendus à des variétés dont le bord n'est plus nécessairement un sous-complexe mais, bien plus généralement, un ensemble fermé.

Ces quelques exemples de l'influence de la théorie des ensembles ont été plus indiqués que justifiés. Celle-ci peut être d'ailleurs discutée dans certains cas, mais nous voulions surtout faire entrevoir la diversité de ses manifestations, ce qui était d'autant plus important que le plan de contenu ensembliste n'intervient pas.

Conclusion

La caractéristique la plus remarquable et la plus importante du système sémiotique de ce livre est certainement la coexistence des contenus géométrique et algébrique dans les signes *cell*, *chain* et *singular chain*. Nous avons montré que ces deux contenus coexistaient dans chacun de ces signes et surtout qu'ils étaient en partie indépendants : les relations qui se rapportent au contenu géométrique (inclusion, intersection, déformation, etc.) n'ont pas d'équivalent sur le plan de contenu algébrique et, de même, les relations qui relèvent du plan de contenu algébrique (orientation, addition, multiplication par un entier, bord, etc.) n'ont pas d'équivalent sur le plan de contenu géométrique. Cette indépendance est à l'exact opposé de l'ambivalence entre les contenus géométrique et, en l'occurrence, arithmétique, à laquelle semblait vouloir arriver Veblen par ses définitions de l'addition et du bord des complexes. Cette indépendance s'apparente, en revanche, à celle des contenus géométrique et algébrique du signe *variété* des mémoires de Poincaré. Mais le plan de contenu algébrique intervient néanmoins bien plus systématiquement dans ce livre que dans ces mémoires. Le signe *chain* de Lefschetz a en effet le même contenu algébrique que le signe *chain* dans l'article d'Alexander. Mais l'indépendance est dans cet article d'une toute autre nature puisque le signe *chain* d'Alexander n'a pas de contenu géométrique et que le rapport des *elementary chains* à ce plan de contenu se fait par l'intermédiaire d'une interprétation qui implique deux signes ayant chacun leur propre plan de contenu (toujours à l'exception près des points que nous avons signalés). Dans le livre de Lefschetz, au contraire, les deux contenus coexistent dans une relative indépendance *au sein d'un même signe*.

Nous avons vu l'importance de l'extension par linéarité dans l'instauration de cette indépendance. Celle-ci est à la fois un procédé de définition et de déduction qui permet d'étendre aux chaînes une définition relative aux cellules. Mais alors que la définition donnée pour les cellules impliquait les plans de contenu géométrique et algébrique, l'extension aux chaînes n'implique que le plan de contenu algébrique, le plan de contenu géométrique étant en quelque sorte "oublié". Le procédé est le même pour les démonstrations. Elles portent sur des cellules ou des complexes (combinaisons à coefficients 1 de cellules) et impliquent alors le plan de contenu géométrique aussi bien que le plan de contenu algébrique. Lefschetz déduit ensuite, par extension, la relation correspondante pour les chaînes. Le théorème de déformation en est certainement le meilleur exemple.

Qu'il s'agisse des définitions ou des démonstrations, il importe de souligner le rôle propre de l'*expression*, notationnelle ou naturelle, de la relation définie ou démontrée ($\mathfrak{D}\ \sigma_p \to \sigma'_p - \sigma_p - \mathfrak{D}\,\underset{\sim}{F}(\underset{\sim}{\sigma}_p)$, $F(E_p \cdot E^*_q) = E_p \cdot F(E^*_q) + (-1)^{n-q} F(E_p) \cdot E^*_q$, etc., ou l'énoncé même du théorème de déformation) puisque c'est cette relation, en tant qu'expression, qui est étendue des cellules aux chaînes. C'est l'expression seule qui est alors prise en compte, et non celle-ci avec son contenu géométrique. Il est dans ce cas impossible de dissocier la signification (au sens le plus large) de ces énoncés mathématiques de leurs expressions. Quand l'expression est naturelle, la fonction de celle-ci est compatible avec une réalisation orale, mais quand l'expression est notationnelle, le recours à l'écriture apparaît souvent nécessaire, comme c'est généralement le cas dès qu'un contenu algébrique intervient. Les combinaisons linéaires dans ce livre, comme déjà dans les mémoires de Poincaré et l'article d'Alexander, pour ne citer que des textes dont avons présenté l'analyse, en donnent des exemples.

L'indépendance des contenus géométrique et algébrique est aussi instaurée par un autre procédé d'extension propre aux chaînes singulières. Il a les mêmes caractéristiques sémiotiques que l'extension par linéarité et permet d'étendre à ces chaînes des relations (définitions, énoncés de théorèmes et démonstrations) relatives aux chaînes simpliciales. Le meilleur exemple de définition qui recourt à ce procédé est certainement la définition du bord d'une chaîne singulière : elle est obtenue à partir de l'expression du bord d'une chaîne simpliciale en remplaçant dans celle-ci l'expression des cellules simpliciales par l'expression de leur image singulière, sans que le plan de contenu géométrique n'intervienne. On retrouve ainsi le rôle propre dévolu aux expressions notationnelles.

Bien que ces deux procédés d'extension n'impliquent que le plan de contenu algébrique, les signes *chain* et *singular chain* ont bien aussi un contenu géométrique. Celui-ci est d'ailleurs conforme à leurs définitions selon lesquelles ils "coïncident" respectivement avec un complexe simplicial ou singulier, qui sont des combinaisons linéaires à coefficients 1. L'indépendance des deux contenus est particulièrement remarquable dans le cas des *singular chains*. Elle permet, en effet, de bénéficier de la généralité des ensembles de points, notamment pour établir l'invariance topologique des nombres de Betti, et d'oublier ce contenu géométrique, en se reportant sur le plan de contenu algébrique, notamment quand il s'agit de considérer l'addition ou le bord de ces chaînes.

En dépit de cette pluralité de contenus et de leur indépendance relative, ces signes conservent une certaine "compacité" : il n'est pas possible de former avec un seul de leurs contenus un signe à la fois complet et totalement distinct. Il s'agit bien à chaque fois d'un signe unique, et non d'un assemblage de signes comme c'est le cas quand un contenu arithmétique est couplé avec un contenu géométrique, comme par exemple dans le livre de Veblen. La nature de l'association des expressions aux contenus apparaît ainsi fonction des contenus considérés. Le contenu algébrique a, en effet, cette particularité que les signes ont toujours, dans les textes que nous considérons, une expression notationnelle qui est présente même quand le contenu est exclusivement géométrique. Cette expression n'a plus qu'à être considérée en elle-même pour que les signes acquièrent un contenu algébrique. Le contenu arithmétique doit être, en revanche, introduit. Nous avons vu dans les mémoires de Poincaré et le livre de Veblen que cela impliquait des distinctions et des mises en rapport explicites qui ne se retrouvent pas avec un contenu algébrique. La présence de ces expressions et la disponibilité qui en résulte impliquent ainsi des différences notables entre le conditionnement sémiotique et le statut des contenus algébrique et arithmétique.

La comparaison du système sémiotique de ce livre à ceux des autres textes que nous avons analysés a fait apparaître des caractéristiques communes, notamment avec les mémoires de Poincaré et l'article d'Alexander. Nous pensons à la similarité de la structure des signes *chain* et *singular chain* avec le signe *variété* des mémoires de Poincaré et à la similarité des relations relevant du plan de contenu algébrique (orientation, définition du bord, etc.) avec l'article d'Alexander. Mais les différences sont aussi nombreuses. La similarité même des *chains* de Lefschetz et des *variétés* de Poincaré indique suffisamment l'originalité de ce texte par rapport aux travaux contemporains ; et il devient tout à fait singulier quand on tient compte de l'usage systématique qu'il fait de l'extension par linéarité. Nous avons vu, par ailleurs, que toutes ces caractéristiques intervenaient dans la démonstration du théorème de déformation.

En dépit de ces différences, les mathématiciens apparaissent unanimes pour reconnaître, d'une part, la similarité des démonstrations de Lefschetz et de Veblen et, d'autre part, pour souligner la rigueur de celle de Lefschetz ou, plus généralement, de son livre. Voici les témoignages de trois d'entre eux, P.A. Smith, L. Vietoris et J. Dieudonné :

• "Worth noting also is the neat explicit statement of the fundamental deformation theorem and its various extensions. This theorem was implied in Alexander's original proof of the invariance of the homology characters and again in the same connection by Veblen in his Lectures. Its utility is almost universal, for in any given topological situation it permits us to limit our attention to the configurations composed strictly of the cells of the given spaces. How extensively Alexander's elegant new technique will be applicable, remains still to be seen. The present work [le livre de Lefschetz], however, makes it quite clear that the older deformation method, on account of its simplicity and intuitiveness, is not likely soon to outlive its usefulness." P.A. Smith, *Bulletin of the AMS*, 37, 1931, p. 647.

• "Dieser hier nur andeutungsweise wiedergegebene Gedankengang des Buches kann in seiner Geschlossenheit, Zielstrebigkeit und Korrektheit sowie durch die Fülle des behandelten Stoffes nur Bewunderung erregen." Vietoris, *Monatschefte f. Math.*, 39, 1932, p. 19.

• "The second result that emerges from Veblen's invariance proof and more clearly from Lefschetz's, is, at last, a correct statement and proof of the invariance of homology under homotopy (the irrelevance of "deformation", so long taken for granted, as we have seen in chap. I)." Dieudonné 1989, p. 47.

Il importe d'abord de remarquer que ces mathématiciens s'accordent pour reconnaître la validité de cette démonstration ; l'extension par linéarité apparaît ainsi admise comme un procédé correct de déduction. Il importe ensuite de remarquer qu'ils ne font guère de différence entre la démonstration de Veblen et celle de Lefschetz en dépit des différences sémiotiques importantes qui existent entre ces deux textes. Le récit historique que produisent ces mathématiciens apparaît ainsi conforme au peu de cas qu'ils font de ces différences. La similarité de leurs récits, dont on pourrait encore donner de nombreux exemples, n'est pas tant le fait de leur validité que de la similarité des critères retenus pour leur élaboration. La méconnaissance des différences sémiotiques est un de ces critères, et les prendre en considération conduit naturellement à un autre récit.

Conclusion

Avec les relations d'homologie, Poincaré a introduit une addition sur les variétés et il a ainsi été amené à faire coexister différents plans de contenu au sein d'un même texte. Ce livre a été en grande partie consacré à la description des formes diverses qu'a pu prendre cette coexistence et à en apprécier les implications dans les mémoires de Poincaré et dans quelques textes qui se sont inscrits dans leur prolongement. Rappelons pour conclure quelques aspects de cette diversité.

Parmi les textes de notre corpus, les mémoires de Poincaré se distinguent par la place prépondérante qu'y occupe le plan de contenu géométrique : il intervient à peu près constamment. Ce n'est le cas d'aucun des autres plans de contenu qui interviennent dans des paragraphes séparés, de manière sporadique ou pas du tout. La diversité caractéristique des relations supportées par ces signes est un des traits les plus remarquables de ces mémoires. La notion de frontière, notamment, a de multiples facettes dont quelques-unes seulement se retrouveront dans les textes ultérieurs. Poincaré introduit lui-même différentes définitions et "représentations" pour les variétés qu'il considère et adopte sur celles-ci une grande diversité de points de vue. Les variétés peuvent ainsi concentrer différentes fonctions, l'expression /variété/ servant à désigner aussi bien l'espace étudié que les parties de cet espace, les termes des relations d'homologie et les combinaisons linéaires de ces termes. Cette diversité se retrouve dans les relations d'homologie qui sont aussi bien établies à partir d'une relation de bord que par l'annulation des intégrales calculées sur les variétés considérées. La diversité caractéristique du plan de contenu géométrique peut être rapprochée de la multitude des sujets abordés, par laquelle ces mémoires se distinguent aussi des travaux ultérieures. Le livre de Lefschetz, qui s'en approcherait le plus, est le texte dans lequel l'intervention du plan de contenu géométrique est aussi la plus semblable à celle des mémoires de Poincaré.

A la différence du plan de contenu géométrique, le plan de contenu algébrique intervient toujours de manière subreptice : aucune définition, aucun théorème, aucune démonstration n'en relèvent exclusivement. Il n'y a pas de signe qui aurait un contenu algébrique sans avoir aussi un contenu géométrique. Il intervient néanmoins dans la plupart des théorèmes ou des démonstrations relatifs à l'homologie. Son intervention résulte entièrement de la considération des combinaisons linéaires entières de variétés, qui apparaissent dès lors comme l'un des signes les plus remarquables de ces mémoires et de l'histoire sémiotique de l'homologie.
C'est ainsi que l'analyse de la coexistence des contenus géométrique et algébrique au sein du signe *variété* relève essentiellement de l'analyse de l'extension de la notion de variété aux combinaisons linéaires. Deux types particuliers de combinaisons linéaires doivent, en l'occurrence, être distingués : les combinaisons linéaires entières de contours (variétés de dimension 1), et les combinaisons linéaires à coefficients 1 de variétés quelconques. Ces deux types de combinaisons linéaires ont en commun d'avoir un contenu géométrique. Les démonstrations portent sur l'une ou l'autre de ces combinaisons particulières et leurs conclusions sont étendues, sous forme de déductions, aux combinaisons linéaires de variétés de dimensions quelconques ou à coefficients entiers. Le rôle de ces deux types de combinaisons linéaires est donc crucial : en ayant des expressions notationnelles identiques aux combinaisons linéaires générales, ou ne différant d'elles que par leurs coefficients, elles permettent le passage d'expressions pourvues d'un contenu géométrique à ces expressions identiques, ou qui ne diffèrent que par leurs coefficients, mais qui n'ont d'autre contenu que leur expression.
La coexistence de ces deux contenus fait intervenir la nature particulière du plan de contenu algébrique et des combinaisons linéaires. En effet, le contenu algébrique n'a pas besoin d'être introduit puisque le signe, même quand il a un contenu géométrique, se manifeste toujours par une expression ; ce contenu est ainsi en quelque sorte déjà là. A cela s'ajoutent les caractéristiques de l'expression notationnelle des combinaisons linéaires : l'expression $/\sum \lambda_i v_i/$ indique presque elle-même ses propriétés opératoires à la différence, par exemple, de l'expression $/V/$, qui ne laisse pas deviner qu'une variété peut être déformée, traversée, additionnée, etc. Ainsi, le signe $\sum \lambda_i v_i$ a généralement un contenu géométrique, mais son expression peut être dissociée de ce contenu et conserver *elle-même* certaines propriétés combinatoires. C'est cette présence permanente des expressions et le recours à des expressions complexes, composées d'expressions associées

à un ensemble d'opérations, qui rend compte de la coexistence des contenus géométrique et algébrique dans le signe *variété*. Ces caractéristiques ne sont évidemment pas propres aux mémoires de Poincaré, mais elles permettent de comprendre que le passage d'un contenu à l'autre puisse y être à la fois assez systématique et subreptice.
Le statut du plan de contenu arithmétique est lui-même tout à fait différent de celui du plan de contenu algébrique. Le signe *variété* n'a pas lui-même de contenu arithmétique, mais il est en relation avec des signes qui en ont un. Ce plan de contenu est ainsi introduit de manière méthodique : des définitions, des démonstrations, des paragraphes entiers n'impliquent que lui et des théorèmes précisent la correspondance entre certaines relations considérées sur le plan de contenu arithmétique et des relations considérées sur le plan de contenu géométrique (notamment la torsion). Ainsi, contrairement au plan de contenu algébrique, mais comme pour le plan de contenu géométrique, des signes complets peuvent n'avoir qu'un contenu arithmétique.
L'analyse de l'opposition entre homologies "par division" et "sans division", entre autres, permet de préciser le statut relatif des plans de contenu arithmétique et géométrique. Elle montre en effet que Poincaré n'est pas indifférent au fait que les homologies aient ou non un contenu géométrique : il distingue les opérations qui conduisent à des homologies qui ont un contenu arithmétique mais qui n'ont pas de contenu géométrique, il donne un nom propre à ces opérations et ces homologies, il leur attribue un caractère conventionnel, et il caractérise les cas où il est possible de ne considérer que des homologies qui ont un contenu géométrique (variété sans torsion).
Le système sémiotique de ces mémoires se caractérise donc par son unité en dépit du recours à trois plans de contenu différents. Cette unité tient aux caractéristiques et à la prépondérance du plan de contenu géométrique et à une intervention simultanée des différents plans de contenu au cours des démonstrations.

Le système et le conditionnement sémiotique du livre de Veblen, *Analysis situs*, publié en 1922, se caractérisent par l'absence du plan de contenu algébrique et par l'instauration d'une ambivalence arithmo-géométrique systématique. Celle-ci est obtenue par l'ajustement d'un ensemble de notions (notamment le bord et l'addition de complexes) qui tend à permettre de les rapporter indifféremment à l'un ou l'autre de ces deux plans. Les deux plans de contenu sont ainsi encore plus systématiquement distingués qu'ils ne l'étaient dans les mémoires de

Poincaré. Mais surtout, le souci que toute relation puisse être rapportée au plan de contenu géométrique apparaît, dans ce texte, comme une véritable exigence. En effet, si certaines distinctions à l'œuvre dans les mémoires de Poincaré correspondaient à l'opposition entre les cas où un signe pouvait être ou non rapporté à son contenu géométrique, ces distinctions résultaient néanmoins de la considération de relations qui ne pouvaient être rapportées au plan de contenu géométrique. Veblen introduit au contraire des définitions *ad hoc* (notamment celle de l'homologie mod 2, ou sa généralisation des surfaces de Riemann), qui doivent permettre d'éviter que cela ne se produise. Il n'y parvient que partiellement. Car s'il réussit à rendre compatibles les relations qui relèvent du plan de contenu arithmétique avec des relations qui relèvent du plan de contenu géométrique (c'est le cas de tout le traitement matriciel de l'homologie), il demeure néanmoins un ensemble de considérations, comme la subdivision et les complexes *sur*, propres au plan de contenu géométrique qui intervient ainsi dans les démonstrations de l'invariance par subdivision et l'invariance par homéomorphisme des nombres de connexion.

Dans l'article d'Alexander, *Combinatorial Analysis situs*, publié en 1926, les plans de contenu sont encore plus nettement et systématiquement dissociés. Mais ce texte se distingue surtout par la considération de signes dont le seul contenu est algébrique : ce sont eux qui interviennent dans les relations d'homologie. Ainsi, des propositions et des démonstrations relèvent entièrement de ce plan de contenu et c'est en termes d'interprétation que leur rapport à une signification géométrique est considéré. C'est la première fois qu'un texte développe de la sorte l'homologie sur ce seul plan de contenu. L'homologie s'applique néanmoins à des complexes qui ont, eux, un contenu géométrique. Des signes qui n'ont qu'un contenu géométrique coexistent donc avec des signes qui n'ont qu'un contenu algébrique et c'est essentiellement par les sommets ("vertices") que se fait leur articulation. Ils interviennent dans les deux types de signes : les lettres V_i composent les expressions qui servent de termes aux homologies et désignent en même temps les points qui déterminent les cellules du complexe. *Vertex* est ainsi le seul signe de ce texte qui ait systématiquement deux contenus, comme si la pluralité des contenus que Poincaré a introduite avec les homologies y avait trouvé refuge…

Les systèmes sémiotiques des textes de Veblen et d'Alexander présentent certaines caractéristiques communes qui contrastent avec celles des mémoires de Poincaré. La plus évidente est certainement la réduction de l'intervention du plan de contenu géométrique. On ne retrouve pas dans ces textes la diversité foisonnante des relations à l'œuvre notamment dans le contenu géométrique du signe *frontière*. Le nombre de plans de contenu est aussi réduit, et leurs rapports apparaissent simplifiés et plus systématiques. Ainsi, Veblen ajuste ses définitions de manière à obtenir une ambivalence arithmo-géométrique et Alexander recourt à la notion d'interprétation. Néanmoins, ces tendances apparaissent contrariées par l'intervention de relations relevant du plan de contenu géométrique qui semblent, dans les deux textes, s'introduire à l'insu de leurs auteurs, notamment dans les démonstrations de l'invariance par subdivision et de l'invariance topologique. Il est significatif que ce soit le plan de contenu géométrique qui s'introduise de la sorte et jamais aucun des trois autres plans de contenu (arithmétique, algébrique et ensembliste). Ces trois plans, quand ils sont introduits, le sont de manière méthodique, comme l'est le plan de contenu arithmétique dans les mémoires de Poincaré. Le plan de contenu ensembliste peut même n'intervenir que dans les définitions...
Ce retrait du plan de contenu géométrique n'est pas propre à ces deux textes, c'est au contraire une tendance que l'on retrouve dans la plupart des textes de topologie de cette époque[1]. L'introduction du plan de contenu ensembliste est un élément qui participe à ce retrait, mais celle-ci n'intervient en homologie qu'à partir de l'article de Vietoris de 1927 et de ceux de Cech et de de Rham au début des années 1930.

Dans cette évolution générale, le livre de Lefschetz, *Topology*, publié en 1930, apparaît assez singulier, tant les caractéristiques de son système sémiotique sont proches de celles des mémoires de Poincaré. En effet, tout son traitement de l'homologie repose sur la coexistence des contenus géométrique et algébrique au sein d'un même signe. Mais surtout, ces deux contenus coexistent dans une indépendance tout à fait remarquable. Les signes *chain* et *singular chain* ont ainsi chacun deux contenus : une combinaison linéaire entière et un complexe. Cette coexistence est notamment fondée sur un recours systématique à l'extension par linéarité. Cette extension, qui intervenait déjà dans certaines démonstrations de Poincaré, devient un véritable procédé de définition et de démonstration. L'intervention du plan de contenu

[1] A l'exception notoire de la thèse de Chuard...

algébrique a ainsi perdu le caractère subreptice qu'elle avait dans les mémoires de Poincaré. L'influence des travaux d'Alexander, et notamment de l'article que nous avons présenté, est ici incontestable. Mais les contenus algébriques coexistent avec des contenus géométriques qu'Alexander avait en partie écartés en recourant à la notion d'interprétation. Ce texte conjugue donc la coexistence des deux contenus qui était à l'œuvre dans les mémoires de Poincaré avec un recours ostensible au plan de contenu algébrique, directement repris d'Alexander. De plus, cette coexistence et cette indépendance ne sont accompagnées d'aucune trace de ce souci, que l'on trouvait dans les textes de Veblen et d'Alexander, d'ajuster ou de dissocier les divers plans de contenu impliqués dans les homologies.

Ce sont là quelques-uns des principaux éléments qui ressortent de ces analyses sémiotiques des textes de topologie consacrés à l'homologie, depuis la parution des mémoires de Poincaré jusqu'au livre de Lefschetz. Si l'on faisait l'histoire de l'homologie à partir des indications que l'on trouve, par exemple, dans le livre de Lefschetz, la description que nous obtiendrions de ces textes et de leurs rapports serait tout à fait différente. L'impression qui s'en dégagerait serait au contraire celle d'une permanence des énoncés ou d'un progrès, comme si tous ces textes composaient un livre unique (celui de Lefschetz...) : les théorèmes ou les concepts de Poincaré, d'Alexander et de Veblen apparaissent soit comme semblables, soit comme des cas particuliers de ceux proposés par Lefschetz.

Lefschetz considère par exemple que sa démonstration de l'invariance topologique des nombres de Betti est essentiellement la même que celle de Veblen :

> "The proof given here is essentially Veblen's and closely related to Alexander's first proof." Lefschetz 1930, p. 89.

Il considère que la théorie des complexes non orientés de Veblen est un cas particulier de celle des chaînes qu'il développe :

> "there may be developed a theory of complexes without the theory of orientation. This has been done (...) very extensively in Veblen's Colloquium Lectures. Such a theory presents indeed a good deal of merit on the score of simplicity. But (...) <u>its theorems are as a rule special cases of theorems of the theory of oriented complexes, or *chains*</u>" Lefschetz 1930, p. 14-15.

Veblen lui-même, dans la réédition de son livre en 1932, ajoute une note par laquelle il tend à assimiler ses complexes orientés aux chaînes d'Alexander :

> "Closely allied to this idea {il s'agit des "singular oriented k-dimensional complexes"} is that of a k-chain, a term introduced by J.W. Alexander and now in common use (1930). The k-chains is simply a linear combination, with integral coefficients, of symbols for oriented k-cells." Veblen 1931, note p. 106.

Cette histoire s'étend jusqu'aux mémoires de Poincaré auxquels Lefschetz fait remonter la notion de chaîne absolue[1] :

- "Historically, absolute chains and their theory go back to Poincaré [1895, 1899, 1900]. Boundary relations and chains mod 2 were first considered by Tietze {1908}, then by Veblen-Alexander {1913} and their theory systematically developed by Veblen {1922}." Lefschetz 1930, p. 19.
- "In the paper in which he introduced torsion Poincaré associated its presence with certain types of chains." Lefschetz 1930, p. 52.

Les textes dont nous avons fait l'analyse paraissent dès lors constituer un ensemble homogène. Les variétés de Poincaré, les complexes de Veblen et les chaînes d'Alexander semblent tous être des cas particuliers de la notion de chaîne considérée par Lefschetz et il semble de même que les théorèmes de déformation ou de dualité qu'il présente sont soit semblables, soit plus généraux que ceux de Poincaré, d'Alexander ou de Veblen ; les énoncés de chacun de ces auteurs se retrouveraient ainsi dans son livre. Il est facile de s'assurer que ce jugement n'est pas propre à Lefschetz, comme l'indique d'ailleurs le compte rendu que P.A. Smith a fait de son livre et que nous avons cité.

Il ne fait pas de doute que le livre de Lefschetz, comme les mémoires de Poincaré, le livre de Veblen ou l'article d'Alexander, doivent beaucoup à des textes qui les ont précédés. Néanmoins, nous pensons avoir montré que ni la relation de similarité ni celles de particulier et de général auxquelles recourt ici Lefschetz ("special cases", "certain types", etc.) ne rendent véritablement compte du rapport de son livre aux textes antérieurs. Ces caractérisations conduisent à une présentation uniforme de

[1] Rappelons que ce sont les chaînes qui ne sont pas relatives à une partie du complexe considéré, c'est-à-dire qu'aucun des points de la chaîne n'est négligé.

ces textes et de leurs rapports ; elles manquent de nombreuses différences qui ont une portée épistémologique et historique : c'est, au contraire, l'analyse de ces textes et leur comparaison qui doivent contribuer à donner leur sens aux notions de similarité, de particulier, de général, et aux concepts de progrès, de validité et d'universalité appliqués aux énoncés mathématiques.

Nous espérons avoir montré qu'il convenait de reconnaître à ces concepts leur dimension sémiotique. Les textes mathématiques apparaissent ainsi riches d'une grande diversité sémiotique : leurs signes peuvent être complexes, ils ne sont pas tous de même nature et peuvent être différents d'un texte à l'autre. Par ailleurs, l'étude du conditionnement sémiotique montre que les signes ne sont pas seulement un moyen d'expression, mais que le mathématicien peut lui-même y prêter une certaine attention et consacrer des énoncés à leur élaboration. Ces textes mathématiques apparaissent ainsi recouvrir une importante activité sémiotique, en partie ignorée par leurs auteurs. La mise en évidence de cette diversité va à l'encontre de l'homogénéité sémiotique qui leur est souvent associée et qui résulte, notamment, d'un usage trop peu critiqué des concepts d'abstraction et de formel. Etablir cette diversité était l'un des principaux objectifs de ce livre.

* *
*

Si nous avons voulu montrer l'intérêt historique et épistémologique, et pour certaines questions la nécessité d'une prise en compte de la dimension sémiotique des textes mathématiques, d'autres dimensions que nous avons négligées dans ce livre sont aussi importantes et nécessaires à considérer. Nous avons donc renoncé à la complétude pour l'exhaustivité, c'est-à-dire pour des analyse menées suivant des principes fixes et explicites qui ont été appliquées à un corpus déterminé au delà duquel elles ne prétendent rien dire. Autrement, le lecteur n'a pas les moyens d'apprécier dans quelle mesure les analyses des textes sont déjà en partie infléchies par la thèse historique ou épistémologique qu'elles servent à établir. La question n'est pas la validité d'une interprétation mais celle des moyens dont le lecteur dispose pour l'apprécier par lui-même. Chacun sait que malgré les quelques citations qui lui sont données, ce dernier doit souvent pour en juger en appeler à sa propre connaissance des sources. Or les conséquences de cela sont nombreuses. Parmi elles, une forte prégnance des sources et des grandes périodisations sur l'organisation générale des recherches et des débats. De même, les questions qui d'une manière ou d'une autre sont transverses ou mêlent ces sources ne peuvent être que négligées ou abordées de manière décevante puisque le lecteur ne peut accepter de perdre le niveau d'exigence critique auquel il est habitué dans sa spécialité. Dès qu'il sort de celle-ci, c'est-à-dire des sources qu'il a étudiées, en quantité toujours dérisoire en comparaison de celles qu'il connaît moins bien ou pas du tout, il doit en définitive généralement s'en remettre d'une manière ou d'une autre à *l'autorité* de l'auteur de l'étude.

L'érudition est bien sûr une composante irréductible des recherches historiques. Elle a ainsi été et reste le principal souci de la plupart des historiens. Mais l'érudition laisse intact le problème de la transmission du savoir dès lors que ce savoir n'est plus dissocié de la connaissance de sa validité. Il nous semble valoir la peine de chercher à réduire autant que possible, et à défaut à circonscrire la part de l'autorité de l'auteur et de donner au lecteur la possibilité d'apprécier la validité de l'interprétation qui lui est proposée : négliger cette exigence, c'est nécessairement faire jouer et favoriser une dimension autoritaire. Sans rien céder sur son érudition, l'historien ne doit pas renoncer trop tôt à cette exigence et doit élaborer un savoir qui soit transmissible. C'est là peut-être le principal souci qui nous a guidé dans les analyses que nous avons présentées.

Bibliographie

Histoire des mathématiques

BOLLINGER M.

1972 "Geschichtliche Entwicklung des Homologiebegriffs", *Archives for History of Exact Sciences*, 9, p. 94-170, 1972.

CHEMLA K.

1990 "Du parallélisme entre énoncés mathématiques. Analyse d'un formulaire rédigé en Chine au XIIIe siècle", *Revue d'Histoire des Sciences*, 43, 1990.

1992 "Résonances entre démonstration et procédure. Remarques sur le commentaire de Liu Hui (IIIe siècle) aux Neuf Chapitres sur les Procédures Mathématiques (I siècle)", *Extrême-Orient - Extrême-Occident*, 14, 1992

1995a "Histoire des sciences et matérialité des textes", *Enquête*, 1, p. 167-180, 1995.

1995b "What is the Content of this Book? A Plea for Developing History of Science and History of Text Conjointly", *Philosophy and the History of Science*, 4(2), p. 1-46, 1995.

CHEMLA K. (ÉD.)

1999 *History of science, history of text*, Actes du colloque tenu à l'Einstein Forum de Berlin en 1995, à paraître, Kluwer, 1999.

DIEUDONNÉ J.

1985 "Les débuts de la topologie algébrique", *Expositiones Mathematicae. International Journal for Pure and Applied Mathematics*, 3, p. 347-357, 1985.

1989 *A History of Algebraic and Differential Topology 1900-1960*, Birkhäuser, 1989.

1994 "Une brève histoire de la topologie" in Pier 1994.

EPPLE M.

1998 Topology, Matter, and Space, I: Topological Notions in 19th-Century Natural Philosophy, *Archives for History of Exact Sciences*, 52, 297-392, 1998.

FEIGL G.

1928 "Geschichtliche Entwicklung der Topologie", *Jahresbericht der Deutschen Mathematiker-Vereinigung*, 37, p. 273-286, 1928.

GOLDSTEIN C.

1995 *Un théorème de Fermat et ses lecteurs*, Presses Universitaires de Vincennes, Saint-Denis, 1995.

GREFFE J.-L., HEINZMANN G., LORENZ K.

1996 *Henri Poincaré. Science et philosophie. (Congrès international, Nancy, France, 1994)*, Akademie Verlag, Berlin, Albert Blanchard Paris, 1996.

HERREMAN A.

1997 "Le statut de la géométrie dans quelques textes sur l'homologie, des mémoires de Poincaré au début des années 1930", *Revue d'histoire des mathématiques*, 3 (2), p. 241-293, 1997.

MAC LANE S.

1976 "Topology and logic as a source of algebra. Retiring Presidential Address", *Bulletin of the American Mathematical Society*, 82, 1-40, 1976.

1976 Topology and Logic at Princeton", in DUREN 1976.

1981 "Mathematics at the University of Göttingen (1931-1933)", in *Emmy Noether, A Tribute to Her Life and Work*, 1981.

1986 "Topology becomes algebraic with Vietoris and Noether", *Journal of Pure and Applied Algebra*, 39, n°3, p. 305-307, 1986.

NETZ R.

1998 *The shaping of deduction in Greek mathematics*, Cambridge University Press, 1999.

1999 "The Limits of Text in Greek Mathematics" in CHEMLA 1999.

ORE O.

1931 "Some Recent Developments in Abstract Algebra", *Amer. Math. Soc. Bull.*, 37, p. 537-48, 1931.

PONT J.-C.
1974 *La topologie algèbrique des origines à Poincaré*, PUF, bibliothèque philosophique contemporaine, 1974.
RITTER J.
1993 *Les pratiques rationnelles en Egypte et en Mésopotamie aux troisième et deuxième millénaires*, Thèse de doctorat, Université Paris XIII, Villetaneuse, 1993.
1999 "Reading Strasbourg 368: A Thrice-Told Tale", in CHEMLA 1999.
SARKARIA K.S.
1994 "Poincaré's papers on Topology", Notes of Lectures given in 1993-94 in the Topology Seminar of the Department of Mathematics, Panjab University, India.
1996 "A look back at Poincaré's Analysis Situs" in Greffe-Heinzmann-Lorenz 1996.
SCHOLZ E.
1980 *Geschichte des Mannigfaltigkeitsbergriffs von Riemann bis Poincaré*, Birkhäuser.
VOLKERT K.
1994 *Das Homöomorphieproblem insbesondere der 3-Mannigfaltigkeiten in der Topologie 1892-1935*, Habilitationschrift vorgelegt der Mathematischen Fakultät der Ruprecht-Karls-Universität Heidelberg, 1994.
1996 "The Early History of Poincaré's Conjecture", in Greffe-Heinzmann-Lorenz 1996.
1996 "Le début de la pensée topologique chez Henri Poincaré", Preprint, Séminaire Histoire de la Géométrie, EHESS, Paris.

SÉMIOTIQUE ET DIVERS

BADIR S.
1998 *Le métalangage d'après Hjelmslev. Epistémologie sémiotique*, Thèse de l'Université de Liège, 1998.
BARTHES R.
1964 *Eléments de sémiologie*, Seuil, 1964. Repris in *L'aventure sémiologique*, Seuil, Points Essais, 1985.
BLOOMFIELD L.
1961 *Language*, Holt, Rinehart and Winston, New York, 1961. Traduction Française *Le langage*, Payot, Paris, 1970.

CHARTIER R.
1995 *Histoires de la lecture. Un bilan des recherches*, IMEC, Ed. de la maison des sciences de l'homme, 1995.
CHOMSKY N.
1981 *Réflexions sur le langage*, Flammarion, 1981.
DUCROT O.
1968 "Le structuralisme en linguistique", in *Qu'est-ce que le structuralisme?*, Seuil, Paris, 1968.
ECO U.
1988 *Segno*, Ised, Milan, 1973, Traduction française, *Le signe*, Labor, Bruxelles, 1988.
GADAMER, H.G.
1996 *Vérité et méthode*, Paris, Seuil, 1996.
GELB I.J.
1957 *A Study of Writing*, The University of Chicago Press, 1957. Traduction Française *Pour une théorie de l'écriture*, Flammarion, "Idées et Recherches", 1973.
GOODY J.
1977 *The domestication of the savage mind*, Cambridge University Press, 1977, trad. en Français, *La raison graphique, la domestication de la pensée sauvage*, Editions de minuit, 1979.
1986 The logic of writing and the organisation of society, Cambridge University Press, 1986, trad. en Français, *Entre l'oralité et l'écriture*, PUF, 1993.
GREIMAS A.J.
1966 *Sémantique structurale*, PUF, 1988. Paris, Larousse, 1966.
1987 "Algirdas Julien Greimas mis à la question", in Arrivé & Coquet 1987, p. 301-330, 1987.
HJELMSLEV L. (la première date est celle de l'article original, nous donnons uniquement le titre de la traduction en Français)
1943 *Prolégomènes à une théorie du langage* in Hjelmslev 1971a.
1941 "Entretiens sur la théorie du langage" in Hjelmslev 1985
1948 "Linguistique structurale" in Hjelmslev 1971b
1948 "L'analyse structurale du langage" in Hjelmslev 1971b
1966 *Le langage*, Editions de Minuit, 1966.
1971a *Prolégomènes à une théorie du langage. Suivi de La structure fondamentale du langage.*", Editions de Minuit, "Arguments", Paris, 1971
1971b *Essais linguistiques*, Editions de Minuit, "Arguments", Paris, 1971.

1985 *Nouveaux essais*, PUF, "Formes sémiotiques", 1985.

MARTIN H.-J.

1995 "Lectures et mises en textes", in Chartier 1995

RASTIER F.

1997 "Herméneutique matérielle et sémantique des textes", in Salanskis & Rastier & Scheps 1997, p. 119-148.

ROTMAN B.

1987 *Signifying Nothing: The Semiotics of Zero*, London, MacMillan, 1987.

SALANSKIS, J.-M. & RASTIER, F. & SCHEPS, R. (éds)

1997 *Herméneutique: textes, sciences*, Presses Universitaires de France, 1997.

SAUSSURE F.

1916 *Cours de linguistique générale*, Payot, Paris, 1916, réédition 1995.

ULDALL H.J.

1944 "Speech and writing", *Acta linguistica*, 4, p. 11-16, 1944.

MATHÉMATIQUES

ALEXANDER J.W.

1914 "Sur les cycles des surfaces algébriques et sur une définition topologique de l'invariant de Zeuthen-Segre", *Rendiconti de Lincei*, 23, p. 55-62, 1914.

1915 "A proof of the invariance of certain constants in Analysis Situs", *Transactions of the American Mathematical Society*, 16, p. 148-154, 1915.

1919 "Note on two threedimensional manifolds with the same group", *Transactions of the American Mathematical Society*, 20, p. 339-342, 1919.

1920a "A proof of Jordan's theorem about a simple closed curve", *Annals of Mathematics*, 21, p 180-4, 1920.

1920b "Note on Riemann Spaces", *Bulletin of the American Mathematical Society*, 26, p. 370-372, 1920

1922 "A proof and extension of the Jordan-Brouwer separation theorem", *Transactions of the American Mathematical Society*, 23, p. 333-349, 1922.

1923 "On the deformation of an n-cell", *Proc. Nat. Acad. Sc. U.S.A.*, 9, p. 406-407, 1923.

1924a "On the subdivision of three-space by polyhedron", *Proc. Nat. Acad. Sc. U.S.A.*, 10, p. 6-8, 1924.

1924b "An example of a simply connected surface bounding a region which is not simply connected", *Proc. Nat. Acad. Sc. U.S.A.*, 10, p. 8-10, 1924.

1924c "Remarks on a point set constructed by Antoine", *Proc. Nat. Acad. Sc. U.S.A.*, 10, p. 10-12, 1924.

1924d "New topological invariants expressible as tensors", *Proc. Nat. Acad. Sc. U.S.A.*, 10, p. 99-101, 483, 1924.

1924e "On certain New Topological Invariants of a Manifold", *Proc. Nat. Acad. Sc. U.S.A.*, 10, p101-103, 1924.

1924f "Topological invariants of a manifold", *Proc. Nat. Acad. Sc. U.S.A.*, 10, p. 493-4, 1924.

1925 "On the intersection invariants of a manifold", *Proc. Nat. Acad. Sc. U.S.A.*, 11, p. 143-6, 1925 .

1926 "Combinatorial Analysis Situs", *Transactions of the American Mathematical Society*, 28, p. 301-329, 1926.

1930 "The combinatorial theory of complexes", *Annals of Mathematics*, 31, p. 292-320, 1930.

ALEXANDROFF P.

1925a "Zur Begründung der n-dimensionalen mengentheoretischen Topologie", *Math. Annalen*, 96, p. 296-308, 1925.

1925b "Simpliziale Approximationen in der allgemeinen Topologie", *Math. Annalen*, 96, p. 488-511, 1925.

1926 "Sur la dimension des ensembles fermés", *Comptes Rendus de l'Académie des Sciences de Paris*, 183, p. 640-642, 1926.

1927a "Sur la décomposition de l'espace par des ensembles fermés", *Comptes Rendus de l'Académie des Sciences de Paris*, 184, p. 425-427, 1927.

1927b "Une définition des nombres de Betti pour un ensemble fermé quelconque", *Comptes Rendus de l'Académie des Sciences de Paris*, 184, p. 317-319, 1927.

1927c "Über die Dualität zwischen den Zusammenhangszahlen einer abgeschlossenen Menge und des zu ihr Komplementären Raumes", *Nachr. der Gesellschaft der Wiss. zu Göttingen*, p. 323-325, 1927.

1928d "Sur l'homéomorphie des ensembles fermés", *Comptes Rendus de l'Académie des Sciences de Paris*, 186, p. 1340, 1928.

1929a "Untersuchungen über Gestalt und Lage abgeschlossener mengen beliebiger Dimension", *Annals of Mathematics*, 30, p. 101-187, 1929.

1929b "Mémoire sur les espaces topologiques compacts", *Proceedings of the Royal Academy of Amsterdam*, 14, 1929.

1929c "Bermerkung zu meiner Arbeit "Simpliziale Approximationen in der allgemeinen Topologie"", *Math. Annalen*, 101, p. 452-456, 1929.

1932a *Einfachste Grundbegriffe der Topologie*, Supplément à Hilbert et Cohn-Vossen, Springer Verlag, Berlin 1932.

1934a "Des groupes de Betti en un point", *Comptes Rendus de l'Académie des Sciences de Paris*, 198, p. 315-317, 1934.

1934b "Bettische Zahlen und ε-Abbildung", *Fundamenta Mathematicae*, 22, p. 7-20, 1934.

1935 "On local properties of closed sets", *Annals of Mathematics*, 36, p. 1-35, 1935.

ALEXANDROFF P.& HOPF H.

1935 *Topologie I*, Springer, 1935.

BETTI E.

1871 "Sopra gli spazi di un numero qualunque di dimensioni", *Annali di Matematica pura ed applicata*, Milano, 2 t4, p. 140-158, 1871

BROUWER L.E.J.

1910a "Zur Analysis Situs", *Math. Annalen*, 68, p. 422-434, 1910.

1910b "Beweis des Jordanschen Kurvensatzes", *Math. Annalen*, 69, p169-175, 1910.

1910c "Über eineindeuting, stetige Transformationen von Flächen in sich", *Math. Annalen*, 69, p. 176-186, 1910.

1911a "Beweis der Invarianz der Dimensionzahl", *Math. Annalen*, 70, p. 161-165, 1911.

1911b "Sur le théorème de M. Jordan dans l'espace à n dimensions", *Comptes Rendus de l'Académie des Sciences de Paris*, 153, p. 542-543, 1911.

1912a "Beweis der Invarianz des n-dimensionalen Gebiets", *Math. Annalen*, 71, p. 305-313, 1912.

1912b "Beweis des Jordanschen Satzes für n-dimensionalen Raum.", *Math. Annalen*, 71, p. 314-319, 1912.

1912c "Über Abbildung von Mannigfaltigeiten", *Math. Annalen*, 71, p. 97-115, 1912.

1912d "Über Jordansche Mannigfaltigkeiten", *Math. Annalen*, 71, p. 320-327, 1912.

1912e "Zur Invarianz des n-dimensionalen Gebiets", *Math. Annalen*, 72, p. 55-6, 1912.

1912f "Sur la notion de "classe" de transformations d'une multiplicité", *Proc. 5th Intern. Math. Congr.*, 2, p. 9-10, 1912.

1912g "On looping coefficients", *Proceedings of the Royal Academy of Amsterdam*, 15, p. 113-122, 1912.

1912h "Sur l'invariance de la courbe fermée", *Comptes Rendus de l'Académie des Sciences de Paris*, 154, p. 862-863, 1912.

1912i "Beweis der Invarianz der geschlossenen Kurve", *Math. Annalen*, 72, p. 422-425, 1912.

BROWN, A.B.

1930 "An extension of the Alexander duality theorem", Proc. Nat. Acad. Sc. U.S.A., 16, p. 407-408, 1930

CARTAN E.

1928 "Sur les nombres de Betti des espaces de groupes clos", *Comptes Rendus de l'Académie des Sciences de Paris*, 187, p. 196-198, 1928

1930 "La théorie des groupes finis et continus et l'Analysis situs", *Mémorial des Sciences mathématiques*, 1930.

CECH E.

1931 "Trois théorèmes sur l'homologie", *Publ. Fac. Sci. Univ. Masaryk*, p. 1-21, 1931.

1932a "La notion de variété et les théorèmes de dualité", *International Congress of Mathematicians*, Zurich 1932.

1932b "Théorie générale de l'homologie dans un espace quelconque", *Fundamenta Mathematica*, 19, p. 149-83, 1932.

1933 "Théorie générale des variétés et de leurs théorèmes de dualité", *Annals of Mathematics*, 34, p. 621-730, 1933.

1934 "Sur les nombres de Betti locaux", *Annals of Mathematics*, 35, p. 678-701, 1934.

1935a "Les groupes de Betti d'un complexe infini", *Fundamenta Mathematicae*, 25, p. 33-44, 1935.

1935b "Les théorèmes dualité en topologie", Casopis pro Pestovani Matematiky a Fysiky, 64, p. 17-25, 1935.

1936a "Über die Bettischen Gruppen kompakter Räume", in

Menger's Ergebnisse eines mathematischen Kolloquiums, Leipzig und Wien, 1935.

1936b "Multiplications on a complex", *Annals of Mathematics*, 37, p. 681-697, 1936.

CHUARD J.

1922 "Questions d'Analysis Situs", *Rendiconti del Circolo Matematico di Palermo*, 46, p. 185-224, 1921-22

DEHN M. & HEEGAARD P.

1907 "Analysis Situs", *Encyk. der Math. Wiss.*, B.G. Teubner, III AB3, p. 153-220, 1907-10

DYCK W.

1884 "On the analysis situs of threedimensional spaces", *Report of the meeting of the British Association for the Advancement of the science*, London, 1884

1888 "Beiträge zur Analysis Situs I", *Math. Annalen*, 32, p. 457-512, 1888

1890 "Beiträge zur Analysis Situs II", *Math. Annalen*, 37, p. 273-316, 1890

FRANKL, F.

1927 "Topologische Beziehungen in sich kompakter Teilmengen euklidischer Räume zu ihren Komplementen sowie Anwendung auf die Primendentheorie", *Wiener Berichte*, 136, p. 689-699, 1927.

HAUSDORFF F.

1914 *Grundzüge der Mengenlehre*, Leipzig, 1914

HEEGAARD P.

1898 "Forstudier til en topoligisk teori for de algebraiske Fladers Sammenhäng", *det Nordiske Forlag Ernst Bojesen*, Copenhague, 1898. Traduction en Français "Sur l'Analysis Situs", *Bulletin de la Société Mathématique de France*, 44, p. 161-242, 1916

HOPF H.

1928a "Eine Verallgemeinerung der Euler-Poincaré Formel", *Göttinger Nachr.*, p. 127-136, 1928.

1928b "Zur Topologie der Abbildungen von Mannigfaltigkeiten, I : Neue Darstellung der Theorie des Abbildungsgrad für topologische Mannigfaltigkeiten", *Math. Annalen*, 100, p. 579-608, 1928.

1928c "A new proof of the Lefschetz formula on invariant points", *Proc. Nat. Acad. Sc. U.S.A.*, 14, p. 149-153, 1928.

1929 "Über die algebraische Anzahl von Fixpunkten", *Mathematische Zeitschrift*, 29, p. 493-524, 1929.

1930a "Zur Topologie der Abbildungen von Mannigfaltigkeiten, II:", *Math. Annalen*, 102, 1930.

1930b "Zur Algebra der Abbildungen von Mannigfaltigkeiten", *Journal für die reine und angewandte Mathematik*, 105, p. 71-88, 1930.

JORDAN C.

1866 "Sur la déformation des surfaces", *Journal de mathématiques pures et appliquées*, sér. 2, 11, p. 105-109, 1866.

VAN KAMPEN E.R.

1928 "Eine Verallgemeinerung des Alexanderschen Dualitätssatzes", *Proceedings of the Royal Academy of Amsterdam*, 31, p. 899-905, 1928

1929 *Die kombinatorische Topologie und die Dualitätssätze*, The Hague, (Leyden thesis), 1929

KEREKJARTO B.

1919a "Beweis des Jordanschen Kurvensatzes", *Math. naturw. Ber. d. Ungarischen Akad. d. Wiss.*, 38, p. 194-198, 1919

1919b "Über des Jordanschen Kurvensatzes", Math. Annalen, 80, p. 29-32, 1919

1923 *Vorlesungen über Topologie I Flächentopologie*, Berlin, Springer, 1923

KNESER H.

1924 "Ein topologischer Zerlegungssatz", *Proceedings of the Royal Academy of Amsterdam*, 27, p. 601-616, 1924

1926a "Die Deformationssätze der einfach zusammenhängenden Flächen", *Mathematische Zeitschrift*, 25, p. 362-372, 1926.

1926b "Die Topologie der Mannigfaltigkeiten", *Jahresbericht der Deutschen Mathematiker-Vereinigung*, 34, p. 1-14, 1926

KÜNNETH, H.

1924 "Über die Torsionzahlen von Produktmannigfaltigkeiten", *Math. Annalen*, 91, p. 125-134, 1924.

LEFSCHETZ S.

1924 *L'Analysis Situs et la Géométrie Algébrique*, Paris Gauthier-Villars, 1924 (Repris in Lefschetz 1971).

1925a "Intersections of complexes on manifolds", *Proc. Nat. Acad. Sc. U.S.A.*, 11, p. 287- 290, 1925.

1925b "Continuous transformations of manifolds", *Proc. Nat. Acad. Sc. U.S.A.*, 11, p. 290-292, 1925.

1926a "Transformations of manifolds with a boundary", *Proc. Nat. Acad. Sc. U.S.A.*, 12, p. 737-739, 1926.

1926b "Intersections and Transformations of complexes and manifolds", *Transactions of the American Mathematical Society*, 28, p. 1-49, 1926 (Repris in Lefschetz 1971).

1927a "Manifolds with a boundary and their transformations", *Transactions of the American Mathematical Society*, 29, p. 429-462, 1927 (Repris in Lefschetz 1971).

1927b "The residual set of a complex on a manifold and related questions", *Proc. Nat. Acad. Sc. U.S.A.*, 13, p. 614-622 et 805-807, 1927.

1928 "Closed point-sets on a manifold", *Annals of Mathematics*, 29, p. 232-254, 1928 (Repris in Lefschetz 1971).

1929 "Duality relations in topology", *Proc. Nat. Acad. Sc. U.S.A.*, 15, p. 367-369, 1929.

1930 "On the duality theorems for the Betti numbers of topological manifolds", *Proc. Nat. Acad. Sc. U.S.A.*, 16, p. 530-533, 1930.

1930 *Topology*, American Mathematical Society Colloquium Publications, vol 12, 1930.

1933a "On singular chains and cycles", *Bulletin of the American Mathematical Society*, 39, p. 124-129, 1933 (Repris in Lefschetz 1971).

1933b "On generalized manifolds", *American Journal of Mathematics*, 55, p. 469-504, 1933 (Repris in Lefschetz 1971).

1935 "Chain-deformations in topology", *Duke Math. Jour.*, 1, p. 1-18, 1935 (Repris in Lefschetz 1971).

1937 "The role of algebra in topology", *Bulletin of the American Mathematical Society*, 43, p. 345-359, 1937.

1938a "On chains of topological spaces", *Annals of Mathematics*, 39, p. 383-396, 1938.

1938b "Singular and continuous complexes, chains and cycles", *Recueil Mathématique de Moscou*, 3, p. 271-285, 1938.

1967 "A page of Mathematical Autobiography", *Selected Papers*, p. 13-39. 1967.

1970 "The early development of algebraic topology", *Boletim d. Soc. Bras. d. Mat.*, 1, p. 1-48, 1970.

1971 *Selected Papers*, Chelsea Publishing Company, 1971.

LEIBNIZ W.G.
1995 *La caractéristique géométrique*, Vrin, Mathesis.
LENNES N.J.
1911 "Curves in Non-Metrical Analysis Situs with Application in the Calculus of Variations", *American Journal of Mathematics*, 33, p. 287-326, 1911.
LISTING H.B.
1847 "Vorstudien zur Topologie", *Göttinger Studien*, p. 811-875, 1847.
1862 "Der Census räumlicher Complexe oder Verallgemeinerung der Euler'schen Satzes von der Polyedern", *Abhandlungen der königlichen Gesellschaft der Wissenschaften zu Göttingen*, 10, p. 97-180, 1862.
1868 "Über einige Anwendungen des Census-Theorems", *Archiv der Mathematik und Physik*, 48, p. 186-198, 1868.
MAC LANE S.
1963 *Homology*, North-Holland, 1963.
MAYER W.
1929 "Über Abstrakte Topologie I und II", *Monatshefte für Math. u. Physik*, 36, p. 1-42, p. 219-258, 1929
NEWMAN M.H.A.
1926 "On the foundations of combinatory analysis situs I Definitions and elementary theorems", *Proceedings of the Royal Academy of Amsterdam*, 29, p. 611-626, 1926
"On the foundations of combinatory analysis situs II Theorems on sets of elements", *Proceedings of the Royal Academy of Amsterdam*, 29, p. 627-641, 1926
"On the foundations of combinatory analysis situs, Additions and corrections", *Proceedings of the Royal Academy of Amsterdam*, 30, p. 670-673, 1927
PEANO G.
1890 "Sur une courbe qui remplit toute une aire plane", 1890. Œuvres, t. I, p. 110.
POINCARÉ H.
1883 "Mémoire sur les groupes kleiniens", *Acta Mathematica*, 3, p. 49-92, 1883.
1884 "Sur les groupes des équations linéaires", *Acta Mathematica*, 4, p. 201-311, 1884.
1892 "Sur l'analysis situs", *Comptes Rendus de l'Académie des Sciences de Paris*, t. 115, p. 663-666, 31 octobre 1892.

1893 "Sur la généralisation d'un théorème d'Euler relatif aux polyèdres", *Comptes Rendus de l'Académie des Sciences de Paris*, 2, 1893.

1895 "Analysis Situs", *Journal de l'Ecole polytechnique*, 2e série, 1er cahier, 1895.

1899 "Sur les nombres de Betti", *Comptes Rendus de l'Académie des Sciences de Paris*, t. 128, p. 629-630, 13 mars 1899.

1899 "Complément à l'analysis situs", *Rendiconti del Circolo Matematico di Palermo*, t. 13, p. 285-343, 1899.

1900 "Second complément à l'Analysis Situs", *Proceedings of the London Mathematical Society*, 32, p. 277-308, 1900.

1902 "Sur certaines surfaces algébriques; troisième complément à l'Analysis Situs", *Bulletin de la Société Mathématique de France*, 30, p. 49-70, 1902.

1902 "Sur les cycles des surfaces algébriques; Quatrième complément à l'Analysis Situs", *Journal de Mathématiques*, 8, p. 169-214, 1902.

1904 "Cinquième complément à l'Analysis Situs", *Rendiconti del Circolo Matematico di Palermo*, 18, p. 45-110, 1904.

1921 "Analyse de mes travaux scientifiques", *Acta Mathematica*, 38, p. 37-135, 1921.

1916-56*Œuvres*, 11 volumes, Gauthier-Villars, 1916-1956.

PICARD E.

1889 "Mémoire sur la théorie des fonctions algébriques de deux variables", *Journal de Liouville*, 5, 1889.

PICARD & SIMART

1897-1905*Théorie des fonctions algébriques de deux variables indépendantes*, 2 vols, Paris, 1897 et 1906.

PONTRJAGIN L.

1927 "Zum Alexanderschen Dualitätssatz", *Nachr. der Gesellschaft der Wiss. zu Göttingen*, p. 315-322, 1927.

1931 "Über den algebraischen Inhalt topologischer Dualitätssätze", *Math. Annalen*, 105, p. 165-205, 1931.

1932 "Der Allgemeine dualitatssatz für abgeschlossene Mengen", *International Congress of Mathematicians*, Zurich 1932.

1934 "The theory of topological commutative groups", Annals of Mathematics, 35, p. 361-390, 1934.

1934 "The general topological theorem of duality for closed sets", *Annals of Mathematics*, 35, p. 904-914, 1934.

DE RHAM G.

1929 "Intégrales multiples et Analysis situs", *Comptes Rendus de l'Académie des Sciences de Paris*, 188, p. 1651-1653, 1929

1931 "Sur l'analysis Situs des variétés à n dimensions", *Journal de mathématiques pures et appliquées*, 9e série 10, p. 115-200, 1931.

1932a "Sur la théorie des intersections et les intégrales multiples", *Comm. Math. Helv.*, 4, p. 151-157, 1932.

1932b "Sur la notion d'homologie et les résidus d'intégrales multiples", *International Congress of Mathematicians*, Zurich 1932.

1936 "Relations entre la topologie et la théorie des intégrales multiples", *Enseignement Mathématique*, 35, p. 213-228, 1936.

RIEMANN B. (les dates sont celles de publication du texte original, le titre est celui des *Œuvres* en Français)

1851 "Principes fondamentaux pour une théorie générale des fonctions d'une grandeur variable complexe", Dissertation inaugurale, Göttingen, 1851.

1857 "Théorie des fonctions abéliennes".

1876 "Fragment sur l'Analysis Situs" in *Œuvres.*

1898 *Œuvres mathématiques*, Gauthier-Villars, 1898.

SEIFERT H. & THRELFALL W.

1934 *Lehrbuch der Topologie*, Teubner, 1934.

SPANIER E.

1966 *Algebraic Topology*, MacGraw-Hill, New York, 1966.

TIETZE H.

1908 "Über die topologischen Invarianten mehrdimensionaler Mannigfaltigkeiten", *Monatshefte für Math. u. Physik*, 19, p. 1-118, 1908.

1923a "Über Analysis Situs", *Abhandlungen Math. Sem. Univ. Hamburg*, 2, p. 37-68, 1923.

1923b "Zur Topologie berandeter Mannifgaltigkeiten", Monatshefte für Math. u. Physik, 33, p. 15-7, 1923.

TIETZE H. & VIETORIS L.

1929 "Beziehungen zwischen den verschiedenen Zweigen der Topologie", *Encyclopädie der Mathematischen Wissenchaften*, B. G. Teubner, III AB13, p. 141-237, 1929.

TUCKER A.W.

1932b "Modular Homology Characters", *Proc. Nat. Acad. Sc.*

U.S.A., 18, p. 467-472, 1932.
1933 "An abstract approach to manifolds", *Annals of Mathematics*, 34, p. 191-243, 1933.
1936 "Cell spaces", *Annals of Mathematics*, 37, p. 92-100, 1936.
1938 "Degenerate cycles bound", *Mat. Sborn.*, 3, p. 287-288, 1938.

VEBLEN O.
1904a "A system of Axioms for Geometry", *Transactions of the American Mathematical Society*, 5, p. 343-384, 1904.
1904b "The Heine-Borel Theorem", *Bulletin of the American Mathematical Society*, 10, p. 436-439, 1904.
1905a "Theory of plane curves in non-metrical analysis situs", *Transactions of the American Mathematical Society*, 6, p. 83-98, 1905.
1905b "Definition in terms of order alone in the linear continuum and in well ordered sets", *Transactions of the American Mathematical Society*, 6, p. 165-171, 1905.
1913a "An application of modular equations in analysis situs", *Annals of Mathematics*, 14, p. 86-94, 1913.
1913b "Decomposition of n-space by a polyhedron", *Transactions of the American Mathematical Society*, 14, p. 65-72, 1913.
1917 "On the deformation of an n-cell", *Proc. Nat. Acad. Sc. U.S.A.*, 3, p. 654-656, 1917.
1922a "On matrices whose elements are integers", *Annals of Mathematics*, 23, p. 1-15, 1922.
1922b *Analysis Situs*, American Mathematical Society Colloquium Publications, 1922.
1923 "The intersection numbers", *Transactions of the American Mathematical Society*, 25, p. 540-550, 1923.

VEBLEN O. & ALEXANDER J.W.
1913 "Manifolds of n dimensions", *Annals of Mathematics*, 14, p. 163-178, 1913.

VIETORIS L.
1926 "Über den höheren Zusammenhang kompakter Räume", *Jahresbericht der Deutschen Mathematiker-Vereinigung*, 35, p. 9-12, 1926.
1927 "Über den höheren Zusammenhang kompakter Räume und eine Klasse von zusammenhangstreuen Abbildungen", *Math. Annalen*, 97, p. 454-72, 1927.
1928 "Über die Symmetrie der Zusammenhangszahlen kombinatorischer Mannifgaltigkeiten", *Monatshefte für Math.*

u. Physik, 35, p. 165-174, 1928.
1929 "Zum höheren Zusammenhang der kompakten Räume", *Math. Annalen*, 101, p. 219-225, 1929.
1930 "Über die Homologiegruppen der Vereinigung zweier Komplexe", *Monatshefte für Math. u. Physik*, 37, p. 159-162, 1930.

VAN DER WAERDEN B. L.
1930 "Kombinatorische Topologie", *Jahresbericht der Deutschen Mathematiker-Vereinigung*, 39, p. 121-139, 1930

WEYL H.
1913 *Die Idee der Riemannschen flächen*, 1913.
1917 "Le problème de l'analysis situs", *Enseignement Mathématique*, 19, p. 95-6, 1917.
Mathematische Zeitschrift, 10, p. 39-79, 1921.
1921b "Das Raumproblem", *Jahresbericht der Deutschen Mathematiker-Vereinigung*, 30, p. 92-93 (?), 1921.
1923a "Reparticion de corriente en una red conductora (Introduccion al analisis combinatorio)", *Revista Matematica Hispano-Americana*, 5, p. 153-164, 1923.
1923b "Analisis situs Combinatorio", *Revista Matematica Hispano-Americana*, 5, 1923.
1924 "Analisis situs combinatorio (continuacion)", *Revista Matematica Hispano-Americana*, 6, 1924.

INDEX

Addition des variétés; 76; 160; 163; 170; 184; 188; 260; 265; 270
Alexander; 155; 156; 177; 190; 191; 203; 222; 249; 272; 291; 296; 311; 312; 314; 320
Alexandroff; 66; 67; 128; 129; 149; 155; 203; 205; 240; 309
Ambivalence sémiotique; 90; 108; 146; 174; 178; 180; 183; 189; 198; 200; 265; 274; 290; 311; 319
Annexion; 54; 104
Associer; 221
Axiomatique; 142; 181; 184; 187
Badir S.; 29
Banach S.; 272
Barthes R.; 14
Betti E.; 10; 43
Bilz E.; 246
Bliss G.A.; 205
Bloomfield L.; 30
Bord; 71; 74; 109; 167; 187; 215; 247; 270; 277; 293; 308
Brouwer L.E.J.; 204; 205; 207; 240
Brown A.B.; 203
Cantor G.; 148
Carnap R.; 36
Cech; 128; 240; 309; 321
Cellules; 206; 250
Chaîne (voir aussi "variété", "combinaisons linéaires"); 214; 265
  de variétés; 105
  élémentaires; 213
  élémentaire dégénérée; 225
Chartier R.; 41
Chemla K.; 34
Chomsky N.; 33
Chuard; 16; 44; 222; 321
Coefficients de torsion; 63; 103; 150; 155; 205; 219
Coïncider; 303
Combinaisons linéaires (voir aussi "chaîne")
  à coefficients 1; 76; 79; 82; 94; 96; 280; 299; 312; 313
  entières; 80; 81; 93; 96; 129; 147; 215; 229; 266; 280; 299; 318
  extension aux/par combinaisons linéaire; 85; 147; 233; 274; 278; 300; 312; 314; 318; 321
Combinatoire (voir aussi "invariance combinatoire; 150; 205; 234; 240; 245; 246
Complexe; 156; 209; 245
Conditionnement sémiotique; 39; 93; 120; 127; 184; 192; 201; 221; 223; 302; 310; 324

Conjecture de Poincaré pour l'homologie; 246
Conjecture de Poincaré pour l'homotopie; 110
Contenu (voir aussi "plan de contenu)
algébrique; 37; 93; 116; 213; 219; 223; 236; 270
arithmétique; 116; 313
géométrique; 76; 81; 110; 127; 143; 162; 164; 169; 207; 211; 219; 235; 267; 273; 283; 303; 313
Convention; 127; 227; 238
Correspondre; 221; 231; 303
Courbe de Peano; 248; 291
Définition (statut des définitions, etc.); 74; 141; 163; 165; 173; 176; 180; 181; 186; 192; 199; 210; 267; 274; 297; 305; 312
Dehn M.; 152; 156; 205; 246
Dénoter; 193; 303
Dieudonné J.; 129; 177; 314
Dimension n; 79; 80; 164; 204; 223
Dualité d'Alexander; 203; 243; 247; 280
Dualité de Poincaré; 56; 58; 82; 101; 122; 147; 155; 204; 243; 247; 280; 294
Ducrot O.; 35
Dyck W.; 10; 43; 152
Echeverria J.; 43
Eco U.; 30
Ecrit; 140; 146; 253; 286
Ensemble (voir aussi "théorie des ensembles)
de cellules; 157; 183; 209; 258; 269; 285
de points; 159; 183; 210; 258; 267; 283
de points et de cellules; 60; 66; 163; 169; 211; 212; 216; 251; 267; 283
Expression notationnelle; 138; 197; 207; 214; 221; 270; 272; 282; 312
Fonction sémiotique; 20; 41; 129; 192; 302
dénotationnelle; 140; 142; 228
Frankl F.; 203
Frontière; 67; 73; 142; 265
Gadamer H.; 30
Gauss C.F.; 10
Gelb I.-J.; 31
Généralisation; 185; 204; 219
Goldstein C.; 153
Goody J.; 31
Greffe J.-L.; 110
Greimas A.; 14
Groupe fondamental; 52; 73; 132; 150; 155; 244
Hahn H.; 205
Hausdorff F.; 307
Heegaard P.; 57; 122; 150; 152; 156; 205; 246
Heinzmann G.; 110
Hilbert D.; 36
Hjelmslev L.; 29
Homologie; 46; 109; 129; 175; 241; 291
addition; 124; 176; 218; 292
division; 123; 124; 319
modulo 2; 177; 183; 203; 249
homologie modulo p; 219
Hopf H.; 66; 67; 149; 155; 205; 272
Iconicité; 208; 240
Intégration; 44; 114; 178; 225; 229; 244

Interprétation; 222; 224; 225; 228; 232; 233; 238; 298
Intersection; 82; 142; 217; 219; 243; 247; 262; 276; 279; 280; 309
Invariance combinatoire (voir aussi "combinatoire", "subdivision"); 155; 163; 260
Invariance topologique; 155; 156; 161; 230; 249; 279; 295
Jordan C.; 10
Kerekjarto B.; 155; 205
Kneser H.; 155; 246
Lebesgue H.; 205
Lefschetz S.; 128; 149; 155; 177; 190; 203; 205; 243; 321
LeibnizG.W.; 11; 43
Lennes N.J.; 189; 205
Listing H.B.; 10; 43
Lorenz K.; 110
Martin H.-J.; 41
Martinet A.; 31
Matrices; 98; 118; 126; 320
Mayer W.; 273; 310
Mise en définition; 41; 149; 183; 184; 188; 189; 267; 297
Module; 291; 299; 307
Netz R.; 144; 240
Newman M.H.A.; 246
Nombres de Betti; 45; 150; 246
  réduits; 57; 102; 122
Nombres de connexion; 155; 219
Orientation; 105; 178; 186; 199; 222; 228; 293; 297; 301
Parmentier M.; 43
Picard E.; 243
Plan de contenu (voir aussi "contenu")
  algébrique; 25; 46; 82; 93; 103; 108; 125; 128; 138; 146; 299; 318
  algébrique et géométrique; 82; 90; 153; 223; 225; 228; 230; 232; 233; 235; 238; 241; 277; 291; 312; 318
  arithmétique; 24; 46; 97; 108; 138; 146; 194; 197; 301; 319
  arithmétique et géométrique; 101; 171; 174; 188; 190; 302
  ensembliste; 24; 46; 56; 62; 74; 79; 148; 182
  géométrique; 24; 46; 59; 62; 64; 79; 108; 138; 146; 189; 194; 317; 321
  géométrique et ensembliste; 66
Plan de l'expression; 22; 194; 256
Poincaré H.; 10; 43; 156; 164; 169; 174; 180; 181; 184; 198; 229; 244; 248; 256; 261; 280; 299; 311; 312; 313; 314; 317
Points; 233; 250
Polyèdre; 49
Polyèdre réciproque; 57
Pont J.-C;; 11
Pontrjagin J.; 128; 203
Référent; 81; 120; 169; 192
Représenter; 129; 135; 195
Rham G. de; 155, 205; 321
Riemann B.; 10; 43
Ritter J.; 34
Rotman B.; 143
Russell B.; 36
Sarkaria K.S.; 100; 129
Saussure F. de; 30
Scholz E.; 49
Schönflies A.; 204; 205
Sens propre; 224
Signe complet; 147; 148; 229; 241; 304
Simple connexité; 51; 110; 178

Singulier (variété, complexe, chaîne etc.); 162; 169; 173; 176; 179, 245; 246; 248; 282; 298; 312
Smith P.A.; 314
Subdivision; 54; 60; 63; 78; 160; 173; 178; 207; 211; 227; 232; 235; 257; 259; 274; 288; 295
Surfaces de Riemann; 179; 181; 185; 247; 301
Symbolique; 96; 120; 223; 305
Système sémiotique; 28; 96; 150; 200; 314; 319
Tarski A.; 36
Théorème d'Euler pour les polyèdres; 54; 80; 97
Théorème d'invariance de la dimension; 204; 243
Théorème d'invariance des domaines; 204; 243
Théorème de Jordan; 204
Théorie des ensembles; 11; 16; 42; 148; 184; 187; 191; 199; 202; 291; 299; 306
Tietze H.; 44; 152; 155; 156; 205
Tucker A.W.; 155; 205; 273; 310
Uldall H.J.; 31
Validité; 226; 315; 324
van der Waerden B.L.; 155
van Kampen E.R.; 203; 205
Variété; 46; 73; 92; 110; 129; 130; 164; 229; 245; 246, 256
Veblen O.; 44; 149; 155; 203; 207; 222; 243; 246; 249; 252; 261; 299; 311; 313; 319
Vietoris L.; 16; 149; 155; 240; 272; 309; 314; 321
Volkert K.; 110
Weyl H.; 44; 153; 178; 187; 205; 222; 246

TABLE DES MATIÈRES

INTRODUCTION 9

CHAPITRE I. ÉLÉMENTS DE SÉMIOTIQUE

A. Les textes comme systèmes de signes 17

B. Comparaison avec la théorie du langage de Hjelmslev 29

C. Le conditionnement sémiotique 39

CHAPITRE II. LES MÉMOIRES DE POINCARÉ

Introduction 43

Le contenu géométrique du signe *variété* 46

Le signe *frontière* 67

L'addition des variétés et le plan de contenu algébrique 76

Le conditionnement sémiotique et le contenu algébrique de *variété* 93

Le plan de contenu arithmétique 97

Les relations d'homologie 109

Le conditionnement des fonctions sémiotiques 129

Conclusion 144

CHAPITRE III. LE LIVRE *ANALYSIS SITUS* DE O. VEBLEN

Introduction 155

Le contenu géométrique du signe *complex* 157

Le signe *complex* et le plan de contenu arithmétique 170

Les relations d'homologie 175

L'homologie des complexes orientés 178

Les plans de contenu et le conditionnement des fonctions sémiotiques 181

Conclusion 199

CHAPITRE IV. L'ARTICLE "COMBINATORIAL ANALYSIS SITUS" DE J.W. ALEXANDER
Introduction 203
Les signes ayant un contenu géométrique : *cell*, *complex* 206
Les signes ayant un contenu algébrique : *elementary chain* et *chain* 213
L'articulation des plans de contenu géométrique et algébrique 220
Conclusion 241

CHAPITRE V. LE LIVRE *TOPOLOGY* DE S. LEFSCHETZ
Introduction 243
Les signes *cell* et *complex* 249
Les signes *chain* et *singular chain* 265
Les homologies 291
La coexistence des plans de contenu géométrique et algébrique 296
Le conditionnement des fonctions sémiotiques 302
Le statut de la théorie des ensembles 306
Conclusion 311

CONCLUSION 317

BIBLIOGRAPHIE 327

INDEX 343

www.ingramcontent.com/pod-product-compliance
Lightning Source LLC
LaVergne TN
LVHW050626051026
849532LV00002B/283

* 9 7 8 2 7 3 8 4 8 9 4 5 6 *